两周时期的生态环境与社会文明研究

李金玉 ◯ 著

中国社会科学出版社

图书在版编目(CIP)数据

两周时期的生态环境与社会文明研究／李金玉著．—北京：中国社会科学出版社，2020.9

ISBN 978－7－5203－6143－9

Ⅰ．①两…　Ⅱ．①李…　Ⅲ．①生态环境—研究—中国—周代②社会发展—研究—中国—周代　Ⅳ．①X321.2②K224.07

中国版本图书馆 CIP 数据核字（2020）第 045999 号

出 版 人　赵剑英
责任编辑　安　芳
责任校对　张爱华
责任印制　李寡寡

出　　版　中国社会科学出版社
社　　址　北京鼓楼西大街甲 158 号
邮　　编　100720
网　　址　http://www.csspw.cn
发 行 部　010－84083685
门 市 部　010－84029450
经　　销　新华书店及其他书店

印　　刷　北京明恒达印务有限公司
装　　订　廊坊市广阳区广增装订厂
版　　次　2020 年 9 月第 1 版
印　　次　2020 年 9 月第 1 次印刷

开　　本　710×1000　1/16
印　　张　16.5
插　　页　2
字　　数　238 千字
定　　价　89.00 元

凡购买中国社会科学出版社图书，如有质量问题请与本社营销中心联系调换
电话：010－84083683

序

环境史研究博士李金玉教授新作《两周时期的生态环境与社会文明研究》即将出版，因该书系其于2010—2013年在四川大学做博士后研究时所撰博士后出站报告，希望我在此谈谈当初与他讨论“生态问题”时的一些看法，故略陈数语，以就正方家。

“生态”观念是人类在追求生存、谋求发展、增殖财富和希望永恒的实践中，逐渐形成的处理人与自然、人与环境，甚至人与人、人与社会相互关系的认识，生态观在某种程度上是人类生产生活的行动指南。说起中华民族的生态观念，集中体现在儒、道两家“道法自然，天人合一”的理念之中。“道法自然”和“天人合一”是中国哲学的最高范畴，也是中国生态文化的哲学依据。根据《周易》《老子》和《黄帝内经》等经典，最能反映“道法自然”和“天人合一”观念的结构便是“太一、两仪、三才、四象、五行”（即“一二三四五”），这个结构基本概括了中华先贤对于宇宙生成、万物衍化、人天关系，特别是人与自然、人与环境、人与人诸种关系的基本认识。

所谓“一”即“太一”，也就是太极。它是万物的源头，也是宇宙的发轫。“天地玄黄，宇宙洪荒”，宇宙，特别是天地间的万事万物，其生灭变化都是太一、太极亦即元气衍化之结果。《周易？系辞传》：“易有大极，是生两仪，两仪生四象，四象生八卦，八卦定吉凶，吉凶成大业。”大极即太极，又称元气，元气是一切事物产生的根源。又称“太始”，《说文解字》释“一”说：“惟初太始（一作“太极”），道立于一，造分天地，化生万物。”天地之先，只有元气；

一气流行，造分天地。天地既成，充塞其间者，亦莫非元气。天地絪蕴，是生万物，元气是宇宙万物的原始根源。从规律性上说，太极又可称“道”。《老子》曰：“道生一，一生二，二生三，三生万物。”道之与一，一体而两面，或一本而二称：就其规律性言之为“道”，就其数量言之则为“一”，“一”即太极、太一、太始。《道德指归》曰：“天地所由，物类所以，道为之元，德为之始，神明为宗，太和为祖。”“道”是天地、万物的元始状态；“德”是天地、万物形成后的本性；“神明”喻变化不测之神，“太和”喻变化所达至善之极。《易传》谓：“精气为物，游魂为变。”与此亦可相通。《黄帝内经》也说：“太虚寥廓，肇基化元，万物资始。”都讲天地、万物都起源于一个共同的祖先。

所谓“二”即“两仪”，亦即阴阳。元气（或太极、太一）如何化生万物？这与“两仪”（阴阳、天地）理念密不可分。《黄帝内经》：“夫自古通天者，生之本，本于阴阳，其气九州九窍，皆通乎天气。”“故在天为气，在地成形，形气相感，而化生万物矣。”《道德指归》亦谓：“道有深微，德有厚薄；神有清浊，和有高下。清者为天，浊者为地；阳者为男，阴者为女。”阴阳也是一切事物运动变化的根本，其中又以天地为最大；天地是万物生成的门户，也是永恒运动的根源。《周易·文言》：“大哉乾元，万物之始”；“至哉坤元，万物资生。”《序卦传》更将“天地”变化视为万事万物、人文制度之本：“有天地然后有万物，有万物然后有男女，有男女然后有夫妇，有夫妇然后有父子，有父子然后有君臣，有君臣然后有上下，有上下然后礼义有所错。”万事万物（包括人类及其文明）都是天地、两仪运行变化的结果。世间事物都可以归纳为阴和阳，故《易》首乾坤，《诗》始《关雎》，宇宙以乾坤为首，人伦以夫妇为本，等等。“阴阳说”也是中国生态学的核心观念，《老子》称“万物负阴而抱阳”，地理以山南（阳坡）为阳，山北（阴坡）为阴；天文以日为阳，月为阴；以明为阳，暗为阴，等等。如果加以引申类推，“阴阳”可以解释一切现象、描述一切差异和矛盾，有如雌雄、男女、夫妇、上下、内外、刚柔、虚实、动静、轻重、大小、明暗、寒热、是非、对错、得失等，莫不是阴阳在不同领域的呈现。《周易》："一阴一阳之谓道。"其是之谓乎？

所谓"三"即"三才"：三才理论就是天、地、人统一的理念，是天人理论（天人合一）的具体落实。这一观念产生甚早，四川广汉三星堆出土"青铜神坛"所代表的天界、人界、地界合一的观念，巴蜀大地上古流行的"天皇、地皇、人皇"信仰，都是这一观念作用的结果。至《周易·系辞传》说："有天道焉，有人道焉，有地道焉；兼三才而两之，故六。六者非它也，三才之道也。"其表达则更加哲学化矣。又说："昔者，圣人之作《易》也，将以顺性命之理，是以立天之道曰阴与阳，立地之道曰柔与刚，立人之道曰仁与义。兼三才而两之，故《易》六画而成卦。分阴分阳，迭用柔刚，故《易》六位而成章。"天覆地载，人居其中；父天母地，人为其子。人事的仁义，与天道之阴阳、地道之柔刚，原为"性命"之一体三分，换言之"阴阳、刚柔、仁义"乃是"性命之理"的分区表达，究其根本都是同源（即太极），故《周易》又说"六爻之动，三极之道也"，"三极"即太极化分后的天、地、人也。可见天地人原是一体，不应该互相对立。《孝经》："天地之性人为贵，人之行莫大于孝。"孝不仅仅是针对父母、祖宗，还要针对天地、太极，要对生我养我的一切"祖宗"表示敬重，表示感恩。人还要法天则地，参天两地，尽性知心，知命知天；然后才能发为善政，结为善果。《周易·文言》："夫大人者，与天地合其德，与日月合其明，与四时合其序，与鬼神合其吉凶。"《孝经》说："则天之明，因地之利，以顺天下，是以其教不肃而成，其政不严而治。"《中庸》曰："博厚所以载物也，高明所以覆物也，悠久所以成物也。博厚配地，高明配天，悠久无疆。如此者，不见而章，不动而变，无为而成。"孟子提出"天时、地利、人和"等著名论断，都是对三才观念的形象阐释和灵活应用。

所谓"四"即"四时"或"四象"：事物的运动发展又是有节度的，有秩序的，有规律的。孔子曰："天何言哉，四时行焉，百物生焉。天何言哉?”将天道的表象定义为“四时”。古又以北斗定四时:“斗柄东指，天下皆春；斗柄南指，天下皆夏；斗柄西指，天下皆秋；斗柄北指，天下皆冬”。“四方”又与“四时”结合起来。“四象”学说揭示了中国生态观的基本原理，反映出中国地理气候特征和四季生态变化等自然规律，是极具生态学意义的中国模式。“四象”（四时）观念还揭示了事物发展的不同阶段和变化转换的必然规律。《易》之乾卦:“元、亨、利、贞。”《文言》曰:“元者，善之长也。亨者，嘉之会也。利者，义之和也。贞者，事之干也。”元者如春，其德在生；亨者如夏，其德在长；利者如秋，其德在获；贞者如冬，其德在正。与时偕行，与时俱进，与时俱化，顺之则昌，逆之者亡。此四时之大顺！这一原理推而广之，有如《尚书》《左传》之“正德，利用，厚生，惟和”；《中庸》之“天命之谓性，率性之谓道，修道之谓教”所揭示的“道、命、性、教”，都是体察天道运行节度而制作的人文政教。

所谓“五”即“五行”:在物质构成这个问题上，中国先贤还创造性提出了“水火木金土”这组“五行”相生相克的理论。五行说是阴阳说的具体化，二者分别代表天道和地道，《易文言》说，乾元乃“万物资始”，坤元乃“万物资生”，一始一生，理有分殊。坤元如何生成万物？即五行是也。从另一层面看，“阴阳”是本和体，“五行”则是末和用。马王堆帛书《易传．要篇》引孔子:“《易》有天道焉，而不可以日月星辰尽称也，故为之以阴阳；有地道焉，不可以水火金土木尽称也，故律之以柔刚。”《史记．天官书》也说:“分阴阳，建四时，均五行，移节度”；“天则有日月，地则有阴阳；天有五星，地有五行。”五行就是实现“天道”（阴阳）生成万物的具体物质或元素。五行说极具中国特色，与古希腊“四元素”说和古印度“四大”说（地、水、火、风），似是而非，表同实异。“五行”说早见于《洪范》《左传》，而系统讨论其关系则以《黄帝内经》最详:“五行者，金、木、水、火、土也，更贵更贱，以知死生，以决成败，而定五脏之气、间胜之时、死生之期也。”五行说主要包括五行分类、五行生克等。而“生克”是五行理论的核心：木生火，火生土，土生金，金生水，水生木；木克土，火克金，土克水，金克木，水克火。按阴阳理论，木与火属于阳性，金与水属于阴性，土则有半阴半阳的混合体。五行生克体现了生态系统的互相依存性和自我稳定性，物与物是互相制约、紧密联系的系统整体。《黄帝内经》：“天有五行，御五位，以生寒、暑、燥、湿、风。”“夫五运阴阳者，天地之道也，万物之纲纪，变化之父母，生杀之本始，神明之府也……神在天为风，在地为木；在天为热，在地为火；在天为湿，在地为土；在天为燥，在地为金；在天为寒，在地为水”云云。五行说成功地将天地生物，两仪化成，事物转化，同异相形，本末相生，体用相倚的关系，特别是对宇宙衍变的原理，物物之间的联系，进行了生动描述和哲学构建。《左传》将五行加“谷”定义为“六府”，为人生所必需。推而广之，五行说又扩大到五方、五音、五常、五色、五德、五气、五帝等方面，系统构建起从自然到人文互相交融的庞大体系。

“一二三四五”结构，基本上构筑起了中国人的生态环境观和物我相谐说。“太一”（太极、元气，或道）说解释了万物同始、异花同根，实现人类、事物的终极关怀，回答了“我从何来”的问题。“两仪”（天地、阴阳）说解释了万物的生成方式和变化动力，回答了人类、事物在路径、动力和导向上存在的“我如何而来”问题。“三才”（天地人）说解释了人与自然关系，回答了“我在哪里”“我是谁”等现实关怀。“四象”（四时）说解释了运动发展的时序、节度等现象，回答了现实生活中在步骤、方法上“我如何办”的问题。“五行”说揭示了物质生成死灭、事物转化等情形，回答了现象背后存在的“我向何去”等临终关怀问题。中国人持有的这套“一二三四五”理论框架，让人们知道人与人的同祖别宗性，人与物的同根异枝性，人与自然的同源异流性，油然而生“父天母地，民胞物与”、“尊天法祖，仁民爱物”的情怀。从根本上讲，人之与物，其末虽异，其本则一；其形虽别，其归则同。自然与人实密不可分，缺一不可。自然对于人类，具有衍化生成之功，长养成全之德。人与自然实浑然一体，不可分别，更不能敌对！人类对于自然，必须感恩尊重，顺应爱护，友爱亲近，《孝经》所谓“顺天之道，因地之利，勤身节用”，表达了人对自然的尊重和倚靠，如果过度破坏或浪费，就是“暴殄天物”。

《易经》之太极，《老子》之道德，《春秋》之元始，揭示的无非人类同祖、万物同根的事实而已。文化建设，重在寻根、溯源、找魂，深刻认识、传承和发展以“一二三四五”为特征的环境观和生态伦理，使我们在行为规范、道德条教等方面，牢固树立起人对自然的“感恩、礼敬、亲和、倚存、敬畏”等情愫，学会与自然和谐相处，亲近相待，对自然物力合理利用，从而谋求永续发展和长久生存；避免对自然的过分掠夺和破坏，正是当下建设“生态文明”必须思考的。

金玉博士《两周时期的生态环境与社会文明研究》关注的时段，正是《周易》《老子》等中华经典形成和定型的时期，也是中国生态观正式形成和定型的时代，对于两周生态环境的研究，当然不能不脱离对当时的生态思维，揭示中华生态观跨越时代的永恒价值，这正是这篇出站报告在当时出站答辩环节中，获得专家普遍好评的缘故。

报告共分五章，第一章系统研究“两周时期的生态环境状况”：探讨了周代气候变迁及其对周代生态环境与社会的影响，对两周时期的自然灾害如水灾、旱灾、火灾、虫灾、地震、冰霜等进行了系统分析。第二章“对两周时期影响生态环境的社会因素进行分析”：认为两周农业生产取得了很大发展，更多荒地得以开垦，为人口增殖提供了保障，但同时又“对生态环境加大了对生态资源的需求和攫取，对生态环境产生了较大的影响”，特别是明显增多的两周城邑，其中“宏伟的建筑、集中的人口等也会加大对城邑周边生态环境的影响”；尤其是东西周后期“战争频繁、规模巨大、旷日持久，不可避免地会对生态环境造成破坏”。第三章研究周人“对其所依赖的自然界进行了不懈的探索”：这一时期，人类在思想上对自然界的了解“逐步清晰”，已经“意识到自然界有其客观规律”，人不能违背规律，但又

“可以利用自然规律”，此期盛行的“占星术、阴阳五行思想，都是这方面的反映”。第四章则探讨“两周时期保护生态环境的思想”：作者考之当时诸子百家，发现“其思想中无一例外都有对于保护生态环境的主张和要求”。第五章揭示两周思想家“提出了生态环境保护主张”，统治者也相应地“采取了很多措施，以保护生态环境，稳定社会秩序”，周代并且有“负责生态环境保护职责的官员的设置”，“专门负责生态环境的管理与保护”，“还颁布禁令、制定法律，以较为严厉的手段打击破坏生态环境的行为”。从两周生态环境的客观状况，到造成这一状况的深刻原因，以及当时人们对环境问题的理论思考，政府部门对管理环境的政策制定与设官分职，本书都进行了全面系统探索，就此而言，这是一部比较全面的“周代环境变迁史”；同时该书以宏阔的视野，丰富的史料，对环境问题所引起的系列社会思想、政治制度和文化形态等变化，也进行了系统考察，就此而言，它又是一部“两周生态文化史”。

金玉博士参加工作近 30 年，始终从事中国古代文化史、环境史等教学和科研，已经发表学术文章 40 余篇，主持省级以上课题 4 项（其中国家社科基金项目《商周时期中原文明的繁荣与生态环境关系研究》1 项），出版《周代生态环境保护思想研究》（中国社会科学出版社，2010 年 12 月）等学术专著 2 部，颇为专精，洵有创见。更难的是，所有这些成绩都是在他承担繁重的教学任务和行政管理工作之余取得的，其用功之勤，致思之专，着实可圈可点。

于是乐为序之，以与诸君共赏析焉。

舒大刚

2020 年 4 月

目　录

目　录

绪　论

一　课题研究意义

（一）社会意义

生态环境史研究是一个新兴的领域，而且至今在全世界呈现出方兴未艾、蓬勃发展的趋势。之所以如此，就在于环境史研究与人类社会的发展密切相关，因此，它才会格外引人关注。工业革命以来，人类社会文明取得了飞速的进步，这是家喻户晓的，但是工业发展所导致的严峻生态环境问题，也是有目共睹的。由于对人类与生态环境的关系认识不足，各发达国家在工业时代并没有采取相应的措施保护生态环境，导致工业文明以来所取得的成就在很大程度上是以牺牲人类赖以生存的生态环境为代价的。环境恶化和污染，生态物种不断消失或濒临灭绝，由此引发了种种灾难并惩罚了人类，使人类开始有所醒悟，于是人类开始重新反思自身与自然的相互关系，探讨社会发展与保护生态环境的关系。正是在这样的背景下，生态环境史的研究首先在西方世界兴起并迅速得到了整个世界的关注，至今取得了令人瞩目的进展。"就世界范围而言，生态环境史研究由起步至今不过才30余年，但发展相当迅猛，在国际史坛上已由'边缘'走向'主流'。"①这反映出生态环境问题在当今社会所受到的关注程度之高。

由生态环境恶化所导致的生态灾难近些年来在全球频繁发生，

① 王利华：《中国历史上的环境与社会》，生活·读书·新知三联书店2007年版，前言。

给各国社会经济造成了难以挽回的损失，在突如其来的灾难中，无数社会财产顷刻间烟消云散，无数条生命眨眼间化为乌有。生态灾难巨大的破坏性使人触目惊心，其所造成的经济损失不能不发人深省。这些灾难甚至阻碍了社会经济的发展，严峻的现实使各国政府充分认识到保护生态环境的重要性，这使得各国政府十分关注生态环境问题。于是各国政府不仅制定相关的法律法规，以保护本国的生态环境，与此同时，各国政府均认识到全球生态环境是一个统一的整体，仅仅保护一国的生态环境是不够的，必须在全球范围内予以保护，才能达到保护生态环境之目的。于是各国不断召开国际会议，缔结条约，保护全人类共同的生态环境。作为发展中国家，我国正处在社会经济迅速发展的时期，我国经济建设所取得的成就也令世界瞩目，但是越是这样，我们就越不能忘记发达国家在工业革命时代经济迅速发展而破坏生态环境的教训，越是要认识到生态环境建设对于巩固经济建设成果的重要性，越是要加强对生态环境的保护。

事实上，我们做得还远远不够，当前我国存在的生态环境问题更不容忽视。早在十年前，国家环保总局副局长潘岳就指出："由于长期不合理的资源开发，环境污染和生态破坏导致我国的环境质量严重恶化，我国已经是世界上环境污染最为严重的国家之一。"[①] 可见我国生态环境所面临的严峻形势，尤其值得关注的是，中国本来就是资源缺乏的国家。我国国土面积广大，人口众多，人均耕地面积、淡水、森林等仅占世界平均水平的32%、27.4%和12.8%，其他重要资源如石油、天然气、铁矿石等的人均拥有储量更是低于世界平均水平。资源原本不足，再加上人为的破坏，我国的生态环境现状绝对不容乐观，生态环境保护刻不容缓，否则，后果不堪设想。金石说："据中科院测算，目前由环境污染和生态破坏造成的损失已占到GDP总值的15%，这意味着一边是9%的经济增长，一边是15%的损失率。环

① 潘岳：《环境文化与民族复兴》，《光明日报》2003年10月29日B3版。

境问题，已不仅仅是中国可持续发展的问题，已成为吞噬经济成果的恶魔。”① 可见，在社会经济迅猛发展的同时，必须认识到环境保护的重要性，务必制定相关的法律、政策等，以限制对生态环境的破坏。

保护生态环境不仅仅是各国政府的责任，更是地球上每一个公民的义务。因为政府的能力无论如何都是有限度的，它难以面面俱到、每时每刻来保护生态环境，更多的时候还要靠全体公民的努力，任何一个生活在地球上的人都有责任维护自己赖以生存的生态环境。就中国而言，国人的生态环境意识较以往有所改善，但仍有待提高，姬振海指出国人的生态环境观念淡薄表现在以下几个方面：“一是公众在环保意识发展与环保现状之间存在着严重的反差，公众普遍对短期的、小范围的、与自身关系密切的环境卫生问题了解度和关注度高，而对长远的、广泛意义的环境保护问题了解度和关注度低。二是公众对于环境问题的基本态度是，重实际问题而轻人文教育，重直接教育而轻间接教育，重整治轻预防，公众还没有完全把握环境保护的真正内涵。三是缺乏那种具有宗教情怀的深沉的热爱大自然和热爱生命的意识。四是没有全国性的环境保护的思潮和运动，缺少民间积极参与环境保护的社会机制，多强调政府有组织、有计划地开展环境保护工作，结果往往是政府中心工作一变，环境保护工作便退而次之，不能形成稳定的环境保护的社会力量和文化环境。五是环境意识中的错误心理，认为地球就这么大，大家都在以工业活动的方式发展经济，我们少排放一些污染物，环境也不见得好起来，而没有少排放的经济却可能发展得快一些，因而是少排放多吃亏。”②

因此，生态环境史研究具有重要的社会现实意义。马世俊说：“研究中国环境问题发展史，看看古人有哪些做得对的，我们怎样在新的历史条件下继承发扬（当然不是照搬和模仿，更不是复古倒退）；

① 金石：《令人震惊的中国环保问题》，《中国新闻·星期刊》2005 年第 7 期（下）。
② 姬振海：《生态文明论》，人民出版社 2007 年版，第 45—46 页。

有哪些地方做得不对，我们怎样避免重蹈历史的覆辙。这样，可使我们少走弯路，不犯或少犯历史上已经犯过的错误，把我们的环境保护事业和四化建设搞得更好。"[①] 梅雪芹指出："环境史研究的社会功用或现实意义，笔者曾用三句话来概括，这就是：环境史研究是认识环境问题的一条路径，是解构有关环境问题之不当论调的一种方法，是增强环境意识的一个措施。"[②] 景爱也认为："环境史研究通过历史的回顾，来阐述环境问题产生的前因后果，向人类发出警示和预告，唤起人类的良知，不要为了眼前的经济发展而牺牲环境，要把保护环境置于重要位置。前车之鉴，为后事之师，环境史研究的重要现实意义便在这里。"[③] 美国环境史专家休斯则说："环境史可以给出一个基本视角，以提供有关导致现今状况之历史进程的知识，以及关于过去的问题和解决方式的例证，还有对必须面对的历史力量的分析。没有这一视角，决策就会深受基于狭隘的特殊利益之上的政治短视之害。环境史可以成为矫治草率反应的一剂良药。"[④]

可见，生态环境史研究能使我们了解生态环境与人类社会文明之间的相成相生关系，认识到生态环境在人类文明演进过程中的重要作用，意识到人类对生态环境的影响，从中总结经验教训，既能为政府制定相关政策提供借鉴，还能提高民众的生态环境保护意识，从而自发地加入保护生态环境的队伍，使生态环境能够得到广泛的关注和保护。

（二）学术意义

作为一个新兴的研究领域，生态环境史研究近年来在学术界异军突起、大放光彩，这不仅体现在为数众多的学者纷纷加入生态环境史

---

① 袁清林：《中国环境保护史话》，中国环境科学出版社 1990 年版，序言。

② 梅雪芹：《关于环境史研究意义的思考》，《学术研究》2007 年第 8 期。

③ 景爱：《环境史引论》，载王利华编《中国历史上的环境与社会》，生活・读书・新知三联书店 2007 年版，第 38 页。

④ ［美］J. 唐纳德・休斯：《什么是环境史》，梅雪芹译，北京大学出版社 2008 年版，第 143 页。

的研究，使研究队伍越来越庞大，同时还体现在相关的研究成果不仅数量与日俱增且质量也呈现趋高之势，这使得生态环境史成为当今学术界的热门研究领域之一，并被评为2006年度“中国十大学术热点”之一。[①] 毫无疑问，从事这样一个新兴并是热点领域的研究，必定具有重要的学术意义。

首先，生态环境史研究有助于历史学的发展和完善。作为历史学科的一个新分支，生态环境史为历史学开辟了一个新的研究领域。众所周知，历史学是一门古老的学问，在中国已经历了上千年的发展，所积淀的丰厚底蕴始终使其引人注目，其他学科只能望其项背、自叹弗如。但是自20世纪80年代以来，随着社会发展重心的转移，实用学科受到前所未有的青睐，而历史学则由于对社会经济发展所起的直接促进作用较小而逐步失去了往日的辉煌并开始黯然失色。由盛趋衰的反差使很多历史学者难以接受，痛定思痛，大家进行了深刻的反思，对历史学所面临的考验和挑战有了较为清醒的认识，导师常金仓先生说：“中国史学——这个在人文社会科学大家族中享有累世尊严的学科，遇上了令人极其难堪的考验。”[②] 而这种局面是许多历史学者迫切渴望改变的，他们为此做出了种种努力，但收效甚微，常金仓先生指出：“历史学要想在现代社会上重新获得自己的地位和价值，历史学家已是非得认真审查本学科基本观念不可的时候了。”[③]

环境史研究与现实社会的联系相对密切，因此环境史研究可以说是改变历史学当今局面的有益尝试，这也正是对历史学本身反思的成果之一。也正因为有了这样的认识，学者们才会多方面地寻求途径，从历史的角度来发现新的问题，解决新的问题，从而促使历史学的发展，正如王利华所说：“时代发展不断给历史学家提出新问题，推动历史观念和理论方法不断更新，新的史学分支由此不断产生，终于枝

① 《2006年度中国十大学术热点》，《光明日报》2007年1月16日第11版。

② 常金仓：《穷变通久——文化史学的理论与实践》，辽宁人民出版社1998年版，第1页。

③ 常金仓：《二十世纪古史研究反思路》，中国社会科学出版社2005年版，第27—28页。

繁叶茂，蔚为大观。”①

由于环境史的研究既涉及人类社会又涉及生态环境，因此，自20世纪六七十年代环境史开始受到国内外学术界的广泛关注以来，与环境史研究相关的诸多学科便纷纷介入，如哲学、生态学、历史学、考古学、地理学、社会学、经济学、人类学、气候学等。如此一来，必定会加强历史学与其他学科的合作，扩大了历史学的研究范围，这将有助于历史学科整体的发展和完善。梅雪芹说：“从世界史研究领域的开拓来说，辩证地认识工业文明的成就并系统地考察其问题、深入研究农业文明及其他古老文明的生态智慧，同时从国家立法、民间环保组织的努力、思想家和科学家的环境认知等方面具体梳理人类环境保护的发展历程，是当前亟待我们努力从事的研究工作。如果中国的世界史学科能及时地做好上述研究工作，那么，它对于推动生态文明建设所需要的从经济运行模式、科技到制度和观念的全面转变，就可以发挥更加有益的作用。”② 虽然她是站在世界史的角度谈论这个问题，但道理都是一样的。

其次，有助于传统思维方式的继承和发展。环境史虽然说是近些年才出现的新研究领域，但不能否认古代的学者早已对环境表现出了极大的关注，并由此形成了相关的思想观念如较有代表性的“天人合一”观念，类似这样的思想观念从先秦时期到清代始终没有间断且代代相传。这些思想观念都是我们中华民族的精华，这是环境史研究必不可少的。但是今天的社会毕竟不同于以往的社会，今天的社会环境跟古代社会大相径庭，今天的环境问题也比古代社会复杂得多，很多影响环境的因素在古代社会是没有出现的，因此我们不能完全照搬古人思维方式来解决今天的问题，要对传统思维有所发展。正如王利华所说的那样：“环境史研究的一个重要任务，就是要突破过去视野的局限，匡正以往认识的偏差。毋庸置疑，环境史研究将继续讲述、甚

---

① 王利华：《求故实之新知——环境史研究的旨趣和意义》，《中国社会科学报》2010年1月7日第6版。

② 梅雪芹：《环境史研究与当前中国世界史学科的发展》，《河北学刊》2011年第1期。

至仍然主要讲述‘人类的故事’，然而其所采用的思想立场和叙事方式，与以往相比有若干显著的不同。”[①]

作为历史学的分支，环境史所研究的对象是自然界以及自然界和人类社会的关系，王利华说：“强调人的生物属性，着重从人与自然的历史关系中探寻人类生命活动的过程和规律，正是环境史区别于其他史学的主要思想界线。”[②] 尽管过去的学者也表示了对自然界的关注，但那毕竟是零碎的，远没有形成系统的思想体系，而我们今天的环境史研究，就是要把过去社会零碎的思想观念及相关内容进行全面、深入的挖掘，使之完整地展现出来，为我们解决今天的生态环境问题提供一定的借鉴。就此而言，这也是对传统思维方式的继承和发展，陈志强说：“生态环境史研究的问题意识促使研究理论思维的变化，即在传统的历史研究中增加观察问题的新视角。由于研究视角的变化，人们在研究资料的整理和选取、史料的解读、史实的构建和解释、历史经验的总结方面都发生了相应的变化，进而推进了人们对过往历史的新认识。”[③] 可见，环境史研究，既是对传统思维方式的继承，更是对传统思维方式的发展，也正是在这种继承和发展中，文明得以传承，学术得以发扬光大。

再次，环境史研究促使了新的研究方法的产生及运用。生态环境和人类社会以及二者的相互关系是生态环境史的主要研究内容。环境史研究既涉及人文科学又涉及自然科学，这就决定了环境史研究呈现多学科研究的性质，因此单靠历史学是难以完成这一研究任务的，这就要求我们必须实行多学科的交叉，进行跨学科研究，广泛学习和借鉴其他学科的理论知识以及技术方法，这种研究方法目前已是环境史研究学者、专家的共识。学科交叉的研究方式无疑是一种新型的研究

① 王利华：《求故实之新知——环境史研究的旨趣和意义》，《中国社会科学报》2010年1月7日第6版。

② 同上。

③ 陈志强：《生态环境史研究与人类文明的再认识》，《南开学报》（哲社版）2008年第5期。

方法，也是其他学科都在鼓励并尝试使用的研究方法。

生态环境史研究所涉及内容的广泛性要求历史学者必须同其他学科领域的学者进行密切的跨学科交流与合作，这些学科包括考古学、生态学、地理学、人类学、气候学、生物学等众多学科。因为任何一个历史学者都不可能完全掌握生态环境史研究所需要的各种专业知识，对于其他学科从事环境史研究的学者亦然，因此，从事环境史研究只有和其他众多学科的学者开展跨学科合作，取长补短，相互配合，才能顺利地完成生态环境史的研究。

第四，有助于我们更深层次地认识和挖掘传统思想文化。中华民族有着几千年的灿烂文明，古老灿烂的中华文明对整个世界的发展曾经作出过极大的贡献。古老文明中所蕴含的很多内容对于我们今天的社会仍有很大的启迪作用。而这些思想事实上早已经存在，只是我们没有发现它的价值，使之默默地躺在历史长河的深处有待重见天日。随着生态环境史研究的开展，中外学者一致发现古老的中华文明中早已蕴含着丰富的生态环境思想观念，他们纷纷撰文著书，阐述自己的见解，如苏秉琦指出："中国是文明古国，人口众多，破坏自然较早也较为严重。而人类在破坏自然以取得进步的同时，也能改造自然，使之更适于人类的生存，重建人类与自然的协调关系。中国拥有在这方面的完整材料。"① 王子今也认为："中国早期史学已经表现出对于生态条件的关注。《禹贡》和《逸周书·王会解》等文献都记录了生态史料。除了对生态环境状况的记述以及对生态环境演变的回顾外，有的古籍遗存也反映了当时人的生态观。《吕氏春秋》、《礼记》、《淮南子》等文献中，都有值得关注的相关内容。"② 邹逸麟也有相同观点："我们从历史文献中，可以发现我国古代统治阶级较早地认识到无节制地向自然界的索取，必将带来自然界的不平衡，最终引发出灾害，而灾害又与社会动荡联系起来，形成了对统治阶级的威胁。因此

① 苏秉琦：《中国文明起源新探》，辽宁人民出版社 2009 年版，第 156 页。
② 王子今：《中国生态史学的进步及其意义》，《历史研究》2003 年第 1 期。

他们十分强调其统治地区环境的平衡，先秦时代许多哲学家、思想家在他们的著作中提出的天人关系的种种观点，就是人们在实践中对环境认识的反映。这种强烈的环境意识，成为我国传统文化的一个重要部分。”[①] 再如曲格平：“中国长期以来一直深受人口和生态环境问题困扰，远至春秋，近及明清，有关人口、生态的思想也一直绵延不绝。”[②] 持相同观点的还有罗桂环等：“在我国历史上的经史子集、科学著作、笔记札记、方志实录、诗词歌赋中确实有大量的与环境保护有关的记载和论述。”[③]

不仅中国学者如此，外国学者也认识到中国古代思想文化所蕴含的生态环境内容，如比利时学者、诺贝尔化学奖获得者普里戈金说：“中国文明对人类、社会与自然之间的关系有着深刻的理解。”[④] 德国学者拉德卡则明确指出：“在世界上的任何地区都没有可能像在中国那样追踪持续了几千年的悠久而又深远的环境史——至少在农业和水利的历史上。在古典时代和中世纪的欧洲的范围内都没有如此丰富的文献资源，而印度、非洲和美洲就更不用说。”[⑤] 李约瑟也认为中国古代的生态环境思想是中国所留下来的宝贵财富，给予了由衷的赞叹，并提倡西方学者大力研究它。[⑥]

由上述中外学者的阐述可以肯定，中国古代早已存在丰富的生态环境思想，并且对中国古代文明的形成和发展发挥过巨大的作用，於贤德说：“古代中国的生态文化在中华民族的漫长历史进程中发挥着重要的推动作用，它的思想之花曾经结下了灿烂的文明之果，使中华民族在相

---

① 邹逸麟：《我国古代的环境意识与环境行为——以先秦两汉时期为例》，载《庆祝杨向奎先生教研六十年论文集》，河北教育出版社 1998 年版，第 206—213 页。

② 曲格平、李金昌：《中国人口与环境》，中国环境科学出版社 1992 年版，第 3 页。

③ 罗桂环、王耀先等：《中国环境保护史稿》，中国环境科学出版社 1995 年版，第 14 页。

④ ［比］伊利亚·普里戈金等：《从混沌到有序：人与自然的新对话》，曾庆宏等译，上海译文出版社 1987 年版，第 1 页。

⑤ ［德］约阿希姆·拉德卡：《自然与权力》，王国豫等译，河北大学出版社 2004 年版，第 122 页。

⑥ 参阅［英］李约瑟《中国科学技术史》第 2 卷，何兆武译，科学出版社 2018 年版，第 13 章。

当长的岁月里走在世界各民族的前列，成为四大文明古国之一。”[①] 中国古代生态文明对于中华文明的灿烂起到过重要的作用，那么毫无疑问，对于我们解决今天的生态环境问题也必定具有重要的指导和借鉴作用。而这些观念的存在，又给我们提出了新的课题，譬如它们是如何出现的？在当时的社会是如何发挥作用的？对后世社会产生了什么影响？等等，都是需要我们去解答的问题。不仅如此，环境史研究还会引发我们对很多老问题的重新探索，如王利华所说：“许多已被探讨过的历史课题，特别是那些长期争论不休、尚未得到圆满解决的重大问题（例如中国历史上南北文明进程的差异、胡汉民族冲突与融合、周期性社会动荡、都城和经济重心转移、水利与专制政体的关系、封建社会长期延续……），很有必要重新进行研究，予以新的解说。”[②] 为了解答这些问题，我们必定会重新审视分析这些已经存在的思想文化，然后再更深层次地进行挖掘，找出其背后隐藏着的相关知识、背景，从而对历史文化进行新的认识和整理。这不仅有助于中华文化的研究和传播，也有助于全世界重新认识和评价中国的历史文化。

综上可见，生态环境史研究具有极为重要的社会意义和学术价值。学界对此早已达成共识，美国著名环境史专家唐纳德·沃斯特所做的一段阐述极具启发意义：“环境史在很多方面都可能同自然科学家以及政策制定者发生联系。我将只讨论其中的四条。第一，它能使我们了解资源保护和环境保护主义的兴起，这对当前我们思维的导向是至关重要的。第二，它可以帮助生态学以及其他环境科学提出更富有创见、更加成熟的解决问题的方法。第三，它有助于更深刻、更富批判性地了解我们的经济文化和制度及其对地球的影响。第四，它可以令我们更深刻地了解我们所居住的地方，而我们必须在这些地方寻

---

① 於贤德：《中国古代生态文化的思想源流》，《嘉兴高等专科学校学报》2000 年第 1 期。

② 王利华：《求故实之新知——环境史研究的旨趣和意义》，《中国社会科学报》2010 年 1 月 7 日第 6 版。

求更好的生存方式。”[1] 从这段话里，我们可以得到更多的启发，更加认识到环境史研究的重大意义。

二 课题研究现状及存在问题

（一）研究现状

众所周知，周代是我国古代文化的重要起源期，这一时期形成的诸多文化都对中国古代社会产生了重大而深远的影响。早在20世纪90年代，袁清林就指出："西周、东周（包括春秋、战国）时期在我国环境保护史上占有极重要的地位，文献资料亦比较丰富，作为重点研究。"[2] 这种看法代表了很多学者的倾向。因此，自从开展环境史研究以来，两周时期环境史的研究就成为学界关注的热点。国内外学术界均对这一时期的生态环境史表现出了极大的关注和热情，相关的论文著作十分丰富，下面予以描述。

国内学术界：虽然国内学术界对于生态环境史的研究起步晚于西方学术界，但是大有后来居上之势。不仅参与研究的学者越来越多，相关的成果数量越来越多，研究的范围越来越广，而且引起了学术界的日益关注，相关的专题学术会议也不断召开。1993年12月在香港举行的"中国生态环境历史学术讨论会"可以说是最早召开的一次环境史学术研讨会，参加会议的学者来自世界各国的各个学科专业，说明环境史的研究受到了普遍关注。这次会议后出版的论文集《积渐所至：中国环境史论文集》（台北："中研院"经济研究所1995年版）代表了这次会议的成果和水平。这次会议对于中国环境史的研究意义十分重大，它在很大程度上推动了中国环境史的研究。之后，中国环境史研究进展极快，研究队伍不断扩大，研究课题的范围进一步扩宽。2005年8月在南开大学召开的"中国历史上的环境与社会国际

① ［美］唐纳德·沃斯特：《为什么我们需要环境史》，侯深译，《世界历史》2004年第3期。

② 袁清林：《中国环境保护史话》，中国环境科学出版社1990年版，第3页。

学术研讨会”则进一步反映了中国环境史研究的新成就。这次会议聚集了来自中国、美国、日本、韩国、德国、荷兰等国70多名学者，中外学者深入探讨了有关中国环境史研究的相关问题，提出来很多真知灼见。这次会议出版的论文集《中国历史上的环境与社会》（生活·读书·新知三联书店2007年版）在学术界引起了极大的反响，它不仅反映了当时中国环境史研究的最新成果，拓宽了环境史研究的领域，而且还指出了当时国内环境史研究存在的诸多问题，为今后的环境史研究指明了方向。两次会议的召开，宏观上反映了中国环境史研究的大致情况，说明了环境史研究所受到的关注程度确实很高。需要指出的是，两次会议的论文集中均包含有关于周代生态环境的相关论文，将在下文论及。

目前国内学术界关于两周时期生态环境史的研究成果十分丰富，研究领域不断拓展，主要体现在以下几个方面。

1. 对两周时期诸子百家思想中所蕴含的生态环境内容进行探讨。诸子百家是这一历史时期思想家的代表，其思想最具代表性，也最典型和明显，他们的思想自然成为学界研究的首要内容。因此，对诸子百家生态环境保护思想的研究最为繁荣。学者们仁者见仁、智者见智，分别就儒家、墨家、道家、法家等学派的生态环境思想进行了广泛而又深入的研究，主要体现如下。

第一，对儒家生态环境思想的研究。也许是出于儒家思想对中国乃至世界的影响，很多学者试图从其思想理论中发掘出有关生态环境思想的相关内容，因此，关于儒家生态环境思想研究的学者人数众多，成果丰富。如郭书田从《史记》《礼记》等文献记载的孔子之语及《孟子》等文献探讨了儒家的生态环境保护意识；[1] 朱松美则探讨了儒家生态伦理思想的社会渊源、内容及意义；[2] 黄晓众从儒家生态思想的出发点、主要内容、根本要求等方面作了论述；[3] 何怀宏从

① 郭书田：《浅谈儒家的生态保护意识》，《生态农业研究》1998年第2期。
② 朱松美：《先秦儒家生态伦理思想发微》，《山东社会科学》1998年第6期。
③ 黄晓众：《论儒家的生态伦理观及其现实意义》，《贵州社会科学》1998年第5期。

“行为规范”“支持精神”和“相关思想”三个层面对儒家的生态环境思想进行了研究；[①] 而王小健则以儒家的“生态道德理性”及“生态实践理性”为出发点阐述了儒家的生态环境思想；[②] 2002 年 8 月 5 日，“儒家与生态”研讨会在北京举行，参加会议的有著名学者任继愈、汤一介、杜维明、余敦康、张立文、蒙培元、余谋昌、郑家栋、李存山等，他们就儒家的生态思想的内容、作用、意义等问题阐述了相关见解。[③] 之后，对儒家生态环境思想的研究得到进一步发展，常新、史耀媛不仅讨论了儒家生态观的哲学基础，还指出了儒家生态观的局限性，较为客观地认识和评价了儒家生态环境思想，对我们客观看待儒家生态观有一定的启发；[④] 刘厚琴则从农业自然灾害意识、农业生态结构的优化意识以及发展大农业系统的意识等方面探讨了儒家的生态农学观；[⑤] 乐爱国撰文从“与天地参的人道论”“阴阳五行的结构论”“仁民爱物的伦理学”，以及“以时禁发的生态观”等方面阐述了儒家的生态思想；[⑥] 张文彦则撰文探讨了儒家的自然观及其对后世的影响；[⑦] 汤一介先生从“易，所以会天道、人道也”的角度对儒家生态思想进行了探讨；[⑧] 孟昭红、李学丽则较为细致地分析了儒家的天人合一思想，理性地指出生态伦理并非儒家思想的主流；[⑨] 徐嘉则从“天人合一的哲理基础”“惜生爱命、物阜民丰的生态伦理责任观”“以时禁发、斩养的行为模式”“类比外推的构思方法”等方面研究了儒家的生态思想，指出儒家的生态伦理是古代中国农耕经济的重要精神支柱；[⑩] 郑丹凤、王诺从儒家思想的生命哲学本质以及儒

---

① 何怀宏：《儒家生态伦理思想述略》，《中国人民大学学报》2000 年第 2 期。

② 王小健：《儒道生态思想的两种理性》，《大连大学学报》2001 年第 3 期。

③ 任继愈、汤一介等：《儒家与生态》，《中国哲学史》2003 年第 1 期。

④ 常新、史耀媛：《儒家生态观的理性解读及其重建》，《唐都学刊》2003 年第 2 期。

⑤ 刘厚琴：《先秦儒家的生态农学观》，《唐都学刊》2003 年第 3 期。

⑥ 乐爱国：《儒家生态思想初探》，《自然辩证法研究》2003 年第 12 期。

⑦ 张文彦：《论先秦儒家与道家的自然观及历史观》，《史学理论研究》2003 年第 3 期。

⑧ 汤一介：《儒家思想与生态问题》，《中国文化研究》2004 年夏之卷。

⑨ 孟昭红、李学丽：《略论儒家伦理中的生态消极因素》，《哈尔滨工业大学学报》2004 年第 6 期。

⑩ 徐嘉：《生态伦理的儒家样态》，《东南大学学报》2004 年第 5 期。

家天人合一思想的生态契机等方面讨论了儒家思想的生态意义；[①] 蒋小云则从“仁民而爱物”“参赞化育”“取物以顺时”“以时禁发”“钓而不网、弋不射宿”等方面较为细致地研究了儒家保护生态环境的思想和方法；[②] 齐姜红从天人合一、仁爱思想等方面讨论了孔孟的生态伦理思想。[③]

此外，还有学者从儒家诸子着手，深入研究了孔子、孟子及荀子思想中存在的相关生态环境思想。如鲍延毅撰文对孔子思想中所蕴含的生态伦理观及其影响进行了研究；[④] 李文菊也撰文讨论了孔子生态伦理思想的哲学基础和基本内涵及其当代价值；[⑤] 涂平荣则从“敬天畏命、知天达命”“仁人恤物、乐山乐水”以及“取物以时、节资护源”等方面论证了孔子的生态伦理认知、情感和实践等内容；[⑥] 闫建华也从“敬畏天命”“仁爱万物”等方面论述了孔子天命观所蕴含的生态伦理思想；[⑦] 李功锦认为孔子最早阐述了儒家的生态伦理思想；[⑧] 蒲沿洲则认为“孔子的思想中蕴含着丰富的生态环境保护观念和意识”，并从孔子生态环境思想的渊源、孔子的自然美思想、“四时行焉、百物生焉”的自然观以及“多识于鸟兽草木之名”的生态学诠释、“钓而不纲、弋不射宿”的资源保护思想等方面探讨了孔子的生态环境思想；[⑨] 此外，他还从“自然环境变迁的思想”“爱物、时养”

---

① 郑丹凤、王诺：《先秦儒家思想的生态意义》，《江苏大学学报》（社科版）2005 年第 4 期。

② 蒋小云：《儒家保护自然生态的和合思想与方法》，《河北大学学报》（哲社版）2007 年第 1 期。

③ 齐姜红：《孔孟儒家的生态伦理思想》，《管子学刊》2008 年第 1 期。

④ 鲍延毅：《孔子的生态伦理观及其对后世的影响》，《中华文化论坛》1995 年第 3 期。

⑤ 李文菊：《孔子生态伦理思想及其现代价值》，《郑州航空工业管理学院学报》（社科版）2007 年第 1 期。

⑥ 涂平荣：《孔子的生态伦理思想探微》，《江西社会科学》2008 年第 10 期。

⑦ 闫建华：《论孔子的天命观及其所蕴涵的生态伦理思想》，《山西财经大学学报》2011 年第 2 期。

⑧ 李功锦：《孔子的生态伦理观及对现代社会的价值》，《科技风》2012 年第 20 期。

⑨ 蒲沿洲：《孔子生态环境保护思想的渊源及诠释》，《太原师范学院学报》（社科版）2009 年第 1 期。

思想、“天人合一”思想等方面研究了孟子的生态环境思想;[1] 从认识论、自然观、生态平衡观、生态和谐观等方面探讨了荀子的生态环境思想;[2] 张云飞也就孟子的生态环境思想进行了研究;[3] 于耀从天人合一、仁爱万物等方面探讨了孟子的生态环境思想;[4] 薛晓军从生态环境意识、爱物生态伦理思想体系等方面论述了孟子的环境意识;[5] 高春花则从生态道德观、生态自然观和生态价值观等方面对荀子的生态思想进行了论述;[6] 刘婉华不仅探讨了荀子的生态思想，还阐述了其对解决当代生态环境危机的启示;[7] 曾林则以天人关系为线索探讨了荀子的生态环境思想;[8] 郭桂花则从荀子的天人理论、保护生态环境重要性的认识、以时禁发的环保主张等方面探讨了其生态环境保护思想;[9] 赵晓峰等人也从生态价值取向、形胜的环境观、时禁的生态观、参察天地的生态思想等方面对荀子的生态思想进行了研究;[10] 周蓓等人则从“遵循自然规律、维护生态平衡”“合理利用资源、杜绝铺张浪费”“优化生态环境、保障国富民强”“珍惜节约资源、取予消费有度”等方面阐述了荀子的生态伦理思想;[11] 徐昌文从“天行有常”的生态认识论、“制天命而用之”“天人相参”“强本节用”的生态实践观与节用观以及“谨其时禁”和“取物以时”的生态责任观三个方面分析了荀子的生态伦理思想;[12] 秦碧霞则从荀子生态伦理思想的

---

① 蒲沿洲:《论孟子的生态环境保护思想》,《河南科技大学学报》2004 年第 2 期。

② 蒲沿洲:《荀子的生态环保思想探析》,《中国矿业大学学报》2004 年第 3 期。

③ 张云飞:《试析孟子思想的生态伦理学价值》,《中华文化论坛》1994 年第 3 期。

④ 于耀:《试论孟子生态环保思想》,《重庆工学院学报》(社科版) 2007 年第 4 期。

⑤ 薛晓军:《新论孟子的环境意识与当代环保》,《内蒙古民族大学学报》2008 年第 5 期。

⑥ 高春花:《荀子的生态伦理观及其当代价值》,《道德与文明》2002 年第 5 期。

⑦ 刘婉华:《荀子的生态观及其对解决现代环境危机的启示》,《苏州城市建设环境保护学院学报》2001 年第 4 期。

⑧ 曾林:《生态理念的闪光——荀子天人关系思想的当代辨析》,《娄底师专学报》2001 年第 3 期。

⑨ 郭桂花:《荀子生态环境保护思想初探》,《新乡师专学报》2006 年第 4 期。

⑩ 赵晓峰、李磊、刘佳:《〈荀子〉自然生态思想探析》,《山西建筑》2008 年第 3 期。

⑪ 周蓓、郑逸芳、荣庆海:《荀子生态伦理思想对现代生态文明建设的启示》,《莆田学院学报》2009 年第 1 期。

⑫ 徐昌文:《荀子生态伦理思想及其对当今生态文明建设的启示》,《中华文化论坛》2009 年第 2 期。

基点和基本理念入手，探讨了荀子的生态伦理思想及其当代价值；[①] 刘玉玺从天行有常的生态哲学观、制天命而用之的生态利用观、圣人之治的生态保护观等方面分析了荀子的生态伦理观；[②] 而周孝进则从"明于天人之分"的生态伦理观、"节用裕民"与"应时而使之"的可持续发展观两个方面论述了荀子的生态伦理思想。[③]

还有学者从儒家的经典文献入手，对儒家的生态环境思想做了进一步的挖掘。殷光熹从周宣王、秦襄公、武士、兽官、猎人等的田猎诗研究了《诗经》里田猎对生态环境的影响；[④] 而赵载光则从礼制入手，分析了古礼、两周礼制及礼俗、《周礼》和《礼记》中的生态思想；[⑤] 黄姜从《周礼》的天人观及其中包含的保护山林机制探讨了《周礼》的生态文化内容及作用；[⑥] 杨先艺则从《周易》的阴阳哲学和生气说分析了《周易》中蕴含的生态环境思想内容；[⑦] 王春阳从《春秋》中所出现的"雩礼"分析了春秋时期生态环境的变化及导致变化的原因；[⑧] 王文东则从支持精神、结构层次以及行为规范等方面探讨了《礼记》中的生态环境伦理思想等内容。[⑨]

从上述可见，学术界对儒家的生态环境思想十分关注，学者们从不同角度不同层面对儒家的生态环境思想进行了深入而具体的研究。

第二，对道家生态环境思想的研究。对道家生态环境思想的研究主要表现在两个方面，一是对老子、庄子分而论之，二是将二者合二为一来研究。较早对道家创始人老子思想中包含的生态环境思想进行

---

① 秦碧霞：《荀子的生态伦理思想及其对当代生态文明建设的启示》，《和田师范专科学校学报》（汉文版）2009 年第 6 期。

② 刘玉玺：《荀子生态伦理观与当代两型社会建设》，《理论新探》2011 年第 2 期（上）。

③ 周孝进：《荀子生态伦理思想刍论》，《漳州师范学院学报》（哲社版）2012 年第 3 期。

④ 殷光熹：《〈诗经〉中的田猎诗》，《楚雄师范学院学报》2004 年第 1 期。

⑤ 赵载光：《论儒家礼制文化的生态思想》，《湘潭大学学报》（哲社版）2004 年第 2 期。

⑥ 黄姜：《〈周礼〉与周代生态文化》，《文史》2004 年第 6 期。

⑦ 杨先艺：《〈周易〉哲学对中国古代生态环境理论的解析》，《江汉论坛》2004 年第 4 期。

⑧ 王春阳：《从〈左传〉"雩礼"看春秋时期的生态变化》，《乐山师范学院学报》2004 年第 11 期。

⑨ 王文东：《论〈礼记〉中的生态伦理思想》，《古今农业》2006 年第 3 期。

研究的是陈明绍，他撰写了一系列文章，从老子思想中的道和生态环境的关系、战争对生态环境的破坏等角度，较为全面、具体地探讨了老子维护生态良性循环的思想；[①] 李朝辉、任俊华则从老子“道法自然”的生态平等观、“天网恢恢”的生态整体观以及“知常曰明”的生态保护观等方面论述了老子及《道德经》所蕴含的生态环境思想；[②] 董震从“天人合一”的整体观、“道法自然”的和谐观、“夫物芸芸各复其根”的生命价值观、“欲不欲”的效法自然原则等方面论证了老子的生态思想；[③] 邓敏认为“老子在《道德经》中所阐述的道法自然、和谐以及无为等思想，为实现人与自然的圆融无间、共生共荣提供了丰富的思想资源”；[④] 齐冬莲等认为老子的自然哲学观中具有丰富的生态伦理意蕴，主要表现为老子自然哲学观中“道法自然”的生态智慧观、“天人合一”的生态和谐观和“万物自化”的生态社会观；[⑤] 罗业栗从“而贵食母”是环境生态伦理观的崇本感恩情怀、“和谐共生”是生态伦理思想的核心、“道法自然”的生态伦理规范准则、“惟道是从”的生态伦理途径四个方面论证了老子的生态伦理思想；[⑥] 程潮指出“庄子提出了许多如何处理好人与自然关系，实现生态环境平衡有序的观点”，并详细论证了庄子的生态环境观；[⑦] 陈瑞台从“天地与我并生”的生态和谐思想、“物无贵贱”的生态伦理思想、“吾非不知，羞而不为”的生态技术思想及“独与天地精神往来，而不敖倪于万物”的生态美学思想等方面对庄子的生态环境思想

---

① 陈明绍：《老子其人其书》《“道”和生态环境系统》《维护生态系统良性循环之“道”》《化污染为资源“道”》《战争是对生态系统最严重的破坏》，上述论文分载于《民主与科学》1997 年第 2—6 期。

② 李朝辉、任俊华：《〈道德经〉的生态伦理思想新探》，《湖南社会科学》2005 年第 6 期。

③ 董震、高虹：《老子生态观探微》，《信阳农业高等专科学校学报》2006 年第 3 期。

④ 邓敏：《解读老子〈道德经〉中生态环保思想》，《昭通师范高等专科学校学报》2007 年第 6 期。

⑤ 齐冬莲、张敏、谢翠蓉：《老子自然哲学观中的生态伦理意蕴》，《湖南大学学报》（社科版）2010 年第 6 期。

⑥ 罗业栗：《老子生态伦理观的当代借鉴意义》，《理论界》2013 年第 1 期。

⑦ 程潮：《庄子的生态环境观新探》，《嘉应大学学报》（哲社版）1999 年第 1 期。

进行了阐述；[①] 屈志勤、李悦书分析了庄子的天人关系论及其生态智慧，并探讨了庄子所提出的人与自然相处之道；[②] 谢阳举、方红波从庄子的自然整体主义、内在价值论、非人类中心主义宇宙伦理等入手研究了庄子的生态思想；[③] 姜葵则分析了庄子“物我同一”思想的现实意义、“物无贵贱”观念的指导意义及其现代价值，认为庄子的自然观是中国思想宝库中最有价值、最有活力的生态思想；[④] 白才儒则研究了庄子思想中独特的认知模式、庄子生态观的根据“道”和“性”等方面的问题；[⑤] 朱秋颖从“天人合一的和谐伦理观”“顺其自然的生态伦理观”“无功利的自然审美观念”三个方面分析了庄子的生态伦理思想。[⑥]

还有学者从道家的层面出发对包含老子、庄子在内的道家生态环境思想进行了研究。华建宝从“物无贵贱”“人与天一”的天人观、“以天合天”“无以人灭天”的社会活动观、“复归于朴”“复归于婴儿”的生活消费观等方面探讨了道家的生态思想；[⑦] 赵春福、鄯爱红则从“天人合一”的生态环境观、“自然无为”的生态原则、“慈”“俭”等生态规范以及道家生态环境的现实意义方面做了探讨；[⑧] 刘元冠对老庄“天人合一”“道法自然”和“知止”等思想及其意义进行了阐述；[⑨] 张文彦则在比较中探讨了道家“以人合天”的自然观；[⑩] 李卫朝根据道家的“道法自然”之人的本位性、“齐同万物”之人的主体性、“重人贵生”之人的至尊型等思想，分析了道家思想中所蕴

---

① 陈瑞台：《〈庄子〉自然环境保护思想发微》，《内蒙古大学学报》1999 年第 3 期。

② 屈志勤、李悦书：《庄子的生态智慧与现代环保理念》，《南华大学学报》（社科版）2001 年第 3 期。

③ 谢阳举、方红波：《庄子环境哲学原理要论》，《西北大学学报》2002 年第 4 期。

④ 姜葵：《论庄子的自然观与环境保护》，《贵州财经学院学报》2003 年第 4 期。

⑤ 白才儒：《试论庄子深层生态思想》，《宗教学研究》2003 年第 4 期。

⑥ 朱秋颖：《试析庄子的生态伦理观》，《兰台世界》2012 年 9 月下旬。

⑦ 华建宝：《道家的生态智慧与解决环境问题的出路》，《南京航空航天大学学报》（社科版）2001 年第 1 期。

⑧ 赵春福、鄯爱红：《道法自然与环境保护》，《齐鲁学刊》2001 年第 2 期。

⑨ 刘元冠：《老庄道家思想的生态观念》，《湖南环境生物职业技术学院》2001 年第 2 期。

⑩ 张文彦：《论先秦儒家与道家的自然观及历史观》，《史学理论研究》2003 年第 3 期。

含的生态环境思想内容；[1] 白才儒从分析上古神道传统入手，提出道家的生态宇宙观、生态伦理思想和生态控制思想都源于上古神道传统，在春秋战国之际得到了极大的发展；[2] 而曾繁仁在分析老子庄子思想中“天人之际”“冲气以和”等人与自然关系理论的基础上，从他们两人“道法自然”“无为无欲”等道家思想观点入手，较为全面具体地论证了老庄为代表之道家的生态环境思想；[3] 史向前则结合道教教义进行研究，认为道教的“洞天福地”境界是生态保护的理想模式、“生道合一”的修养方法是人与自然和谐的根本途径，并在此基础上论述了道家的生态环境思想；[4] 曹剑波则结合道家的万物平等、顺物自然等思想，探讨了道家的生态思想；[5] 毛丽娅从自然生态思想和社会生态思想两方面分析了《道德经》所蕴含的生态思想；[6] 单辉从“见素抱朴、少私寡欲”“观天之道、执天之行”“同构同感、天人合一”等方面出发，讨论了道家的生态思想；[7] 董军、杨积祥从“物无贵贱、有机和谐——道家的生态伦理原则”“无为、知止、贵生、爱物——道家的生态伦理规范”等方面分析了道家的生态伦理思想；[8] 李广义、吕锡琛从“道生万物、物我为一”的自然观、“物无贵贱、万物平等”的价值观、“知和去奢、少私寡欲”的消费观等入手，探讨了道家的生态智慧；[9] 刘冬梅、刘国强则认为：“道家的自然之道，强调天人合一，彰显了对自然生态的关注，表达了人与自然和谐的哲学思考；道家的无为之道，倡导顺应天道人道，突出了对社会

① 李卫朝：《道教环境保护思想中的人本主义》，《中国道教》2003 年第 5 期。

② 白才儒：《上古神道传统与道教生态思想》，《中华文化论坛》2005 年第 2 期。

③ 曾繁仁：《老庄道家古典生态存在论审美观新说》，《文史哲》2003 年第 6 期。

④ 史向前：《道教的人生追求与环境保护》，《安徽大学学报》2004 年第 4 期。

⑤ 曹剑波：《道教生态思想探微》，《中国道教》2005 年第 3 期。

⑥ 毛丽娅：《〈道德经〉的生态思想及其当代审视》，《求索》2008 年第 3 期。

⑦ 单辉：《道家的生态思想初探》，《湖南第一师范学报》2008 年第 2 期。

⑧ 董军、杨积祥：《无为、知止、贵生、爱物——道家生态伦理思想探析》，《学术界》2008 年第 3 期。

⑨ 李广义、吕锡琛：《道家生态伦理思想及其普世伦理意蕴》，《湖南科技大学学报》（社科版）2009 年第 1 期。

生态的关怀，诠释了人与社会和谐的人文意蕴。”[①] 乐爱国从万物平等、人天和谐、道法自然等分析了道家思想中的生态伦理思想；[②] 李晓宇认为，道家的生态思想主要体现在“天人合一”“道法自然”“见素抱朴”“少私寡欲”等方面，并提出其对城乡建设的指导意义；[③] 杨萍认为：道家提倡的“万物与我为一”“物无贵贱”“自然无为”的哲学思想不断被人类的道德深化所认同，这些具有明显生态维度的伦理思想，与产生于20世纪70年代的深层生态学所主张的人与自然相统一的生态整体观、尊重自然的生态平等观以及顺应自然的生态实践观高度契合；[④] 王雷松从“无为的生态整体和谐思想”“知常知足知止的维护生态平衡原则”“贵生尊生的生态关怀精神”等方面讨论了道家的生态思想；[⑤] 吴博认为：“先秦道家从道法自然的生态伦理原则；天人合一、万物平等的生态自然思想；万物并作、吾以观复的生态循环意识；知足寡欲、见素抱朴的生态消费思想等方面表达了对生态问题的深刻见解。”[⑥] 还有学者将儒家与道家的生态思想进行了比较研究，如夏劲、项继光认为：儒家文化中“天人合一”“仁爱大德”“物我平等”“圣王之制”和道家文化中“道法自然”“物我为一”“慈俭四知”等观点蕴含了丰富的生态思想底蕴。[⑦]

第三，对墨家生态环境思想的研究。墨子作为战国时期著名的思想家、墨家学派创始人，其学说在战国时期影响广泛，与儒家学说并为“显学”，显赫一时。墨子思想不仅对当时社会产生了重大影响，同时也对后世社会产生了深远影响。自战国之后，历代不乏研究墨子

---

① 刘冬梅、刘国强：《道家生态伦理思想的和谐旨向》，《山东教育学院学报》2009年第6期。

② 乐爱国：《道家生态伦理思想及其现代意义》，《鄱阳湖学刊》2010年第1期。

③ 李晓宇：《道家生态思想与生态城乡建设》，《潍坊学院学报》2010年第3期。

④ 杨萍：《道家生态智慧与深层生态学之契合》，《学术交流》2010年第4期。

⑤ 王雷松：《论老庄“天人和谐”的生态伦理思想》，《郑州轻工业学院学报（社科版）2012年第1期。

⑥ 吴博：《试论先秦道家的生态伦理思想》，《理论界》2012年第6期。

⑦ 夏劲、项继光：《儒道生态思想的当代价值》，《长沙理工大学学报》（社科版）2013年第1期。

学说的学者。而近些年来，对墨家学说的研究，更是呈现了如火如荼的局面，宋立民指出："改革开放以来，我国的墨学研究呈现出一派繁荣景象。短短的20多年，就已经出版论著70余部，论文500余篇。"① 这些数量众多的论著充分说明墨子思想正在备受国内学术界的关注。同时，墨子思想在国际学术界也日益成为研究热点，"国际墨学研讨会已召开四届，墨家学说已经在世界上产生了广泛的影响，墨家思想的研究前途似锦"②。如此良好的社会背景，对于深入研究和发扬墨子思想，显然提供了极为良好的学术环境。然而美中不足的是，目前国内外学术界对墨子思想的研究主要集中在政治、哲学、经济、科学、逻辑、美学、军事等方面，而对于其思想体系中较为丰富的生态环境保护内容，却很少重视，王建荣说："墨家思想中的明显具有环保思想的主张尚未引起人们的重视。"③ 这显然是当前墨子研究中的一大缺憾，它影响了对墨子思想的全面研究和传播。因此，深入研究和挖掘墨子思想的生态环境保护内容，不仅有着极为重要的学术意义，还有重大的现实价值。

对墨家生态环境保护思想的研究，主要体现在两个方面：一是对墨子生态环境思想的研究，二是对墨子之后墨家生态环境思想的研究。王建荣认为墨家的主张如"非攻、兼爱、尚义、节俭、非乐等，虽然古远，但是与现代环境保护理论密切关联"④。任俊华、周俊武则认为墨家的"节用而非攻思想包蕴着积极的可持续发展、维护现有生命多样性的生态保护思想"⑤。李永铭也断定墨家的兼爱、节用思想包含着丰富的环境保护思想；⑥ 黄寅也从"兼相爱、交相利""志功合一""爱无等差"等方面分析了墨家的生态智慧；⑦ 李展从墨子"兼

① 宋立民：《当代墨家思想研究述评》，《社会科学战线》2003年第3期。
② 同上。
③ 王建荣：《试论墨子学说与环保之关系》，《运城高等专科学校学报》2002年第4期。
④ 同上。
⑤ 任俊华、周俊武：《节用而非攻：墨子生态伦理智慧观》，《湖湘论坛》2003年第1期。
⑥ 李永铭：《墨子的环境观》，《职大学报》2004年第1期。
⑦ 黄寅：《全球生态可持续发展的墨家智慧》，《自然辩证法研究》2007年第3期。

爱”“非攻”“节用”等思想入手，论证了这些思想对于建设可持续发展社会的启示；[①] 宋志明则从墨子的人学、人际学、天学、知识学等内容考察了墨子对人与自然关系探讨的理论，显示出墨子对人与自然关系的关注；[②] 孙丽娟、刘绪义则认为墨子思想中具备环境伦理思想，并从其哲学基础、主要内容、特点等方面进行了论证，认为：“以人为本、顺应天意的环境伦理思想主旨，固本节用、去情去欲的环境伦理思想主张，提倡足、节、和的环境伦理规范，都显示出墨子环境伦理思想的特异性”；[③] 李金玉从墨子对人与自然关系的深刻见解、反对过度掠夺自然资源的思想、反对战争的思想等方面探讨了墨子的生态智慧；[④] 欧阳茂森、李传忠则从物质观、运动观、时空观等方面考察了后期墨家的自然观，认为它们构成了后期墨家的自然观。“这个自然观，由于抛弃了墨子的天志、鬼神观念和宗教意识，坚持了朴素唯物主义的正确方向，并把丰富的自发辩证法结合于其中，而使它在中国科技史、哲学史和思想史上，均占有十分重要的地位。”[⑤]

第四，对杂家生态环境思想的研究。《管子》与《吕氏春秋》二书融合了战国时期诸多学者的思想，是当时的集大成之作，尽管学术界对其流派仍有分歧，但是多数学者还是同意将其归入杂家的，因此，在这里将其列为杂家进行探讨。戴吾三认为《管子》书中已经对山林具有的生态环境保护作用、破坏山林资源产生的恶果等有了深刻的认识，因此表现出了保护山林资源的生态环境思想；[⑥] 樊宝敏则从管子对林业地位的认识、林业政策思想、尊重客观规律管理林业等方面分析了管子的林业管理思想；[⑦] 曹俊杰从尊重自然规律、保护自然

① 李展：《墨家和谐思想的渊源》，《陕西师范大学学报》（哲社版）2009 年第 S1 期。
② 宋志明：《墨子人天学新探》，《中国哲学史》2009 年第 4 期。
③ 孙丽娟、刘绪义：《墨子环境伦理思想剖析》，《云南社会科学》2010 年第 1 期。
④ 李金玉：《墨子思想中的生态意蕴探讨》，《华北水利水电学院学报》（社科版）2012 年第 2 期。
⑤ 欧阳茂森、李传忠：《试论后期墨家的自然观》，《齐鲁学刊》1985 年第 3 期。
⑥ 戴吾三：《略论〈管子〉对山林资源的认识和保护》，《管子学刊》2001 年第 1 期。
⑦ 樊宝敏：《管子的林业管理思想初探》，《世界林业研究》2001 年第 2 期。

资源和生态环境、因地制宜进行多种经营、取之有度等方面讨论了《管子》的可持续发展思想；[①] 王培华则认为，《管子》对自然资源和经济社会发展的关系有着十分清楚的认识，并从其关于人地关系比例问题的理论、发展生产与保护环境之关系的思想以及其特点与价值等方面进行了论述；[②] 吕逸新、王朝侠则就《管子》生态伦理思想的哲学基础、原则及内容等方面做了探讨；[③] 王曙光则从《管子》“人与天调”思想出发，论证了其生态环境思想；[④] 闫洪菊从生态环境认知、生态环境保护思想、提倡节约反对浪费、制定法令保护生态环境等方面分析了《管子》的生态环境思想；[⑤] 罗顺元从《管子·地员》入手，深入分析了《管子》的生态学思想和生态经济思想；[⑥] 张全明则从《管子》因地制宜思想出发，深入分析了其所蕴含的生态环境意识，指出：“这一理论思想体系，既反映了其唯物的自然意识，又体现了其辩证的环境理念，还表现出其注重生态平衡与保护自然资源的环境意识，同时还具有主张有节制地开发与利用自然资源以及实行可持续发展的科学思想的特点。”[⑦]

《吕氏春秋》一书内容博大精深，对两周的学术做了一次很好的总结，因此，之前诸子思想中所包含的生态环境思想，在该书中也能发现其踪迹，但是至今对此进行论述的学者却为数不多。陈宏敬通过分析《吕氏春秋》中的宇宙论、天人论，探讨了其中所包含的天人一体、天人感应、法天地等含有生态环境思想因素的内容；[⑧] 王启才认为《吕氏春秋》蕴涵着丰富的生态哲学思想，并从整体生态和谐、

---

① 曹俊杰：《管子可持续发展思想研究》，《管子学刊》2002 年第 4 期。

② 王培华：《管子关于自然资源与经济社会发展关系的表述析论》，《广东社会科学》2002 年第 5 期。

③ 吕逸新、王朝侠：《管子的生态伦理观》，《管子学刊》2003 年第 2 期。

④ 王曙光：《〈管子〉“人与天调”的生态观》，《管子学刊》2006 年第 3 期。

⑤ 闫洪菊：《〈管子〉生态环境保护思想初探》，《新乡教育学院学报》2009 年第 4 期。

⑥ 罗顺元：《管子的生态思想探析》，《管子学刊》2010 年第 1 期。

⑦ 张全明：《论〈管子〉“因地制宜”的环境理论及其特点》，《管子学刊》2010 年第 4 期。

⑧ 陈宏敬：《〈吕氏春秋〉的自然哲学》，《中国哲学史》2001 年第 1 期。

“法天地”的指导思想、生态循环、生态保护、生态技术五个方面对其作了梳理;[1] 李志坚则认为:“《吕氏春秋》包含有丰富的环境思想,它把环境包括人类在内看作是一个有机之整体,主张取用资源要有度有节”,并以此为依据探讨了该书所蕴含的生态环境思想;[2] 徐立熬认为《吕氏春秋》蕴含着丰富的生态伦理观,并就其中“十二纪”为代表的内容进行了详细论证;[3] 李金玉则通过探讨《吕氏春秋》关于天人关系的理论、以时为令保护自然资源的理论、取之有度的思想以及对违背自然规律产生后果的认识等方面阐述了该书包含的生态环境思想。[4]

第五,对法家、阴阳家生态环境思想的研究。相比起儒家、道家、法家、杂家,对法家和阴阳家的生态环境思想研究就冷清了许多。到目前为止,仅有为数不多的学者对这两个学派此方面的思想进行了论述。张子侠根据商鞅“刑弃灰于道者”的做法,对其中所隐含的生态环境保护作用进行了初步的分析;[5] 蒲沿洲从察要致万物、不取用于后、以时养之等内容以及设置官员、制定措施等方面讨论了商鞅的生态环境保护思想;[6] 刘文英则从四时教令所包含的生态意蕴、顺和阴阳所表现的生态思想以及“十二纪”所设计的生态图式几个方面探讨了阴阳家的生态观念及其地位。[7]

2. 对中国古代生态环境保护思想确立于两周时期的考证。此方面的研究主要表现在两点:一是明确指出生态环境保护思想确立于两周时期。朱洪涛说:“春秋战国时期,保护生物资源的思想,或出于邦国的政策法令,或见于学者们的著书立说,表现得格外活跃。”[8] 郭仁

---

① 王启才:《〈吕氏春秋〉的生态观》,《江西社会科学》2002 年第 10 期。

② 李志坚:《论〈吕氏春秋〉的环境思想》,《濮阳教育学院学报》2003 年第 2 期。

③ 徐立熬:《〈吕氏春秋〉的生态伦理观》,《农业考古》2008 年第 3 期。

④ 李金玉:《〈吕氏春秋〉的生态环保思想》,《新乡学院学报》(哲社版)2010 年第 1 期。

⑤ 张子侠:《商鞅为何“刑弃灰于道者”》,《淮北煤师院学报》1994 年第 2 期。

⑥ 蒲沿洲:《商鞅生态环保思想初探》,《西安联合大学学报》2004 年第 1 期。

⑦ 刘文英:《阴阳家的生态观念及其历史地位》,《文史哲》2005 年第 1 期。

⑧ 朱洪涛:《春秋战国时期的生物资源保护》,《农业考古》1982 年第 1 期。

成则认为："我国对生态环境有计划的保护实肇端于西周，而盛行于春秋战国。"① 袁清林也认为："周代在我国环境史上是一个极其重要的朝代。周代建立了相当完善的保护生物资源的体制，制定过法令并较为普遍地得到贯彻执行，因此才使周代在发展生产的同时，较好地保护了自然环境和自然资源，不愧为'黄金时代'的称号。"② 罗桂环也指出："早在3000年前的西周时期，自然保护就在中国产生了。"③ 持相同观点的还有朱松美："早在二、三千年之前的周代就不仅诞生了丰富的生态保护思想，而且建立了完善的法规和健全的机制……周代开启了我国生态保护之先河。"④ 尹连忠、杨文强也认为："先秦时期对于生态保护非常重视，古人对此有诸多论述。特别是春秋战国时期……生态保护思想就在这种背景下获得了长足发展。"⑤ 可见，我国古代生态环境思想产生于周代这种说法，在学术界得到了众多学者的认可，这足以说明我国生态环境保护的思想的确源远流长。

还有的学者虽然没有明确指出中国古代的生态环境思想确立于西周，但是他们认为：我国在先秦时期已经产生生态环境保护的思想，而且在当时确实起到了保护生态环境的作用。李耕夫在20世纪80年代就指出："散见在古代典籍中的零星记载，虽然还谈不上这就是生态学，更谈不上是完整的生态学，然而却足资证明，生态意识的某些因素早在我国两三千年前就产生了。"⑥ 鞠继武也说："早在先秦时期，古代人民在生产实践的基础上，已初步产生了生态环境保护思想。"⑦ 李丙寅也认为："我国古代人民早在先秦时期，在认识环境的

---

① 郭仁成：《先秦时期的生态环境保护》，《求索》1990年第5期。

② 袁清林：《中国环境保护史话》，中国环境科学出版社1990年版，第23页。

③ 罗桂环：《中国古代的自然保护》，《北京林业大学学报》2003年第3期。

④ 朱松美：《周代的生态保护及其启示》，《济南大学学报》2002年第2期。

⑤ 尹连忠、杨文强：《我国先秦时代的自然生态保护述论》，《乐山师范学院学报》2005年第4期。

⑥ 李耕夫：《中国古代的生态意识学说》，《学习与探索》1987年第4期。

⑦ 鞠继武：《试论我国先秦时代生态环境保护思想》，《自然科学史研究》1990年第2期。

自然规律的基础上提出了不少保护环境的思想理论，从而设置了较完善的环境保护机构，并制订了环境保护法令。”[①] 李根蟠则认为保护和合理利用自然资源的思想“在我国从原始社会过渡到文明社会之初即已出现”。其意思就是说生态环境思想在我国起源得更早。[②] 吕文郁通过考察先秦时期的生态环境，指出导致古代世界一些曾经辉煌的古代文明消亡的主要原因就是它们的生态环境遭到破坏，而中华文明从未中断的原因恰恰就在于我们的祖先在先秦时期已经开始注重保护生态环境。[③]

3. 对两周时期生态环境保护相关内容如森林、动物保护，制定的法律、法令及采取措施等方面的研究。这些方面的研究成果，主要体现在以下几方面。

首先是对生态环境保护的法律法令研究。较早就这一问题进行研究的是吕锡琛，他认为周代已经有了具体的环境法，并撰文对周代保护树木的法规、保护动物的法规、保护土地的法规进行了研究；[④] 导师姜建设教授认为中国古代环境法早已经客观存在，“古代中国的环境法规最早出现可能是在商鞅变法时期”，并且指出“古代社会的环境禁忌是秦国环境法的源头之一，换句话说，秦国的环境法规直接取材于古代社会的环境禁忌，古代环境禁忌直接启迪了秦国环境法的订立”，还就环境法的内容进行了阐述；[⑤] 车今花也对相关问题做了研究，但她研究的内容从先秦直至汉唐，因此只是简单地阐述了《月令》的部分内容，未能就周代生态环境保护的法律做更为深入的研究；[⑥] 南玉泉虽然对两周时期的生态环境法律进行了研究，但其讨论的范围从原始社会直到宋夏时期，也只是对《田律》和《月令》做

---

① 李丙寅：《略论先秦时期的环境保护》，《史学月刊》1990年第1期。

② 李根蟠：《先秦时代保护和合理利用自然资源的理论》，《古今农业》1999年第1期。

③ 吕文郁：《华夏文明与先秦时代的生态环境》，《陕西师范大学学报》1998年第3期。

④ 吕锡琛：《中国古代的环境保护法规及思想》，《环境保护》1994年第11期。

⑤ 姜建设：《中国古代的环境法：从朴素的法理到严格的实践》，《郑州大学学报》1996年第6期。

⑥ 车今花：《中国古代保护经济可持续发展的法律》，《湖南大学学报》2000年第2期。

了简单的陈述而未进行深入的挖掘。[1]

其次是对保护对象及采取措施的研究。古开弼认为，随着两周时期社会经济的迅速发展，社会对林木资源的需求不断增长，导致当时的林木资源受到较为严重的破坏，周代设置了专门保护山林的国家机构来保护林木资源；[2] 倪根金认为，周代思想家对森林所具有的保持水土、护堤固坝、保护野生动植物等特征已经有了清醒的认识，因此能够采取有效措施保护森林资源；[3] 杨霞蓉则撰文分析了两周时期思想家、政治家等所具有的山林管理意识、采取的山林管理措施以及周代的植树造林理念，使我们认识到古人为了保护生态环境所作出的努力；[4] 朱松美不仅分析了周代生态保护的基本状况，阐述了周代的生态保护法规和机构及成效，还分析了周代重视生态环境保护的背景；[5] 尹连忠、杨文强也探讨了周代重视生态保护的原因如对自然的依赖、战争对生态造成了破坏等，在此基础上分析了周代重视生态保护的原因及采取的措施如设置职官、颁布法规和法律等；[6] 高飞则从森林资源的破坏、对森林资源保护重要性的认识、保护森林资源的措施等方面论述了春秋战国时期的森林资源保护；[7] 汪晓权认为："中国古代不仅有较为丰富的环保思想，而且许多朝代都设立了初具规模的环保机构。""先秦时期有山虞、泽虞、川衡、林衡等。"指出周代已经开始制定措施、颁布法规保护动植物等；[8] 罗桂环在研究古代的生态保护

---

① 南玉泉：《中国古代的生态环保思想与法律规定》，《北京理工大学学报》2005 年第 2 期。

② 古开弼：《试述我国古代先秦时期林业经济思想及其现实意义》，《农业考古》1984 年第 2 期。

③ 倪根金：《试论中国历史上对森林保护环境作用的认识》，《农业考古》1995 年第 3 期。

④ 杨霞蓉：《略论周代的山林管理》，《学术月刊》1997 年第 11 期。

⑤ 朱松美：《周代的生态保护及其启示》，《济南大学学报》2002 年第 2 期。

⑥ 尹连忠、杨文强：《我国先秦时代的自然生态保护述论》，《乐山师范学院学报》2005 年第 4 期。

⑦ 高飞：《春秋战国时期森林资源保护浅论》，《沧桑》2007 年第 5 期。

⑧ 汪晓权、汪家权：《中国古代的环境保护》，《合肥工业大学学报》（社科版）2000 年第 3 期。

时也论及周代所采取的生态保护措施如设置职官、颁布法律条文等；[①] 王勋陵在论及古代对生物多样性的认识及保护时，也重点探讨了周代对动植物的保护；[②] 许玮则探讨了《周礼》中关于林木保护的内容，指出其中具有保护林木资源的措施和相应的机制；[③] 陈朝云则将两周时期的生态环境保护与农业发展联系起来考察，指出当时农业生产的迅速发展对周代生态环境产生了一定的破坏作用，在此基础上周代制定了生态保护法令并采取了相应的措施；[④] 杨永芳也从农业入手，探讨了生态环境保护的内容，并且指出："我国的先秦时期，人们对农业生态环境就有了一定的认识，并且制定了一些改造环境的制度和措施。这些在《尚书》、《周易》、《周礼》、《礼记》、《诗经》、《管子》、《孟子》、《荀子》等都有记载和论述。"[⑤] 吴效群则探讨了古代对动物的保护，其中涉及周代对人与动物关系的认识以及保护动物的思想、措施。[⑥]

4. 对生态环境思想产生之渊源的探索。追根溯源是学术界的一大爱好和特征，因此，对周代生态环境思想产生的根源进行研究，也是很多学者热衷的课题。关于中国古代生态环境思想形成的渊源，目前看法大致有如下几个方面。

一是"天人合一"观念。很多学者认为中国古代的哲学思想尤其是"天人合一"思想，是古代生态环境伦理思想形成的重要源头。如余谋昌说："中国古代哲学关于'天人合一'、'天道生生'和'仁爱万物'的思想，'道法自然'和'尊道贵德'的思想，'圣人之虑天

① 罗桂环：《中国古代的自然保护》，《北京林业大学学报》（社科版）2003 年第 3 期。

② 王勋陵：《中国古代在认识和保护生物多样性方面的贡献》，《生物多样性》2000 年第 4 期。

③ 许玮：《〈周礼〉中的林业生态思想》，《才智》2010 年第 24 期。

④ 陈朝云：《用养结合：先秦时期人类需求与生态资源的平衡统一》，《河南师范大学学报》2002 年第 6 期。

⑤ 杨永芳：《古代农业生态环境保护制度对当今的启示》，《农业现代化研究》2007 年第 4 期。

⑥ 吴效群：《人类的文明与对动物的保护——中国历史上人与动物的关系》，《河南社会科学》2004 年第 6 期。

下莫贵于生'和'与天地相参'的思想，等等，它们对伦理学的理论突破有重要意义。"[①] 许启贤认为："'天人合一'的宇宙观、伦理观是中国古代哲学思想和伦理思想的精华之一，是处理人与自然关系最宝贵、最重要的道德原则。"[②] 吴宁探讨了"天人合一"的生态伦理意蕴，认为"天人合一"包涵深邃的生态伦理意蕴；[③] 方克立则明确指出："'天人合一'是处理人与自然关系的正确思想原则……在这种天人观指导下，我们的先哲提出了许多善待自然、保护生物资源的朴素生态智慧。"[④] 胡坚强等人则认为中国古代的林业保护思想也是在"天人合一"思想指导下形成的。[⑤] 王韶春认为："儒家的'天人合一'思想，强调的不仅是一种道德观、宇宙观，更重要的是一种生态观。"[⑥] 王广也认为："天人合一思想能够肯认'人和自然应该和谐共处'与'应该对整个自然界进行道德关怀'两项'规约原则'，从而也就具有了实现生态伦理化的可能。"[⑦] 可见持这种看法的学者不在少数，但是与此相对，也有学者持相反的态度，如肖巍指出"天人合一"思想"在形式上可作保护环境解"，但是"在实质上无补于环境状况"，从而否认了"天人合一"在生态环境保护中的作用。[⑧]

二是农业文明。易钢认为："我国古代人民在长期的农业生产实践中创造了特殊的生态农业观"，"而且还把这种思想积极付诸实践，形成特殊的富有成果的生态农业模式"。[⑨] 杨俊中认为："古代的农业生态保护思想，是漫长农业实践中人与自然矛盾关系演化的结果，贯穿了整个农业文明发展过程。""中国古代长期的农业实践中，受儒家

---

① 余谋昌：《我国历史形态的生态伦理思想》，《烟台大学学报》1999 年第 1 期。
② 许启贤：《中国古人的生态环境伦理意识》，《中国人民大学学报》1999 年第 4 期。
③ 吴宁：《天人合一的生态伦理意蕴及其得失》，《自然辩证法研究》1999 年第 12 期。
④ 方克立：《"天人合一"与中国古代的生态智慧》，《社会科学战线》2003 年第 4 期。
⑤ 胡坚强、任光凌等：《论天人合一与林业可持续发展》，《林业科学》2004 年第 5 期。
⑥ 王韶春：《"天人合一"思想的生态伦理意蕴》，《社会科学辑刊》2005 年第 2 期。
⑦ 王广：《儒家天人合一思想与生态伦理化的实现》，《理论学刊》2005 年第 5 期。
⑧ 肖巍：《"天人合一"并没有改善中国古代环境状况》，《哲学研究》2004 年第 4 期。
⑨ 易钢：《中国古代生态农业观探讨》，《齐鲁学刊》1998 年第 2 期。

文化的影响，形成了不同于西方的农业文明和农业生态观，包括和谐共生的农业生态保护思想及以合天时、地脉、物性之宜为核心的农业生态保护制度，并重视农业技术在农业生态保护中的应用。”①

三是自然崇拜和图腾崇拜。薛世平从远古先民对葫芦、鱼以及水的崇拜等现象进行考察，指出正是在这种图腾崇拜的演化中，先民对自然的认识得到了加强，并有了相应的处理人与自然关系的观念；②李树人等人撰文，力图从自然崇拜所产生的人与自然和谐相处观念入手，得出自然崇拜乃是中国古代生态环境思想形成的一个重要来源；③而於贤德则认为很多因素都导致生态环境思想的形成，譬如原始图腾崇拜、中国古人特有的思维定式、天人合一思想等；④ 樊宝敏、李智勇则认为中国古代森林生态思想形成的历史文化渊源包括图腾崇拜、阴阳学说等；⑤ 杨玲则从《诗经》中大量草木起兴的诗篇入手分析，探讨了古人的自然崇拜。⑥

除了以上论文外，还有很多专家、学者的相关论著也都有相关内容涉及周代的生态环境问题。如对周代气候变迁的研究，竺可桢早在1972 年发表了题为《中国近五千年来气候变迁的初步研究》（《考古学报》1972 年第 1 期）的文章，其中对周代的气候状况和变迁以及动植物分布的变化做了简要的探讨，这些观点对生态环境史研究至今具有很大的启迪作用；台湾学者刘昭民著《中国历史上气候之变迁》（台湾商务印书馆 1994 年版）则较为详细地探讨了周代气候的状况及变迁，并论述了当时的地理景观和动植物分布情况及变化；牟重行的

---

① 杨俊中：《中国古代农业生态保护思想探析》，《安徽农业科学》2008 年第 19 期。

② 薛世平：《从图腾崇拜演变看先民对自然认识的深化过程》，《汉中师范学院学报》1998 年第 3 期。

③ 李树人、阎志平、侯桂英：《中国古代的生态伦理观》，《河南农业大学学报》2000 年第 12 期。

④ 於贤德：《中国古代生态文化的思想源流》，《嘉兴高等专科学校学报》2000 年第 3 期。

⑤ 樊宝敏、李智勇：《夏商周时期的森林生态思想简析》，《林业科学》2005 年第 5 期。

⑥ 杨玲：《从〈诗经〉草木起兴看我国古代的植物崇拜》，《中山大学学报论丛》2004 年第 2 期。

《中国五千年气候变迁的再考证》（气象出版社 1996 年版）涉及两周时期的竹子分布状况及山东的农作物成熟情况；满玉敏著《中国历史时期气候变化研究》（山东教育出版社 2009 年版）对包括周代在内的古代各个时期气候状况进行了研究，并涉及后代气候变化对动植物分布的影响。再如对周代森林状况及其保护的研究，如史念海《历史时期黄河中游的森林》① 和《黄河中游森林的变迁及其经验教训》② 两文均对周代的森林植被状况及其变化有所研究；樊宝敏、李智勇合著《中国森林生态史引论》（科学出版社 2008 年版）其中有关于周代森林状况及其变迁的描述，并探讨了周代的森林生态思想等相关内容。还有就是对两周时期生态环境保护的研究，如袁清林著《中国环境保护史话》（中国环境科学出版社 1990 年版）其中谈到周代的生态环境状况、保护生态环境的思想、环境保护机构、环境保护法令等；罗桂环等人合著的《中国环境保护史稿》（中国环境科学出版社 1995 年版）书中有部分章节涉及周代的生态环境内容，如当时在人与自然关系方面探索取得的成果、环境保护思想、环境保护法律、对生物资源的合理利用等；赵冈《中国历史上生态环境之变迁》（中国环境科学出版社 1995 年版），书中谈及周代农业垦殖对生态环境的影响、周代实行的林政等内容；而张全明、王玉德合著之《中华五千年生态文化》（华中师范大学出版社 1999 年版）书中有很多内容涉及周代的生态文化诸如环保法令、环保举措等，还探讨了周代思想家的生态环保思想、环保机构及周代野生动物的分布及变迁等内容。此外，邓拓的《中国救荒史》（《邓拓文集》第二卷，北京出版社 1986 年版）则较为详细地统计了两周时期的各种灾荒以及发生次数，为我们正确认识当时的生态环境提供了很好的依据。

国外学术界：国外学者对周代环境史的研究也十分关注，并取得了一些成果。如英国学者李约瑟对道家的生态环境思想十分赞许，指

① 史念海：《河山集》（二集），生活·读书·新知三联书店 1981 年版，第 232—313 页。
② 史念海：《河山集》（三集），人民出版社 1988 年版，第 136—143 页。

出老子是世界上最懂自然的人，并在其著作《中国古代科学思想史》（江西人民出版社 1999 年版）中对道家生态思想进行了较为深入的研究；英国学者克莱夫·庞廷也在其著作《绿色世界史：环境与伟大文明的衰落》（上海人民出版社 2002 年版）里谈及道家的生态思想；美籍华人杜维明则认为周代儒家思想中蕴含着生态思想，在其著作《对话与创新》（广西师范大学出版社 2005 年版）中有所论及；德国学者约阿希姆·拉德卡在其著作《自然与权力——世界环境史》（河北大学出版社 2004 年版）谈到孟子关于牛山林木被砍的议论，指出孟子具有生态环境思想；美国学者 J. 唐纳德·休斯在其著作《什么是环境史》（北京大学出版社 2008 年版）中谈及孟子对保护环境重要性的认识以及合理利用和保护资源的思想；澳洲学者伊懋可与台湾学者刘翠溶合编的《积渐所至：中国环境史论文集》（台北："中研院"经济研究所 1995 年版），美国学者约翰·麦克尼撰写的论文《由世界透视中国环境史》和罗兹·墨菲撰写的论文《在亚洲比较观点下的中国环境史》均大略提及周代的生态环境，显示了对周代生态环境的关注；王利华主编的《中国历史上的环境与社会》（生活·读书·新知三联书店 2007 年版），日本学者原宗子的《中国环境史在建立新世界历史中的任务》一文分析了春秋战国时期的农业经济作物与生态环境的关系；村松弘一的《中国古代的山林薮泽》则探讨了包括周代在内的古代中国之薮泽；村松弘一的另一篇论文《中国古代关中平原的水利开发与环境认识》（刘翠溶：《自然与人为互动：环境史研究的视角》，台北："中研院"，2008 年版）则谈到水利开发对战国环境的影响。

（二）存在问题

由上述可见，周代生态环境史的确是一个令人关注的研究领域，如此多的研究成果足以说明问题，这种现象也是十分令人欣慰的，说明周代环境史的研究正逐步走向成熟、走向繁荣。但是如果我们细细地分析已经问世的相关研究成果，就会发现，当前周代环境史的研究还存在很多问题，主要表现如下。

1. 研究较为分散，未出现系统化的论著。目前周代环境史的研究成果虽然硕果累累，但是从整体上来看，研究仍然较为分散。多数学者主要是针对某一个问题展开研究，个别领域更十分集中，如对两周时期生态环境思想的研究成果最为丰富，其他方面也大致如此，导致国内外学术界皆未出现此方面研究的系统化论著。前面所列有关古代生态环境史的论著大都以通史的体例研究中国古代环境史，这对于我们从整体上把握中国古代环境变化的大致脉络，具有一定的意义。但同时也导致周代生态环境史只能作为书中的一个章节来写，其结果往往是对周代生态环境的相关内容略加叙述，难以充分展开。而作为中国古代社会发生剧变的一个时期，两周时期的社会变革无疑深深影响了中国古代社会，这一时期的变化不仅仅表现在政治、经济等方面，其生态环境也应发生了巨大变化，正是因为这样，才促使当时的很多思想家极为关注生态环境，才产生了那么多的生态环境思想，这正是我们要下功夫研究的。如果仅仅将周代的生态环境史作为一个章节来写，必定会削弱对其全面、系统的研究。

2. 研究的深度不够。目前学术界对周代生态环境史的研究还过多地停留在表面现象，很多学者往往针对非常典型而又易于发现的现象进行研究。如对周代生态环境保护思想、采取措施、制定法令法规的研究数量非常之多，对这些问题进行研究原本无可厚非，但是大家翻来覆去地讨论同样的问题就失去应有的研究意义了，这导致材料反复使用，研究结果自然也不会有什么新意，而这正是学术研究最应该避免的。这种现象出现的原因就在于大家都乐于就典型问题进行研究，而不愿意下大功夫对其背后的深层原因进行深入的探讨。这导致对周代生态环境状况多做直观描述，对其变迁及引起变迁的因素研究较少，对周代社会发展与生态环境的互动关系做深入剖析的更少，使研究方向较为分散、成果零碎，缺乏系统性，未能全面、深刻、准确地揭示周代生态环境与社会文明的真实关系。历史学的一大任务就是透过表象去发现其背后更深层次的问题，而这一个特征，在周代生态环境史的研究中并没有明显地体现出来。

3. 跨学科合作研究并没有真正地实现。生态环境史的研究既涉及自然环境，又涉及人类社会，因此从事生态环境史的研究，必须展开跨学科的合作研究。因为生态环境史涉及的学科领域非常之多，如生态学、历史学、考古学、历史地理学、气象学、植物学、动物学等，如此众多的学科知识，是任何一个人都难以同时具备的，必须展开合作，迫切需要自然科学工作者和社会科学工作者紧密配合，取长补短，相互促进，唯有如此，才能搞好生态环境史的研究。但是分析已经问世的研究成果，大多是以一两个学科为研究范围，极少出现学科交叉研究的成果，这就制约了生态环境史的研究，也制约了这一学科的发展与完善。因此，当务之急，是尽快加强各个学科之间的沟通与交流，加强不同学科之间的相互合作，只有这样，才能充分显示生态环境史研究的价值。

相比之下，国外学术界对于周代生态环境史的研究更加不容乐观，就已经问世的研究成果来看，较为典型的表现是对周代生态环境缺乏深入细致的了解，往往是浅尝辄止，研究较为笼统、单一，不够全面和具体。同时也要看到，国外环境史研究已经较为成熟，其研究方法值得我们很好地借鉴，其研究视角有助于开阔我们的视野，拓宽我们的研究途径。

三　采取的研究方法及拟解决的问题

（一）拟采取的研究方法

1. 跨学科交叉的研究方法。环境史研究是一个新兴的研究领域，因此如何从事环境史研究也成为众多国内外学者关注的问题，实行跨学科交叉的研究方法，则是国内外学者公认的。因为环境史研究不同于以往的历史研究，其研究对象既包括自然环境，又包括人类社会，既需要自然科学的知识和理论，也需要社会科学的方法和知识。包茂宏说："研究环境史不但要有历史学的基本训练，还必须有环境和生态学的知识。另外由于人类行为很复杂，环境史还涉及地理学、人类学、社会学、哲学、经济学和政治学等。自然科学和生命科学给历史学提供理论和方法的启示，使之精确化、科学化。社会科学给分析人类社会和环境的关系提供有益的概念系统、调查和统计资料。”①

因此，环境史研究必然要涉及很多学科，其所涉及的很多问题也必然会超越学科的界限，这就要求我们“从事环境史研究需要适当地了解生态学与其他自然科学，还有科技史、地理学以及社会科学和人文科学的其他分支”②。正是由于环境史所特有的跨学科属性，要求我们从事周代生态环境史研究，就必须在历史学的基础上，借助生态学、考古学、历史地理学、文化人类学、哲学、气象学等相关学科专业的研究成果，开展跨学科的研究。唯其如此，才能科学合理地、全方位、多视角地研究两周时期的生态环境史。

2. 坚持要素分析法。整个自然界是一个统一的整体，由很多相互依赖、相互制约的要素组成，组成自然界的各个要素并不是孤立存在的，它们彼此之间存在着千丝万缕的联系，这些联系有的是很直接的，有的则较为间接。正是在这些要素的相互作用下，自然界在不断地演进。这些要素既有不以人的意志为转移的自然要素，也有通过各种方式对自然界产生影响的人类创造的各种要素。这些要素的相互影响，促使了生态环境与人类社会的发展变化。只有认识到客观存在的每个要素，并对它们进行分析研究，才能发现它们在生态环境变化中的作用，才能搞清楚这些要素彼此的关系，以及它们是怎么样互为作用对自然界产生影响的。

3. 文献研究与实地考察相结合的方法。环境史研究的是关于人类与自然关系的历史，而这些内容只能存在于古代文献之中，这就要求我们必须首先从文献研究着手，从大量的古代文献中发现相关的资料，以展开相关的研究，这是毫无疑问的，也是大多数从事这方面研

① 包茂宏：《环境史：历史、理论和方法》，《史学理论研究》2000 年第 4 期。

② ［美］J. 唐纳德·休斯：《什么是环境史》，梅雪芹译，北京大学出版社 2008 年版，第 7 页。

究的学者已经做过的。但是我们同时也必须认识到实地考察在环境史研究中的重要意义。我们今日赖以生存的生态环境，必定是从过去的社会继承过来的，从过去到现在，生态环境究竟发生了什么变化，发生了多大变化？这是我们研究生态环境史必须了解的，如果仅仅靠文献记载，我们难以直观地看到生态环境所发生的变迁，难以直观地去了解生态环境的状况。这样去研究，只能是闭门造车、于事无补。因此，从事生态环境史研究，必须进行野外考察，美国著名环境史专家休斯说过："环境自身能提供比在文字材料中发现的更有价值的证据。"① 只有置身自然环境之中，才能真正地看到它的变化，才能去进一步研究其变化的程度、原因等。正如休斯所说："环境史学家理所当然会产生一种热情，一种观察、识别和理解所研究之地的地质、气候、植物和动物种类的愿望。在这里，田野记录和直接观测还有博物馆的藏品和记载都会体现出很大的价值。"② 因此，从事环境史的研究，实地考察是非常必要的。

（二）拟解决的问题

鉴于目前学术界对两周时期生态环境史的研究状况，本书研究将主要解决以下几个问题。

首先，尽可能全面、系统地对周代生态环境史进行研究，改变目前研究的分散、零散状况。学术界已经完成的成果，有很大的参考价值，本书将在这些研究的基础上，进一步拓宽、加深相关的研究；学术界尚未涉猎的课题，本书也将进行一番深入细致的研究，尽最大可能完善周代生态环境史的研究。

其次，尽力将周代的生态环境状况复原、展现出来。两周时期的生态状况经历了一个较大的变化过程，由原来良好的生态环境状况转而出现了一些生态环境问题。因此，将这种变化中的生态环境状况复

---

① ［美］J. 唐纳德·休斯：《什么是环境史》，梅雪芹译，北京大学出版社 2008 年版，第 138、139 页。

② 同上。

原，有助于我们了解当时生态环境变化的程度，从而了解影响生态环境变化的因素。这对于我们了解祖先生活过的生态环境，也是很有必要的。

再次，将深入剖析人类社会与生态环境的相互关系。生态环境必定会影响人类社会的发展，相关的生态环境制约着相关人类社会的发展，并形成不同的政治、文化、经济等制度；而人类社会的进步又必然会影响、改变，甚至破坏生态环境，这也是无法避免的。尤其在两周时期，随着社会生产力的进步，农业取得了极大的发展，农业的发展势必对生态环境产生极大的影响。农业的进步促成了人口的增加，而人口多少对生态环境所起的影响也不一样。两周时期战争频繁，不断发生的战争对生态环境也造成了严重的破坏。破坏后的生态环境反过来又影响了人类社会的发展与进步。人类社会与生态环境的相互关系，是当前学术界较少研究的，这也是本书重点解决的问题。

第四，对周代的生态环境保护思想及实践进行研究。周代生态环境的变化乃至恶化引起了诸多社会问题，这些问题引起了当时先进的思想家和政治家的重视，他们发出保护生态环境的呼吁，这些内容成为中国古代生态环境史上十分灿烂的部分，对这些生态环境保护思想的内容、产生的背景及实际发挥的作用进行研究，也是本书所要解决的问题之一。同时，两周时期，或许是在生态环境保护思想的推动下，或许是在其他原因的促使下，开始了保护生态环境的具体实践，这些实践产生的原因、所起到的生态环境保护作用到底有多大，也是本书研究的一个内容。

四　相关概念的界定

前面已经谈过，生态环境史的研究已经成为当今世界一个热门领域，但也正是因为它是一个新兴的研究领域，到目前为止，对于这个专业还有很多工作要做。目前尤其要做的工作是对“生态环境史”或者“环境史”这一概念进行合理的解释。尽管生态环境史研究在全世界已经开展很长时间了，但至今为止，还没有出现统一的“生态环境史”概念，这主要体现在两个方面。

首先，是将“生态环境史”一分为二，很多生态环境史学者在给自己所研究的领域冠名时，往往称为“环境史”或“生态史”而不称为“生态环境史”。无论中外学者概莫能外，如美国学者J. 唐纳德·休斯著《什么是环境史》，德国学者拉卡德著《自然与权力——世界环境史》，中国学者袁清林著《中国环境保护史话》，罗桂环、王耀先等合著《中国环境保护史稿》，张全明、王玉德合著《中华五千年生态文化》等，都是将“生态”和“环境”分而称之。究其原因，在于当前学术界对“生态”和“环境”这两个词能否重叠使用尚有分歧，如曲格平认为“生态”是与生物有关的各种相互关系的总和，它不是一个客体，而生态环境却是一个客体，所以将二者并列重叠使用的做法是不科学的。[①] 然而蒋有绪则认为“生态”和“环境”两个词概念不同，“生态环境”一词不是重复或重叠，故而那些强调“生态环境”一词不科学不能用的学者的观念是不对的。“生态环境”可以理解为“生态和环境”或是“生态或环境”。[②] 王子今说：“以为‘生态’不是一个客体，而环境则是一个客体的观点，也许并不适宜于对历史文化相关进程之条件的理解”，所以，“以‘生态和环境’的意义理解‘生态环境’语义未可厚非”[③]。

其次，是对“环境史”这一概念的解释依然存在分歧。这一现象在国内外学术界普遍存在，即使是在生态环境史研究最早兴起的美国，有关环境史的学理性阐释也没有取得太大的突破。最早提出“环境史”这一概念的是美国学者纳什，他在其著作《美国环境史：一个新的教学领域》首先提出了这一概念，他说环境史是“对环境责任的

---

① 曲格平：《应该现在就加以纠正》，阳含熙：《不应再采用“生态环境”提法》，钱正英等：《建议逐步改正“生态环境建设”一词的提法》，以上均载《科技术语研究》2005年第2期。

② 蒋有绪：《不必辨清“生态环境”是否科学》，《科技术语研究》2005年第2期。

③ 王子今：《秦汉时期生态环境研究》，北京大学出版社2007年版，第11页。

呼声的回应”，研究“历史上人类和他的全部栖息地的关系”。[①] 这一解释显然难以满足学术界的要求，之后，又有很多学者对它进行阐述，包茂宏与高国荣在他们的论文里罗列出来的较有代表性的西方学者对环境史概念所做的阐述也有七八种。[②] 而国内学者对此进行解释的为数更少，高国荣说：“环境史是在战后环保运动推动之下在美国率先出现、以生态学为理论基础、着力探讨历史上人类社会与自然环境之间的相互关系以及以自然为中介的社会关系的一门具有鲜明批判色彩的新学科。”[③] 景爱认为：“环境史就是人类与自然的关系史，通过历史的研究，寻找人类开发和利用自然的得与失，从中总结历史的经验教训，作为今日的借鉴。”[④] 包茂宏则说环境史：“研究人及其社会与自然的其他部分之间的历史关系。”[⑤]

为了解决这一概念问题，美国环境史学家 J. 唐纳德·休斯专门撰写了题为《什么是环境史》的著作，专门讨论了生态环境史这一概念。他说环境史：“是一门历史，通过研究作为自然一部分的人类如何随着时间的变迁，在与自然其余部分互动的过程中生活、劳作与思考，从而推进对人类的理解。”[⑥] 这一解释虽然还没有取得权威的地位，但还是得到了很多学者的认可。按照他的解释，环境史毫无疑问是属于历史学科的，它所探讨的内容是人和自然的关系，人类是如何用自己的方式来和自然发生关系的。事实上也正是这样，目前，很多从事环境史研究的学者所开展的工作就是围绕着这些内容展开的。

综合上述观点，生态环境史是一门历史，它通过研究人类在和自

---

① R. Nash, “American Environmental History: A New Teaching Frontier”, *Pacific Historical Review*, Vol. 41, No. 3 (Aug, 1972), p. 363.

② 包茂宏：《环境史：历史、理论和方法》，《史学理论研究》2000 年第 4 期；高国荣：《什么是环境史?》，《郑州大学学报》（哲社版）2005 年第 1 期。

③ 高国荣：《什么是环境史?》，《郑州大学学报》（哲社版）2005 年第 1 期。

④ 景爱：《环境史：定义、内容与方法》，《史学月刊》2004 年第 3 期。

⑤ 袁立峰：《环境史与历史新思维》，《首都师范大学学报》（社科版）2007 年第 5 期。

⑥ ［美］J. 唐纳德·休斯：《什么是环境史》，梅雪芹译，北京大学出版社 2008 年版，第 1 页。

然相处过程中所发生的种种关系，推动对人类历史的了解，从中得到一些有益的借鉴，也使我们更加清醒地认识人类自身，以及人类是如何通过自己的活动造成生态环境问题的，人类又受到了什么样的惩罚，从中得到了什么教训，人类又是如何解决这些问题的等，以便从与自然相互关联的新角度重新探索人类社会历史的发展，以更好地把握人类自身，使人类对生态环境的利用变得适当，对生态环境的破坏进行遏制，为解决生态环境问题提供有益的视角。

五　相关理论问题的反思

（一）关于“地理环境决定论”

地理环境决定论是兴起并流行于18、19世纪欧洲的一种社会思潮，其主要观点是认为地理环境是人类社会发展的决定性因素。这一观点可以上溯到16世纪的法国，当时的法国思想家和历史学家波丹较为明确地提出了地理环境决定着民族性格、国家形式和社会进步的观点。他认为，由于北方寒冷，所以那里的人们体格强健但缺乏才智，而南方炎热，因此当地的人们充满才智但体格不够强壮。“山区贫瘠的土地迫使人们辛勤劳动，变得稳健而又机智。而生活在富庶峡谷的人‘由于土壤肥沃而变得又软弱又懒散’。”① 虽然波丹的观点受到英国学者沃尔夫的批判，说他的结论“很带推测性，科学价值甚少”②。但是在其生活的神学时代，能够提出这种观点不仅需要极大的勇气，同时也具有极大的启迪意义。之后，另外一个法国思想家孟德斯鸠在其著作《论法的精神》中更加鲜明地表达了其地理环境决定人类社会文化等的观点。他指出，由于不同地理环境下的气候不同，所以导致了不同地区人们性格和心态的不同，进而导致文化、法律、政

① ［英］亚·沃尔夫：《十六十七世纪科学、技术和哲学史》，周昌忠等译，商务印书馆1984年版，第652页。

② 同上书，第656页。

治等的差异。他认为："人们在寒冷气候下，便有较充沛的精力。"[①]而"炎热国家的人民，就像老头子一样怯懦"[②]。同时，孟德斯鸠还认为人类所居住的地区也会影响产生不同的政治、法律和文化等制度，"居住在山地的人坚决主张要平民政治，平原上的人则要求由一些上层人物领导的政体；近海的人则希望一种由二者混合的政体"[③]。另外，他还指出土壤的肥沃或者贫瘠也会导致形成不同的政治文化制度，"土地贫瘠，使人勤奋、简朴、耐劳、勇敢和适宜于战争……土地膏腴使人因生活宽裕而柔弱、懈怠、贪生怕死"[④]。可见，孟德斯鸠的理论是建立在对人类社会表象进行观察的基础之上，这种从地理环境中去探讨人类社会政治、法律、文化等的形成做法在今天看来较为肤浅，不可能得出正确的结论。但是他的地理环境决定论在人类思想发展史上具有重要的意义，它反映出西方思想家进一步摆脱了神学控制，进而从客观的物质条件去寻求人类社会发展历史中相关政治、法律以及文化等的产生因素，在当时来说确实十分不易，也正是由于其思想的先进性，其也深深影响了后世学者。

紧随孟德斯鸠之后大力主张"地理环境决定论"的是德国著名哲学家黑格尔。黑格尔在探讨人类历史发展过程时，更是极力主张地理环境的决定性作用，并且较孟德斯鸠、波丹等人又有新的发展。在黑格尔的名著《历史哲学》中，有一个名为"历史的地理基础"部分，在这部分他专门讨论了地理环境的重要作用。他指出："助成民族精神的产生的那种自然的联系，就是地理的基础。"[⑤]"我们所注重的，并不是要把各民族所占据的土地当做是一种外界的土地，而是要知道这地方的自然类型和生长在这土地上的人民的类型和性格有着密切的联系。这个性格正就是各民族在世界历史上出现和发生的方式和形式

① ［法］孟德斯鸠：《论法的精神》，张雁深译，商务印书馆1961年版，第227页。
② 同上书，第228页。
③ 同上书，第280页。
④ 同上书，第282页。
⑤ ［德］黑格尔：《历史哲学》，王造时译，上海书店出版社2001年版，第82页。

以及采取的地位。”① 为了进一步阐述其理论，黑格尔还将整个世界的地理类型划分为三种，即干燥的高地，同广阔的草原和平原；平原流域，——是巨川、大江所流过的地方；和海相连的海岸区域。在此基础上详细分析了不同地理环境下人们的不同心理、性格对社会生活的影响及在此基础上形成的风俗、法律、政治制度等。② 可以看出，黑格尔在强调地理环境对人类社会的影响时更加注重实际，更加深入、具体，影响也更大。

在上述先驱的影响下，到了 19 世纪，地理环境决定论终于发展为一个学派，其标志就是德国地理学家 F. 拉采尔出版的《人类地理学》。该书出版于 1882 年，该书出版就是为了阐述地理环境对人类历史的影响，拉采尔认为“人类整个生命，他们的一切复杂活动、人类社会和地理环境的影响都可以合理地、有条不紊地、综括地加以研究”③。“他认为，人类的活动、发育以及前途都在无情地受着环境的控制，它和动植物没有什么两样。”④ 可以说，拉采尔奠定了“地理环境决定论”的基础，但是真正使其学说得以广泛传播的却是他的学生、美国地理学家辛普尔，辛普尔在 1911 年出版《地理环境的影响》一书，该书在西方世界产生很大影响。在该书中，“她把人当作地球表面的产物，把地球当作人类生活的场所，环境条件必然对其产生影响。她认为人类历史上的重大事件是特定自然环境造成的，即人的内因与环境的外因”。另外，辛普尔还将地理环境对人类及人类社会的影响分为四类，即生理的影响，精神的影响，经济和社会的影响，对人口迁移、分布以及文化传播的影响。⑤ 对辛普尔及其理论，学术界认为其观点的确包含有很多正确的成分，当然其中也有很多不足之处。尤其是其理论传入俄国之后，从一开始就受到了很多批评，“列

---

① ［德］黑格尔：《历史哲学》，王造时译，上海书店出版社 2001 年版，第 82 页。

② 同上书，第 91—105 页。

③ 曾昭璇等：《人类地理学概论》，科学出版社 1999 年版，第 1 页。

④ 王恩涌：《“人地关系”的思想——从“环境决定论”到“和谐”》，《北京大学学报》1992 年第 1 期。

⑤ 同上。

宁本人曾对黑海以北的草原，因气候不好，所以不能用以耕作的观点进行了强烈的反驳”①。由于列宁的特殊身份，因此，地理环境决定论在以苏联为首的社会主义国家遭受了普遍的批判，当然，这也是不客观、不科学的。客观地说，地理环境决定论在反对宗教神学、探索社会发展规律的客观性方面发挥过积极作用。但它同时又夸大自然环境对社会生活和社会发展所起的作用，从而难以揭示人类社会发展的真正规律。因此，对这一影响广泛的理论，我们要认真研究，客观评价，只有如此，才能正确理解地理环境与人类的关系。

地理环境是人类社会所依赖的基础，是人类从事物质生活、生产并促进社会发展必不可少的条件。地理环境与人类关系极为密切，相应的地理环境在一定条件下必然影响到人类的生活、生产，形成不同的习俗、文化乃至于法律等，宋豫秦说：“地理环境决定着人类生活居址的选择、古人类的经济文化类型、政治组织形式。”② 而人类的活动反过来又会对地理环境产生重大的影响。也只有当人类的活动与地理环境发生关系，且在生产生活中对地理环境加以利用并进行改造之时，才能显示地理环境的特性及对社会发展所产生的影响。历史证明，越是在古老的社会时期，人类改造利用地理环境的能力越差，因而对地理环境的依赖性越大。随着人类社会的发展，人类与地理环境均处于不断运动变化而又相互影响、相互制约之中，这是任何时候都难以改变的。地理环境是人类社会存在和发展必不可少的外部条件，对人类社会的发展必定具有或多或少的影响。但我们同时也不能夸大它的作用，地理环境并不是社会发展、国家法律、政治等制度形成的决定因素，更不能决定社会性质和社会制度的更替，这是我们必须清醒认识的。

（二）关于“人类中心论”与“非人类中心论”

“人类中心论”也称为“人类中心主义”，是西方社会在探讨人

① ［美］P. 詹姆斯：《地理学思想史》，李旭旦译，商务印书馆 1982 年版，第 16 页。
② 宋豫秦：《中国文明起源的人地关系简论》，科学出版社 2002 年版，第 212 页。

与自然关系中确立的一种观念。其核心内容就是一切以人类的利益和价值为中心，从人自身的角度出发来处理人与世界上其他存在物的关系。这种观念的价值取向十分明确，就是一切以人类为中心，尽最大可能提高人类在地球上的地位。这种思想在西方世界有着悠久的历史，其源头来自西方的宗教和哲学思想。在基督教教义中，人和自然界都是上帝的创造物，但人是上帝按照其形象创造出来的，因此世上万物只有人有灵魂，从而确立了人高于自然界的其他生命形式的地位，人成为自然的主人。人对自然的统治是合理的也是无条件的，人类以外的自然界其他的生命都要服从人类的利益，这种观念随着基督教在西方的普及而被广为接纳。

受宗教的影响，西方的哲学也带有浓厚的人类中心主义色彩，并且为人类中心主义提供了合理的证据。古希腊的哲学家认为，人是理性的，这也是人类和其他动物的区别，因此人能够以理性来控制世界。亚里士多德说："植物的存在就是为了动物的降生，其他一些动物又是为了人类而生存，驯养动物是为了便于使用和作为人们的食品，野生动物，虽非全部，但其绝大部分都是作为人的美味，为人们提供衣物以及各类器具而存在。如若自然不造残缺不全之物，不做徒劳无益之事，那么它是为着人类而生了所有动物。"① 之后，15 世纪兴起的西方文艺复兴运动使人的理性得到了进一步的弘扬，康德对人类中心主义的牢固确立起到了推波助澜的作用，他认为只有理性的人才应该受到道德的关怀，动物不是理性存在，也就不应得到道德关怀。他说："就动物而言，我们不负有任何直接的义务。动物不具有自我意识，仅仅是实现外在目的的工具。这个目的就是人。动物本性类似于人的本性，我们可以通过对动物的义务来证明我们的本性，表达对人的间接的义务。"② 从此以后，人类中心主义思想在西方世界得到确立。

---

① 苗力田主编：《亚里士多德全集》第九卷，中国人民大学出版社 1994 年版，第 17 页。
② 雷毅：《生态伦理学》，陕西人民教育出版社 2000 年版，第 60 页。

到了现代社会，随着西方生态危机的不断加深，很多学者意识到人类中心主义是一种有缺陷的伦理观念。但是依然还有很多人坚持这种观念，只不过出于对现实问题的回应，将人类中心主义的伦理学加以延伸，表达了对整个自然界要予以关心和保护的主张，使其在表面上看来与以往的人类中心主义有了根本区别。其实不然，这种变化是人类中心论者对当代生态环境问题的回应策略，其根本立场依然是坚持人类在自然界中的独尊地位，其中心思想并未发生任何变化。这是需要我们清醒地看到的，并要自觉地排斥其影响。

“非人类中心论”兴起于20世纪70年代，随着全球生态环境问题的日益严重，人们开始质疑其长期信奉的人类中心主义，从而导致“非人类中心论”的形成。这种论调把生态环境问题的形成归结为人对自然资源的肆意支配和掠夺，就是因为人自认为其是自然界的主人，对自然界拥有统治权和支配权，才最终导致当今世界范围内生态环境问题的出现。因此，非人类中心主义者认为：“把道德关怀的对象仅仅局限在人的范围显然是不合理的，因而有必要突破传统伦理学对我们思想的束缚，把道德对象的范围扩展到人以外的其他存在物身上去。这种道德扩展主义就成为非人类中心主义伦理学的主要议题。”[①] 既然非人类中心主义是相对于人类中心主义而产生的，因此，它很有针对性地对人类中心主义进行了批判。首先，人类中心主义自认为人是宇宙的中心这一观念是错误的。非人类中心主义认为，人类并不是宇宙的中心，过去不是，现在不是，将来也不可能是，这是今天科学发达情况下众所周知的。其次，对人类中心主义极易产生极端人类中心主义以及其危害进行了批判。人类中心主义认为人是自然的支配者，而这恰恰导致人类无休止地、肆无忌惮地掠夺自然资源，导致出现严重的生态环境问题，这些问题已经影响到人类社会的正常发展。

当然，非人类中心主义在理论上也有其自身的不足，在这种思想

① 姬振海：《生态文明论》，人民出版社2007年版，第57页。

的支配下，人类否认了自身在自然界中的中心地位，将其他生物的地位与人类并列，只看到了人的自然性而忽视了人的社会性，从而不能看到人与自然关系的背后所隐藏的是人与人之间的关系这一现象，从而淡化了人与人之间的矛盾，事实上很多生态环境问题的出现并非是人与自然的矛盾所致，而是人与人之间矛盾的体现，这是我们必须认识到的。同时，非人类中心主义出于人道主义，将道德主义扩大化，导致万物有灵论的再现，这也是不科学的。

总之，“人类中心论”和“非人类中心论”都有其形成和存在的理论与现实需要，而且在相应的社会条件下对人类社会的发展都起到了一定的推动作用。但是任何理论的形成都是要适合社会发展的需要的，都要在社会实践中加以检验。能够长久地适应社会需要的，我们就要坚持，不能适应社会发展需要的，甚至会阻碍社会发展的，我们就要予以大胆的批判，使之更加适合社会发展的需要。

第一章　两周时期的生态环境状况

第一节　两周时期的气候变迁

一　研究气候变迁的意义

气候是自然环境的一个重要组成部分，生态环境必定和气候有千丝万缕的联系。它不仅能对自然本身如动、植物的分布产生影响，而且也能对人类社会造成显著影响，诸如小自人类的日常生活，大到人类的生产乃至于社会的稳定、人类的安危等，都会受到气候条件的影响。有的学者甚至认为，气候条件对于我国古代社会的政治动荡、王朝更替都产生了极大的影响，如台湾学者刘昭民认为："在中国历史上，长期性干寒与各个朝代之更迭，以及政治之由治而乱，皆有极密切之关系，例如周朝之衰亡、西汉和新朝之覆没、三国之分立、晋代之五胡乱华、宋代金人之南侵、元人之灭宋、元明两朝之覆亡、清代太平天国之起义等等，无不与关内和关外长期性干冷气候及其连带产生的严重饥荒有关。"[①] 王会昌经过研究发现，古代中国，无论是王朝的兴衰，还是北方游牧民族的阶段性南下，均和气候的周期性变化及其变化程度有着密切联系。气候温暖的时期，北方游牧政权与中原王朝能够和平共处，而气候寒冷时期北方游牧民族就会大举南迁，导致中原政权不稳甚至覆灭。[②] 杨铭、柳春鸣指出，从西周初年开始了一

① 刘昭民：《中国历史上气候之变迁》，台湾商务印书馆 1994 年版，自序。

② 王会昌：《2000 年来中国北方游牧民族南迁与气候变化》，《地理科学》1996 年第 3 期。

个从寒冷到干旱的持续时期，这一气候变化对中国历史的影响十分重大，历史上的气候因素对民族的迁徙和演变，有着重大的影响。[①] 汤懋苍等经过研究认为历史上的太平盛世绝大多数是气候适宜期形成，而大规模的战争以及北方少数民族的入侵均发生在气候非宜期。[②] 满志敏也认为当农耕民族与游牧民族受气候变化影响在农牧过渡带附近对峙时，气候向寒冷方向的变化常常成为社会动荡的触发因素，极端情况下可以产生很严重的后果。[③]

虽然上述学者的观点还有待商榷，但是这些看法说明学界对于研究古代气候的重要性还是有充分认识的，通过研究古代气候，我们可以了解很多古代社会的相关内容，正如刘昭民所说："故明了中国历史上气候之变迁情形，不但有助于了解中国未来气候之可能演变，而且有助于研究中国历史上政治、经济、军事、社会、文化等各方面之实际演进和发展情形，例如历史学家即可以运用中国历史上气候变迁的研究成果，进一步分析外在环境因素的影响与历代社会动乱之某些因果规律的关系。"[④] 通过研究古代的气候状况及其变化，我们可以从另外一个侧面了解古代社会的变化及发展，能使我们的认识和结论更加客观、真实。

我国在研究气候变迁方面有着十分丰富的资料。作为传统的农业国家，我国先民很早就开始了农业生产活动，而农业生产深受气候条件的影响，在生产力落后的古代社会更是如此。出于农业生产以及其他方面的需要，我国古人很早就开始关注气候的变化，并对其进行了长期的观测和研究，而且对气候的了解随着农业生产的发展而不断增多，从而使我国古代积累了极为丰富的气候资料，并且在很长时期内处于世界领先地位。刘昭民说："中国人很早就从事于风场、云、湿

---

① 杨铭、柳春鸣：《西周时期的气候变化与民族迁徙》，《中原文物》1997 年第 2 期。

② 汤懋苍、汤池：《历史上气候变化对我国社会发展的影响初探》，《高原气象》2000 年第 2 期。

③ 满志敏等：《气候变化对历史上农牧过渡带的个例研究》，《地理研究》2000 年第 2 期。

④ 刘昭民：《中国历史上气候之变迁》，台湾商务印书馆 1994 年版，自序。

度、雨量及一些天气现象的实际观测和观测方法的研究，在数千年中也保存了相当完整的长期气候记录（包括物候、寒燠、旱潦的记录）。”[1] 牟重行也指出：“公元前的中国东方文化，即对气候变迁原因进行过有意义的探讨，达到了当时理论思维所能达到的最高境界。”[2] 满志敏也认为丰富的资料：“是我国历史气候研究在世界上的一个独到长处，是其他国家不可比拟的。”他还认为我国古代的官私文献、地方志、档案和日记等均含有气候记载的资料。[3] 这些评价充分说明我国气候资料来源充足、内容丰富。如此丰富的资料，为我们研究中国古代气候提供了极为便利的条件。

二　两周时期气候变迁的研究

学术界较早对周代气候状况进行研究的，是我国著名天文学家竺可桢先生。1972 年，他发表了那篇著名的《中国近五千年来气候变迁的初步研究》论文，在文中，他以较为充足的史料对两周时期的气候状况及其变迁进行了研究，认为两周时期的气候经历了一个由周初的温暖到之后一两个世纪的寒冷再到春秋战国时期的温暖的变化过程。作为一个气候学专家，竺可桢的这一论断无疑对学术界产生了广泛的影响，正如牟重行所说那样：“该文以富有启发性的思想对中国历史气候作了开拓性探讨，受到社会的热烈欢迎，其结论尤居经典地位经久不衰地被国内外有关气候著述广泛引用。”[4] 至今仍有很多学者支持这种观点，如刘昭民就认为“周朝（作者按：他这里的周朝指西周）前期继续为温暖气候时期，后期则转寒冷干旱”[5]。而“春秋战国时代属于暖湿气候时期”[6]。再如满志敏也认为：“西周是个寒冷气候时期。”[7] 同时又指出：“西周时期的寒冷气候延续的时间并不长，

---

① 刘昭民：《中国历史上气候之变迁》，台湾商务印书馆 1994 年版，自序。
② 牟重行：《中国五千年气候变迁的再考证》，气象出版社 1996 年版，第 2—3 页。
③ 满志敏：《中国历史时期气候变化研究》，山东教育出版社 2009 年版，第 21 页。
④ 牟重行：《中国五千年气候变迁的再考证》，气象出版社 1996 年版，第 4 页。
⑤ 刘昭民：《中国历史上气候之变迁》，台湾商务印书馆 1994 年版，第 46 页。
⑥ 同上书，第 55 页。
⑦ 满志敏：《中国历史时期气候变化研究》，山东教育出版社 2009 年版，第 135 页。

寒冷结束后，气候迅速回暖。"[①] 但是他又说："据我们最近发现的资料来看，大体上在春秋时期以后中国东部的气候又趋于寒冷。"[②] 这可以说是对竺可桢观点的一个发展。尽管学术界很多学者都赞同竺可桢的结论，但是也有学者对竺可桢的观点提出了质疑，并撰文反驳了其观点，如牟重行指出："根据史料发掘整理成果，认为《五千年气候》由于时代条件限制，在分析使用历史文献资料中还存在不少缺陷和问题。主要问题有：（1）对文献误解或疏忽；（2）所据史料缺乏普遍指示意义；（3）推论勉强等。"[③] 这种争鸣无疑有助于气候研究的规范化与科学化，有助于我们借助气候历史对历史作出更加客观、准确的判断。

三　两周时期的气候变迁

对于两周时期的气候变迁情况，文献没有直接的记载，但是通过其他的一些证据，我们还是可以对周代的气候状况作出描述的，如物候，按照竺可桢的说法，我国从西周初年就进入了物候时期，"我国劳动人民，因为农业上的需要，早在周初，即公元前十一世纪时便开创了这种观测。如《夏小正》、《礼记·月令》均载有从前物候观察的结果。积三千年来的经验，材料极为丰富，为世界任何国家所不能企及"[④]。因此，至少从西周开始，我国便开始积累相关的物候资料，而它们正是我们了解周代气候状况的重要证据。此外，文献关于动物分布、植物分布的记载，考古学发掘材料等，都是我们研究两周时期气候状况及其变迁的重要资料。认真发掘、研究这些资料，我们还是可以对周代的气候状况作出较为客观的判断的。

1. 西周早期为温暖气候。这一时期的温暖气候可以说是商朝温暖气候的继续，关于商朝为温暖气候的看法，学界基本意见一致，在此

---

① 满志敏：《中国历史时期气候变化研究》，山东教育出版社 2009 年版，第 138 页。
② 同上书，第 140 页。
③ 牟重行：《中国五千年气候变迁的再考证》，气象出版社 1996 年版，第 5 页。
④ 竺可桢：《中国近五千年来气候变迁的初步研究》，《考古学报》1972 年第 1 期。

不再赘述。西周初年，继续了商朝以来的温暖气候。这首先表现在当时竹子在北方种植的普遍，竺可桢认为周代的汉字已经有了会意、象形等：“方块字中如衣服、帽子、器皿、书籍、家俱、运输、建筑部分以及乐器等名称，都以‘竹’为头，表示这些东西最初都是用竹子做成的。因此我们可以假设在周朝初期气候温暖，可使竹类在黄河流域广泛生长。”[①] 刘昭民也认为：“现世许多考古学家曾在河南安阳殷墟、山西省境内以及陕西省骊山、西安附近和扶风县境等处发掘许多周初之遗址，发现许多甲骨及铜器，在铜器上刻有篙、箕、竹、荀、人牵象、象等文字及图画……显示当时这些竹类曾经在黄河流域和渭河流域非常繁茂地生长，而象类在黄河流域亦非常普遍……故周朝前期之气候必和殷商时代相当。”[②]

其次是大象、犀牛等喜温动物在中原地区大量生存。《吕氏春秋·古乐篇》记载：“商人服象，为虐于东夷，周公以师逐之，至于江南。”而《孟子·滕文公下》也有类似记载：“周公相武王，诛纣伐奄，三年，讨其君，驱飞廉于海隅而戮之，灭国者五十，驱虎豹犀象而远之。”说明当时在山东一带殷人故国还有很多大象、犀牛，周王朝动用了军队才将其赶到了南方一带，如果只有少量的大象，是无须用军队去驱赶的。既然在黄河中下游一带有大量的象和犀牛生存，那就说明当时这里的气候还是比较温暖的。再次是花季的时间提前。花开的时间跟气候的冷暖密切相关，只有在适宜的温度下，才会开花，否则是不行的。据文献记载，西周初年，花开的时间比现在要提前，《竹书纪年》记载在周昭王六年：“冬十二月，桃李华。”[③] 意思是说在十二月的冬天桃李就开花了，这里的十二月是农历，我们今天桃花开放的时间是在农历二月，也就是说，在西周昭王时期的十二月份，就具备了桃李开花的温度条件，说明当时的气温比现在要高一些，因此，桃李才能在十二月份开花。而这也正好说明西周初期的气

---

① 竺可桢：《中国近五千年来气候变迁的初步研究》，《考古学报》1972 年第 1 期。

② 刘昭民：《中国历史上气候之变迁》，台湾商务印书馆 1994 年版，第 48 页。

③ 方诗铭、王修龄：《古本竹书纪年辑证》，上海古籍出版社 2005 年版，第 249 页。

候比现在温暖。

2. 西周中期至春秋之前，为气候寒冷期。对于这一时期的气候，竺可桢是这样说的："周朝的气候，虽然最初温暖，但不久就恶化了。《竹书纪年》上记载周孝王时，长江一个大支流汉江，有两次结冰，发生于公元前903年和前897年。《纪年》又提到结冰之后，紧接着就是大旱。这就表示公元前第十世纪时期的寒冷。"① 对于竺可桢的这一论断，王鹏飞进行了纠正，认为竺可桢所引用材料为《今本竹书纪年》，而该书中的很多材料是不可信的，其中就包括竺可桢所引用的这两条材料。② 用有疑问的材料去做证据，说服力肯定不行。但也不能因此就否认竺可桢的这一论断，我们还有其他证据来支持他的结论。如《竹书纪年》记载，周幽王十年："九月，桃杏实。"③ 众所周知，桃和杏果实成熟的季节是在夏季，但是周幽王时却推迟到秋季的九月，原因只能是当时九月的气温才达到六月的温度，六月不能成熟，说明六月时的气温还很低。那么当时六月的气温有多低呢?《竹书纪年》的记载帮助我们找到了答案，该书记载，周幽王四年："夏六月，陨霜。"④ 六月下霜，可见当时气候的确十分寒冷。

3. 春秋战国时期，气候温暖。竺可桢说："周代早期的寒冷情况没有延长多久，大约只一、二个世纪，到了春秋时期又和暖了。"⑤ 春秋战国时期气候温暖主要体现在以下方面。

首先是冬季无冰现象频发。《春秋》记载了春秋时期多次发生的无冰现象，如桓公十四年："春正月，公会郑伯于曹，无冰。"《谷梁传》对此的注释为："无冰，时燠也。"明确指出无冰的原因是天气暖和；⑥ 再如成公元年："春王正月，公即位，二月辛酉，葬我君宣公。无冰。"《谷梁传》的解释为："终时无冰则志，此未终时而言无

---

① 竺可桢：《中国近五千年来气候变迁的初步研究》，《考古学报》1972年第1期。
② 牟重行：《中国五千年气候变迁的再考证》，气象出版社1996年版，代序。
③ 方诗铭、王修龄：《古本竹书纪年辑证》，上海古籍出版社2005年版，第63页。
④ 同上书，第261页。
⑤ 竺可桢：《中国近五千年来气候变迁的初步研究》，《考古学报》1972年第1期。
⑥ （清）钟文烝：《春秋谷梁经传补注》，中华书局1996年版，第117页。

冰何也？终无冰矣，加之寒之辞也。”[①] 意思是到了年终没有结冰就要加以记载，然而为什么在二月就记载无冰呢，因为二月为当时最寒冷的月份，在这个时候不结冰，那么全年就不会再结冰了。在最冷的二月都没有结冰，可见当时的气温确实比较温暖；还有襄公二十八年：“二十有八年，春，无冰。”从桓公十四年到襄公二十八年，150 多年的时间里，多次发生无冰现象，说明当时的气温确实比较温暖。

其次是黄河流域大量种植亚热带植物竹、梅等。《诗经·卫风·淇奥》篇曰：“瞻彼淇奥，绿竹猗猗……瞻彼淇奥，绿竹青青……瞻彼淇奥，绿竹如箦。”这里的“猗猗”“青青”都说明了当时卫国境内竹子的茂盛，而且这种情况一致持续到汉代，按照王先谦的注释：“汉武帝塞决河，斩淇园之竹木以为用。寇恂为河内，伐竹淇川，治矢百余万以输军资。今通望淇川，复无此物。”[②] 可见直到汉代，这里的竹子都是十分茂密，但是到了唐代，这种境况已经见不到了，因为在唐代，气候已经发生变化，卫地气温下降，已经不再适宜竹子生存，所以也就很难再见到大片的竹林了。卫国如此，其他国家是否有竹呢？无独有偶，齐国有竹的历史，在相关文献中也有记载。《左传·文公十八年》记载齐懿公“游于申池”，被手下暗杀后“纳诸竹中”。而《左传·襄公十八年》也记载说晋国军队围攻齐国：“焚雍门及西郭南郭，刘难、士弱率诸侯之师，焚申池之竹木。”《晏子春秋·内篇谏下第二》也记载说：“景公树竹，令吏谨守之。”同样的记载还见于《战国策》，在乐毅给燕惠王的书信里他这样说道：“蓟丘之植，植于汶皇。”注释曰“皇”作“篁”，竹田曰篁。[③] 也反映出在齐国有大面积的竹田。这些记录足以说明春秋战国时期，黄河流域有大量的竹林存在，证实当时这一地区气候较为温暖。

除了竹子，当时在黄河流域中原地区还广泛栽种着另一种亚热带植物——梅树。关于梅树的种植，《诗经》中有很多记载，如该书

---

① （清）钟文烝：《春秋谷梁经传补注》，中华书局 1996 年版，第 467 页。

② （清）王先谦：《诗三家义集疏》，中华书局 1987 年版，第 265 页。

③ （西汉）刘向：《战国策》，上海古籍出版社 1998 年版，第 1105 页。

《召南·摽有梅》篇，就是专门写的梅树；《秦风·终南》篇则记载曰："终南何有？有条有梅。"说的是终南山有梅树；而《陈风·墓门》则有"墓门有梅"的记载；《曹风·鸤鸠》篇有"鸤鸠在桑，其子在梅"的描写；《小雅·四月》也有"山有嘉卉，侯栗侯梅"的记载。除了《诗经》诸篇的记载，《左传》中也有相关的记载，如《僖公三十三年》："十有二月……陨霜不杀草，李梅实。"通过这些记载我们可以看到，当时在陕西、河南、山东境内，梅树是一种常见的植物，因此才多见于记载。这说明春秋战国时期梅树在黄河流域中原地区种植较广，反映出当时确实处于较为温暖的气候条件之下，适宜梅树的生长。

再次由物候的情况也能推出当时温度高于现在。比如小麦成熟的季节，在春秋战国时期为夏历四月。《左传·隐公三年》记载在当年的四月，郑国"取温之麦"。《哀公十七年》也记载楚国在四月"取陈麦"。如果小麦不成熟是不会收割的，可见当时位于今河南境内的温、陈两地收获小麦的季节是在四月份，《礼记·月令》也说："孟夏之月……靡草死，麦秋至。"这里的孟夏就是四月。据此我们可以得出结论，春秋战国时期由于温度高于现在，因此，小麦成熟的季节也早于现在。另外，《礼记·月令》还说："仲春之月……始雨水，桃始花……玄鸟至。"这里我们可以看到，当时在二月份，桃树已经开花，而我们今天黄河流域桃花在三月份才开始开花，较之春秋战国时期推迟了一个月之久。这段话里还说在仲春之月，燕子已经飞回来了，而今天燕子飞回中原地区的时间则是在四月份。桃树开花、燕子飞回这些现象，都与温度密切相关。因此从这些物候现象我们也能看出春秋战国时期的温度要比我们现在高。

综合上述材料，我们可以得出春秋战国时期较为温暖的结论，正如满志敏所说："无论是冬小麦的收割时间等物候现象，还是梅树分布以及河流冻结的界线，都表明春秋时期的气候要比现代温暖。"①

① 满志敏：《中国历史时期气候变化研究》，山东教育出版社2009年版，第140页。

第二节　两周时期的自然灾害

我国自古就是自然灾害频繁发生的国家，不断发生的灾害，严重影响了古代人民的生产与生活，也正是因为如此，古人自古对自然灾害也非常关注，古代文献经常把当时所发生的灾害记录下来，这就为我们今天研究古代的灾害留下了珍贵的资料。学者经过研究统计，发现我国古代灾害的发生频率非常高，邓拓先生说："我国灾荒之多，世界罕有，就文献可考的记载来看，从公元前十八世纪，直到公元二十世纪的今日，将近四千年间，几于无年无灾，也几乎无年不荒；西欧学者甚至称我国为'饥荒的国度'（The Land of Famine）。综计历代史籍中所有灾荒的记载，灾情的严重和次数的频繁是非常可惊的。"[①]作为气候多变的时期，两周时期自然灾害十分频繁。据邓拓先生统计，两周时期："最显著的灾害有八十九次。其中频数最多的是旱灾，达三十次；次为水灾，有十六次；再次为蝗螟螽蟓的灾害，有十三次。此外记载有地震九次；大歉致饥八次；霜雪七次；雹五次；疫一次。"[②] 这个数字未必完全准确，因为文献关于西周时期的自然灾害记载很少。而金双秋则对春秋战国时期的自然灾害进行了统计，指出这一时期的自然灾害状况："水灾 15 次，旱灾 22 次，蝗灾 12 次，雹灾 3 次，疫灾 1 次，地震 7 次，霜雪灾 7 次，歉饥 8 次，共 75 次。"[③] 通过对比两位学者列举的数字，可以看出，整个周代的自然灾害东周居然占据了绝大多数，显然不符合客观事实，因此，对于两周时期的灾害次数，还有待进一步深入的研究。但反过来看，他们列举的数字足以说明两周时期自然灾害的确十分频繁，这些灾害主要有水旱灾害、山崩地震、虫灾等等。对这些灾害的危害，当时的人们感受已经十分深刻，如《管子・度地》篇说："水，一害也；旱，一害也；风雾霜

---

① 邓拓：《中国救荒史》，北京出版社 1998 年版，第 1 页。

② 同上书，第 6 页。

③ 金双秋：《中国民政史》，湖南大学出版社 1989 年版，第 96 页。

雹，一害也；厉，一害也；虫，一害也，此为五害。”下面就这些自然灾害的情况及危害分而论之。

一 旱灾

旱灾是两周时期发生次数较多的自然灾害，邓拓先生所说周代发生的89次灾害中，仅旱灾就有30次，超过了周代灾害总数的三分之一，可见其发生次数之多。《左传》记载的旱灾有10多次，如《桓公五年》：“秋，大雩。”《僖公十九年》：“秋，于是卫大旱。”《僖公二十一年》：“夏，大旱。”《宣公七年》：“秋，大旱。”《襄公五年》：“秋，大雩，旱也。”《襄公八年》：“秋，九月，大雩，旱也。”《襄公二十八年》：“秋八月，大雩，旱也。”《昭公三年》：“八月，大雩，旱也。”《昭公六年》：“秋，九月，大雩，旱也。”《昭公十六年》：“九月，大雩，旱也。郑大旱。”《昭公二十四年》：“秋，八月，大雩，旱也。”《昭公二十五年》：“秋，书再雩，旱甚也。”《哀公十五年》：“秋，八月，大雩。”雩是古代求雨的祭祀，每当发生旱灾之时，古人就要举行祭祀，以求雨水，这些经常举行的雩祭说明当时发生的旱灾确实非常之多。

除了《左传》，《竹书纪年》也记载了发生于两周时期的多次旱灾，这些旱灾主要发生于西周后期，如周厉王时期：“二十二年，大旱。陈幽公薨。”[①] “二十三年，大旱。宋僖公薨。”[②] “二十四年，大旱。杞武公薨。”[③] “二十五年，大旱。”[④] “二十六年，大旱，王陟于彘。”[⑤] 该书还记载了周宣王二十五年“大旱，王祷于郊庙。”[⑥] 以及“晋幽公七年，大旱，地长生盐”[⑦]，说的是晋国发生了严重的旱灾。

---

① 方诗铭、王修龄：《古本竹书纪年辑证》，上海古籍出版社2005年版，第256页。
② 同上。
③ 同上。
④ 同上。
⑤ 同上。
⑥ 同上书，第259页。
⑦ 同上书，第93页。

同样的记载还多见于《史记》:《赵世家》记载晋献公十六年:“晋大旱。”《乐书》记载晋国平公时:“晋国大旱,赤地三年。”可见旱灾的严重程度。《史记·韩世家》记载韩昭侯二十五年:“旱,作高门。”说的是韩国发生旱灾;《晏子春秋·内篇谏上第一》则记载齐景公时:“齐大旱逾时。”说明旱灾持续的时间很长;而《史记·秦始皇本纪》也记载秦始皇十二年秦国:“天下大旱。”

《诗经》不仅记载了当时的旱灾,还对旱灾对生态环境造成的影响作了形象的描写,如《大雅·云汉》篇曰:“旱既太甚,蕴隆虫虫……旱既太甚,则不可推……旱既太甚,则不可沮。赫赫炎炎,云我无所……旱既太甚,涤涤山川。旱魃为虐,如惔如焚。”① “涤涤”二字,注曰:“山无木,川无水。”由诗中可见,长期的干旱,加上炎热的天气,不仅导致山上的树木死光了,还使川泽里也没有水了;《小雅·谷风》篇则云:“习习谷风,维山崔嵬。无草不死,无木不萎。”② 说的是久旱不雨,导致野草死光、树木枯萎;《大雅·召旻》篇道:“如彼岁旱,草不溃茂,如彼栖苴。我相此邦,无不溃止。”③ 说的也是在大旱之年,草难以生长,失去了往日的茂密,气候干旱甚至使国家都处于崩溃边缘。

周朝是个农业王朝,频繁发生的旱灾,势必对农业生产造成极大的影响,进而影响到人们的生活和生产,这就迫使人们采取相应的应对措施。面对旱灾,当时人们的惯常做法就是祭祀求雨,前面多次提到的“大雩”就是古代求雨的礼仪,是一项十分庄重和虔诚的祭祀。这种求雨的虔诚和迫切,《诗经》里也有所记载,如《小雅·甫田》篇曰:“琴瑟击鼓,以御田祖,以祈甘雨,以介我稷黍,以穀我士女。”④《小雅·大田》篇:“有渰萋萋,兴雨祁祁。雨我公田,遂及我私。”⑤ 反映出农民对于雨水的渴望。

---

① (清)王先谦:《诗三家义集疏》,中华书局1987年版,第952—956页。
② 同上书,第772页。
③ 同上书,第996页。
④ 同上书,第762页。
⑤ 同上书,第766页。

由旱灾引发的饥荒对统治者的地位稳定与否也会产生影响，在一定程度上能使他们采取一定的积极措施，来抗旱救灾。鲁僖公二十一年发生旱灾，鲁僖公本打算将巫师尪烧死求雨，臧文仲劝阻，并建议僖公倡导节俭，勤于农事，渡过难关，僖公听从其建议，采取了积极的抗旱措施，使旱灾没有带来不良后果。再如齐国齐景公时，齐国大旱，景公召集大臣商议对策，提出要祭祀灵山，遭到了晏子的反对。晏子给他分析了旱灾的危害，“天久不雨，泉将下，百川竭，国将亡，民将灭矣，彼独不欲雨乎？祠之何益！”提出要景公离宫居住，与灵山河伯共忧，才有可能得到雨水。景公听从了晏子的建议，“于是景公出野居暴露，三日，天果大雨”①。景公之所以能够如此，就是对旱灾的危害有着充分的认识，才能做到沐风露处，亲自去求雨。

有的国君面对旱灾则采取较为极端的手段，如《左传·僖公十九年》载卫国发生旱灾，甯庄子给卫国国君提出的建议就是发动战争，“昔周饥，克殷而年丰。今邢方无道，诸侯无伯，天其或者欲使卫讨邢乎？”他的建议被国君接受，于是发动了对邢的战争。由于旱灾而引发的战争，在当时绝不止这一例。蒙文通说：“西周末造，一夷夏迁徙之会也。而迁徙之故，殆原于旱灾，实以于时气候之突变。”② 意思是说西周末年发生了大规模的民族迁徙，这场迁徙正是旱灾的影响所致。西周末年，发生了严重的旱灾，史念海说：“厉、宣、幽、平诸王之时的旱灾最为突出，前后历时一百五十余年之久，其中宣王时的那一次由元年旱起，直至六年始雨，时间的亘长实为少见。”③ 长期的旱灾导致庄稼歉收、牧草枯死，无论是中原人民还是游牧民族都处于恶劣的生存条件下，为了生存，各民族纷纷迁徙，从而形成了蒙文通所说的“迁徙之会”。在民族迁徙中，必然会产生各种矛盾，从而引发战争。

对于灾荒和战争的关系，邓拓做过阐述：“战争和灾荒，可以相

① 吴则虞：《晏子春秋集释》，中华书局1962年版，第55页。

② 蒙文通：《周秦少数民族研究》，龙门联合书局1958年版，第1页。

③ 史念海：《河山集》，生活·读书·新知三联书店1963年版，第34页。

互影响。一方面，战争固然可以促进灾荒的发展；另方面，灾荒不断扩大和深入的结果，就某种意义和范围来说，又往往可以助长战争的蔓延。”① 事实有时候的确如此，前面提到的卫国就是一个典型例子，可见旱灾对于古代社会影响之大。

二　水灾

水对于人类社会来说是至关重要的，从人类开始形成的那一刻起人类就离不开水，这从人类的文明的诞生地多在接近河流的地方也可以得到证实。正是因为这种密切关系，我们的祖先很早就认识到水的重要性，《管子·水地》篇说：“水者何也？万物之本原也，诸生之宗室也……水者，地之气血，如筋脉之通流者也。”但是人与水的关系有个重要的前提，就是适量的水是人类需要的，如果超出了人类的需要，就会造成水灾，给人类带来灾难。然而在早期人类社会，水的多少是人类无法控制的，只能听之任之，或是给人类带来福祉，或是灾难。

按照上文邓拓先生的统计，两周时期共发生水灾 16 次，是发生频数第二高的自然灾害，仅次于旱灾。关于这一时期的水灾，仍以《左传》记载为多：《桓公元年》：“秋，大水。凡平原出水为大水。”意思是凡是广平之原皆出水即为水灾。《庄公七年》：“秋，大水，无麦苗。”《庄公二十一年》：“秋，宋大水。公使吊焉，曰：‘天作淫雨，害于粢盛，若之何不吊？’”意思是宋国发生水灾，使宋国庄稼受到损失，鲁国应该派人去行吊礼；《庄公二十五年》：“秋，大水。鼓，用牲于社、于门。”《僖公二十九年》：“秋，大雨雹，为灾也。”《宣公十年经》：“秋，大水。冬，饥。”由于发生水灾，庄稼无收，到了冬天，发生了饥荒；《成公五年经》：“秋，大水。”《襄公二十四年经》：“秋，大水。”《昭公十九年》：“郑大水。”说的是郑国发生了大水。

---

① 邓拓：《中国救荒史》，北京出版社 1998 年版，第 71 页。

《史记》关于这一时期水灾的记录有三处：《史记·赵世家》记载赵惠文王二十七年："河水出，大潦。"潦即涝，由于发大水，积水成涝；《秦始皇本纪》载嬴政八年："河鱼大上。"索隐曰："谓河水溢，鱼大上平地，亦言遭水害也。"河水溢出河道，鱼都漂到了地上；《六国年表》记载韩懿侯九年"大雨三月"。大雨连下三个月，必定会出现水灾。而《晏子春秋·内篇谏上第一》载齐景公时："霖雨十有七日。"《国语·周语下》载周灵王二十二年："谷、洛斗，将毁王宫。"①《竹书纪年》记载的水灾有三次：晋幽公九年："丹水出相反击。"说的是丹水从河道溢出造成水灾；②魏襄王九年："洛入成周，山水大出。"洛水溢出，流进洛阳，造成灾难；③"魏襄王十年十月，大霖雨，疾风，河水溢酸枣郛。"④这场大雨导致了水灾，把酸枣城的外城都给淹了。

从上述资料可以看出，两周时期的水灾涉及鲁、宋、郑、赵、韩、魏等国，而且资料没有记载的国家未必没有发生过水灾，可以说，水灾的影响还是颇为广泛的，也许正是由于各国都遭受过水灾的祸害，才使当时诸国十分重视对水灾的预防、治理。再以齐景公为例，《晏子春秋·内篇谏上第一·晏子谏第五》记载："景公之时，霖雨十有七日。"齐国发生重大水灾，但是景公起初由于贪酒而没有召见晏婴，于是晏婴采取措施："家有布缕之本而绝食者，使有终月之委；绝本之家，使有期年之食；无委积之氓，与之薪橑，使足以毕霖雨。"后来景公被晏子感动，"公然后就内退食，琴瑟不张，钟鼓不陈"。以身作则，带头抵御灾害。

三　虫灾

除了水旱灾害之外，还有虫灾。前引邓拓先生统计两周时期发生

---

① 《国语》，上海古籍出版社1998年版，第103页。
② 方诗铭、王修龄：《古本竹书纪年辑证》，上海古籍出版社2005年版，第93页。
③ 同上书，第159页。
④ 同上书，第161页。

的蝗虫灾次数为13次，仅次于水旱灾害。然而邓拓先生在其统计表中将当时发生的大部分虫灾归结为蝗虫灾害，这是不妥当的。文献记载当时的虫灾有“螟”“螽”“蜚”“蝝”等，其中“蝝”“螽”被学者认定为蝗虫，其他的都不是蝗虫。但如果细读古代文献，就会发现两周时期包括蝗虫在内的虫灾次数远远超过了13次，可见邓先生的结论不甚准确。如郑贞富指出：“今据《春秋》及三传查实，共记虫16次，其中三次不为灾，实际共有虫灾13次。西周无确切的编年史，情况不详。”[①] 两周时期，旱灾频繁，频发的旱灾必然导致蝗灾的发生。郭旭东说：“在自然灾害史上，旱灾与蝗灾密切相连，甚至有‘旱蝗’之称。黄河流域有大面积的冲积滩地、河间洼地和天然湖泽，如有名的大野泽、雷夏泽、菏泽、圃田泽、荥泽、大陆泽等均分布于此。而‘蝗之所生，必于大泽之涯’。古中原的地理环境造就了蝗虫成灾的重要条件，因为蝗虫是一种无真正滞育性的昆虫，它不能通过延滞发育来逃避不利环境的影响，因此干旱迫使蝗虫从滞水洼地周围的滩地这一源地向外飞迁从而形成蝗灾。”[②] 这一说法很有道理。

对于两周时期的虫灾，《春秋》记载最多，其中以蝗虫为多，如《桓公五年》：“秋，螽。”《说文》曰：“螽，蝗也。”有关“螽”的记录还见于其他各篇，如《僖公十五年》：“八月，螽。”《文公三年》：“雨螽于宋。”说明蝗虫的数量很多，像雨点一样密集；《文公八年》：冬“螽。”《宣公六年》：“秋，八月，螽。”《宣公十三年》：“秋，螽。”《宣公十五年》：“秋，螽。”《襄公七年》：“八月，螽。”《哀公十二年》：“冬，十有二月，螽。”《哀公十三年》：“九月，螽……十有二月，螽。”《史记·秦始皇本纪》则记载在秦始皇四年：“十月庚寅，蝗虫从东方来，蔽天。天下疫。”[③] 蝗虫遮天蔽日而来，不仅导致庄稼严重受害，而且还出现了疫病。《宣公十五年》还记载了蝝的现象：“冬，蝝生。”《说文》曰：“蝝，蝗子也。”即蝗虫的幼

① 郑贞富：《两周对农业有害生物的防治》，《中国农史》1993年第3期。
② 郭旭东：《殷商时期的自然灾害及其相关问题》，《史学集刊》2002年第4期。
③ （西汉）司马迁：《史记》，中华书局1959年版，第224页。

虫，尚未长大，且此年生蝝是在冬季，虫子都被冻死，没有形成灾害，因此《左传》曰："幸之也。"就是庆幸没有成为灾害。

上述见于文献记载的蝗灾，多数发生在秋季，周以子月为正，因此这里记载的秋实为夏，秋八月即夏六月。这恰好与蝗虫的生长季节相吻合，郑云飞说："农历六月是第一代蝗虫的羽化高峰。第二代蝗虫的羽化高峰约在八月份。从历史上的蝗灾记载来看，第一代是为害农作物最为严重的一代。"① 由此可见，当时所发生的蝗灾正是危害最严重的第一代蝗虫，说明当时遭受的蝗灾十分严重。

除了蝗虫以外，其他虫害也不少，如《隐公五年》："秋，螟。"《谷梁传》注解曰："螟，蟲灾也。"《隐公八年》："秋，螟。"《庄公六年》："秋，螟。"这里的螟乃是吃食禾苗中心的虫子，与蝗虫并不一样。《左传·隐公元年》："八月，有蜚不为灾，亦不书。"再如《左传·庄公二十九年》："秋，有蜚，为灾也。"这里的蜚，也是虫子。《说文》曰："蜚，臭虫。"是对庄稼有害的虫子。此外，《左传·庄公十八年》："秋，有蜮，为灾也。"这里的蜮也是一种吃禾苗的害虫。《吕氏春秋·任地》篇说："大草不生，又无螟蜮。"高诱注曰："蜮或作螣。"意思就是说蜮也许就是螣，而螣是一种类似蝗虫的害虫。

从上述可见，两周时期见于记载的虫灾已经超过了13次，加上那些没有记载的必定要远远超过13次，说明这一时期虫灾发生的频率也比较高。频繁发生的虫灾对农业生产造成一定程度的破坏，它们吃掉草木庄稼的叶子，啃噬其茎根，造成庄稼禾苗死亡，草木枯萎。对此，《诗经》有真实的描述，如《周南·螽斯》篇曰："螽斯羽，诜诜兮。宜尔子孙，振振兮。螽斯羽，薨薨兮。宜尔子孙，绳绳兮。螽斯羽，揖揖兮。宜尔子孙，蛰蛰兮。"② 仿佛使我们看到了成群结队的蝗虫嗡嗡叫着铺天盖地而来，所过之处，必定将庄稼一扫而光；

① 郑云飞：《中国历史上的蝗灾分析》，《中国农史》1990年第4期。

② （清）王先谦：《诗三家义集疏》，中华书局1987年版，第36—39页。

《小雅·大田》篇："去其螟螣，及其蟊贼，无害我田稚！田祖有神，秉畀炎火。"[1] 注曰："食心曰螟，食叶曰螣，食根曰蟊，食节曰贼。"意思是除去螟虫、螣虫、蟊虫和贼虫，不要害禾苗，把这些害虫全部烧死。这是虫灾严重，百姓希望灭掉害虫，使庄稼能够旺盛生长的呼声；而《诗经·大雅·桑柔》："降此蟊贼，稼穑卒痒。哀恫中国，具赘卒荒。"意思是庄稼全死光了，发生了严重的灾荒，虫灾造成的荒凉景象可见一番。《大雅·瞻卬》篇也说："蟊贼蟊疾，靡有夷届。"说明虫灾铺天盖地，没有尽头。虫灾给人民生产生活带来沉重的灾难，使人民十分痛恨它们。

四　地震山崩

地震的危害不言而喻，其发生时所产生的不可抗拒的破坏力不仅对自然、人类社会造成极大的破坏，还会在人们的心中烙上深深的伤痕，使人们对它产生极度的畏惧之情。因此，对于这种破坏力极强的自然灾害，古代文献不仅加以记载，而且还会有所议论，使我们看到古人对地震的畏惧与认识。

《吕氏春秋·制乐》篇记载了西周初期的地震："周文王立国八年，岁六月，文王寝疾五日而地动，东西南北，不出国郊。"地震发生之后，大臣们劝说文王离开国都，以躲避地震。文王则说："夫天之见妖也，以罚有罪也。我必有罪，故天以此罚我也。"文王拒绝了大臣们提出的迁离建议，并且采取了相关的措施如与诸侯交好、安抚天下豪士、奖赏大臣等，以避免灾祸。可以看出，虽然当时的统治者还不能认清地震的真正原因，还把地震的发生当作上天的警示与惩罚，但也意识到灾难对于其统治的影响，于是采取措施，稳定统治。到了西周末期，这种观念开始有所改变。《国语·周语上》记载："幽王二年，西周三川皆震。"这是一次大面积的地震，波及整个西周王朝中央的统治区域，对此《诗经·小雅·十月之交》也有记载：

① （清）王先谦：《诗三家义集疏》，中华书局1987年版，第765页。

“烨烨震电，不宁不令。百川沸腾，山冢崒崩。高岸为谷，深谷为陵。”地震使原来的地貌发生了天翻地覆的变化，这种变化令人触目惊心。地震发生后，伯阳父不仅较为客观地分析了地震产生的原因，还阐述了地震对国家统治的威胁，认为这是周将灭亡的征兆，说明当时已经能够认识到自然环境对于统治的重要性。也许正是因为如此，以后再发生地震，文献都能加以记载。

对这一时期地震记载较多的还是《春秋》一书，如《文公九年》：“九月癸酉，地震。”《襄公十六年》：“五月甲子，地震。”《昭公十九年》：“五月己卯，地震。”《昭公二十三年》：“八月乙未，地震。”《哀公三年》：“夏，四月甲午，地震。”可惜的是，对于上述地震的结果，文献并没有记载，我们难以直观了解这些地震的危害。但是对于昭公二十三年发生的那场地震，《左传》做了解释，认为这场地震也是亡国的征兆。《左传·昭公二十三年》：苌弘曰：“周之亡也，其三川震。今西王之大臣亦震，天弃之矣。东王必大克。”在这里，地震再次被看作是一个王朝将要灭亡的征兆。

此外，《竹书纪年》为我们保留了四条有关记录：一是周隐王二年：“齐地暴长，长丈余，高一尺。”① 这显然是地震导致的齐国发生的地貌变化；二是梁惠成王七年：“地忽长十丈有余，高尺半。”② 三是梁惠成王十六年：“邯郸四暗，室坏多死。”③ 四是梁惠成王二十五年：“绛中地坼，西绝于汾。”④ 后面三条虽然说的都是在魏国发生的地震，但是可以看出地点不同。《史记》则记载了四次地震现象：《六国年表》载秦昭王二十七年：“地动坏城。”使我们看到了关于地震危害的记录；《秦始皇本纪》则记载：“十五年，地动……十七年地动。”三年之内，连续两次发生地震；《赵世家》说赵幽穆王五年：“代地大动，自乐徐以西，北至平阴，台屋墙垣太半坏，地坼东西百

① 方诗铭、王修龄：《古本竹书纪年辑证》，上海古籍出版社2005年版，第287页。
② 同上书，第121页。
③ 同上书，第129页。
④ 同上书，第138页。

三十步。”不仅给我们提供了地震带来的破坏，还记载了地震的范围，说明对地震的关注程度加强了。而《战国策·齐策六》记载了当时发生的一场地震：“夫千乘、博昌之间，方数百里，雨血沾衣……嬴、博之间，地坼至泉……人有当阙而哭者。”这里记载了地震的范围、造成的灾难以及人民的反应，还记载了对地震不管不问的国君闵王的下场。这说明这场地震的危害非常之大，需要一国之君采取措施，解救百姓的危难，但闵王居然一无所知，因此被手下大臣给杀了。

同地震一样能引起自然界巨大变化的，还有山崩。由于它引起的自然界变化以及所带来的危害不次于地震，所以古人对于山崩如地震一般敬畏。《左传·僖公十四年》：“秋八月辛卯，沙鹿崩。晋卜偃曰：‘期年将有大咎，几亡国。’”对于这场灾难，晋国人认为它几乎会导致亡国；《左传·成公五年》：“夏……梁山崩。”发生灾害后，晋国国君急忙召伯宗回朝商议，伯宗认为：“国主山川，故山崩川竭，君为之不举，降服，乘缦，彻乐，出次，祝幣，史辞，以礼焉。”就是要君主带头示范，卑身节俭、亲居郊外、以礼祭祀、反躬自省，以求上天庇护，躲过灾难。《史记·魏世家》记载魏文侯二十六年：“虢山崩，壅河。”山崩之后，山体滑落进入河里，导致河流阻塞，其结果是形成堰塞湖，对周围居民的生命、财产安全构成威胁。

五 火灾

火灾对于人类生命及财产的安全来说，也是极为可怕的灾难。即使在消防设备已经非常发达的条件下，我们今天的火灾还是免不了造成人身伤亡、财产损失。在没有消防设备的古代，火灾所带来的灾难就更为可怕了。这里主要指由自然而非人为原因造成的火灾，《左传·宣公十六年》曰：“凡火，人火曰火，天火曰灾。”意思是人为的火灾叫火，自然原因引发的火灾叫灾，因此，《春秋·宣公十六年》记载：“夏，成周宣榭火。”这里说火而不说灾，意思即这是由人为原因引起的。可见，古书对此记载得非常分明。

对于火灾，《春秋》记载很多，这也说明火灾也是当时经常发生的灾难。《桓公十四年》："秋，八月壬申，御廪灾。"说是桓公的粮仓发生了火灾；《庄公二十年》："夏，齐大灾。"是齐国发生了火灾；《僖公二十年》："五月乙巳，西宫火。"写的是宫殿发生火灾；《成公三年》："二月甲子，新宫灾。"《襄公九年》："春，宋灾。"《襄公三十年》："五月甲午，宋灾。"《昭公九年》："夏，四月，陈灾。"《昭公十八年》："夏，五月壬午，宋、卫、陈、郑灾。"《哀公三年》："五月辛卯，桓宫、僖宫灾。"可见，火灾是当时各国都普遍发生的灾难。

对于火灾发生后采取的措施，《左传》则有具体的记载，如上述《哀公三年》发生的那场火灾，鲁国官员就采取了积极而又妥当的抢救措施，"校人乘马，巾车脂辖，百官官备，府库慎守，官人肃给。济濡帷幕……蒙葺公屋。自大庙始，外内以悛，助所不给。有不用命，则有常刑，无赦。"面对火灾，他们从容镇定，指挥有方，守护房屋，弄湿帷幕，蒙葺房子，防止火势扩大。同样，《说苑·反质》篇记载了魏国发生火灾国君群臣采取的措施："魏文侯御廪灾，文侯素服，辟正殿五日。群臣皆素服而吊。"由于发生了火灾，从魏文侯到大臣都素服而吊，以表示对火灾的悼念和反省。可见，古代发生火灾后，都有一套相应的举措。

六　风雪雹霜灾害

除了上述较为剧烈的灾害以外，还有一些自然现象也能给人类的生产或生活造成灾难，比如大风、暴雪、冰雹、重霜等。文献对这些自然灾害的记载少于前面所说的那些自然灾害，但见于记载的这些灾害，也都会对人类的生活和生产造成一定的影响或者破坏。

1. 风灾。较早记载两周时期风灾的当属《尚书·金縢》，该篇记载了西周建立不久的一次大风灾害："秋，大熟，未获，天大雷电以风。禾尽偃，大木斯拔，邦人大恐。"《史记·鲁周公世家》对此也有记载："周公卒后，秋未获，暴风雷雨，禾尽偃，大木尽拔。周国大恐。"这次大风发生于秋季作物已经成熟但是尚未收获的时候，庄稼都被大风吹得倒在地上，这势必会造成减产。不仅如此，这次大风居然把大树都从地上拔了出来，足见风力之大；《左传·僖公十六年》记载了发生在宋国的一次大风："十六年，春，陨石于宋五，陨星也。六鹢退飞，过宋都，风也。"贾逵云："风起于远，至宋都而疾，故鹢逢风退却。"鸟都飞不动了，被迫倒着飞回，可见风势很大；《左传·昭公十八年》："戊寅，风甚。壬午，大甚。"这场越来越大的风，给宋、卫、陈、郑诸国带来了一场火灾，危害也很大。

2. 雪灾。《左传·隐公九年》曰："庚辰，大雨雪，亦如之，书失时也。"对于什么样的雪能称为大雪，该篇作了解释："平地尺为大雪。"《公羊传》也说："庚辰大雨雪，何以书？记异也。"说明之所以把这次事件记录下来，就在于它不同于一般的雨雪天气；《春秋·僖公十年》："冬，大雨雪。"同样，《史记》也记载了几次雪灾天气：《赵世家》记载赵成侯二年六月："雨雪。"《秦始皇本纪》说秦始皇二十年："大雨雪，深二尺五寸。"《六国年表》则说秦躁公八年："六月，雨雪。日，月蚀。"《战国策·魏策二》："魏惠王死，葬有日矣。天大雨雪，至于牛目，坏城郭。"可见这次雪下得多大，把城郭里的房子都给压坏了。

3. 冰雹。冰雹现象的发生，也会对人、畜生及农作物带来灾害，《竹书纪年》记载周夷王七年："冬，雨雹，大如砺。"砺之本意为磨刀石，在此形容冰雹之大，非同一般；《左传·僖公二十九年》则曰："秋，大雨雹，为灾也。"明确说明冰雹降临，形成灾害；《春秋·昭公三年》："冬，大雨雹。"《左传·昭公四年》春"大雨雹"。

4. 霜灾。冬天下霜，本为正常现象，但如果天气过于严寒，必定导致霜冻，对农业生产形成影响。《诗经·小雅·正月》记载了周幽王时的一次霜灾："正月繁霜，我心忧伤。"周以建子月为正，所以这里的正月当为十一月，十一月就下这么厚的霜，必然会对禾苗的生长造成很大影响。再如《春秋·定公元年》载："冬，十月，陨霜杀菽。"说的是十月下霜，冻死了庄稼。周之十月，即今日之八月，八月下霜，确实属于灾害。类似的记载还见于《春秋·成公十六年》：

"春，王正月，雨木冰。"《公羊传》曰："雨木冰何？雨木而冰也。何以书？记异也。"树上都结成冰，可见天气多么寒冷。

从上述可见，两周时期，的确是各种自然灾害频繁发生，使整个社会面临严峻的考验。对周代自然灾害的严重性，国外学者也有所认识，比如英国著名史学家汤因比，他说："如果我们再研究一下黄河下游的古代中国文明的起源，我们发现人类在这里所要应付的自然环境的挑战要比两河流域和尼罗河的挑战严重得多。人们把它变成古代中国文明摇篮地方的这一片原野，除了有沼泽、丛林和洪水的灾难之外，还有更大得多的气候上的灾难，它不断地在夏季的酷热和冬季的严寒之间变换。"① 事实正是如此，这些频繁发生的灾害尤其是旱灾、虫灾等对于以农业为基础的周代社会来说，最直接的后果就是导致庄稼歉收之后出现饥荒。对于任何社会来说，饥荒都是极为可怕的社会灾难，而对于生产力仍然比较落后的周朝来说，更是如此。《诗经》的一些记载使我们看到饥荒发生之后百姓的恐惧，如《大雅·云汉》篇曰："天降丧乱，饥馑荐臻……周余黎民，靡有孑遗。昊天上帝，则不我遗。"连年发生的旱灾导致出现严重的饥荒，百姓饿死无数；《小雅·雨无正》篇："浩浩昊天，不骏其德。降丧饥馑，斩伐四国。"同样是抱怨上天给人类降下了饥荒；《大雅·召旻》篇："旻天疾威，天笃降丧。瘨我饥馑，民卒流亡。我居圉卒荒。天降罪罟，蟊贼内讧。昏椓靡共，溃溃回遹，实靖夷我邦。"发生的饥荒使老百姓被迫四处流亡，田园荒无人烟，又发生了可怕的蝗灾，使人民濒临灭绝的状态。

由于灾害频繁，饥荒在当时各个诸侯国都会出现，如此一来，使各国认识到互相救助的重要性。《谷梁传·庄公二十八年》道："诸侯无粟，诸侯相归粟，正也。"说诸侯互相借粮，是值得肯定的做法；而《左传·僖公六年》则将这种行为上升到了礼的高度："凡侯伯：

① ［英］阿诺德·汤因比：《历史研究》，曹未风译，上海人民出版社1959年版，第92页。

救患，分灾，讨罪；礼也。”《左传·僖公十三年》中百里奚的说法更加明白：“天灾流行，国家代有。救灾恤邻，道也。行道有福。”也许是礼制的约束作用，也许是出于长远的打算，在当时，国与国之间在发生饥荒时的救助十分普遍，这在《左传》里记载很多，如《隐公六年》：“冬，京师来告饥，公为之请糴于宋、卫、齐、郑，礼也。”天子都城发生饥荒，派人到鲁国求援，于是鲁隐公替周天子向宋、卫、齐、郑四国去请求支援粮食；《庄公二十八年》：“冬，饥。臧孙辰告糴于齐，礼也。”鲁国发生饥荒，向齐国求救，此事在《国语·鲁语上》中有详细记载；《僖公十三年》：“冬，晋荐饥，使乞糴于秦……秦于是乎输粟于晋，自雍及绛相继。”可见救援送粮的规模还非常大；《僖公十五年》：“晋又饥，秦伯又饩之粟。”《定公五年》：“夏，归粟于蔡。”《哀公十三年》：“吴申叔仪乞粮于公孙有山氏。”说的是吴国大夫向鲁国大夫求粮。可见在当时社会，各国互相救助十分普遍。而当时各国互为敌国的关系众所周知，但是即使在那样的条件下，各国还能做到这些，这既是礼的要求，又是现实状况的要求。如果有哪国在受到求援时不帮助他国，则会受到舆论的普遍批评，从而失去地位。如《僖公十四年》：“冬，秦饥，使乞糴于晋，晋人弗与。”晋国的这种做法当时就遭到晋国大夫庆郑的批评，他说：“背施无亲，幸灾不仁，贪爱不祥，怒邻不义。四德皆失，何以守国？”结果后来秦国讨伐晋国，原因就是晋国没有救助秦国，《僖公十五年》：“晋饥，秦输之粟；秦饥，晋闭之糴，故秦伯伐晋。”失去威信的晋国被打败，国君晋惠公也做了俘虏。

由此可见，由于两周时期各国经常发生自然灾害，相关的灾害救助措施和行为已经得到了整个社会的认同，使各国能够在抵御自然灾害中互相帮助，加强国家与国家的交流与合作，实现了人类的和谐共处，这在当时那种各国互相征伐的社会背景下，是极其难得的也是极为珍贵的，这也成为我国救荒史上光辉灿烂的一页。

第三节　两周时期的森林植被状况

一　林木状况

1. 关于两周时期森林状况的探讨。森林与人类社会的关系十分密切，它不仅能给人类提供日常生活所需的木材，还能够涵养水源、调节气候、净化空气、防止风沙、保持水土等。这已经是当今世界中外学者公认的，马正林说："森林是地球上最大的生态系统，和人类的生产、生活的关系极其密切。"① 樊宝敏、李智勇说："森林是人类文明的摇篮，也是人类社会健康发展的保障。森林作为陆地生态系统的主体，具有巨大的生态效益、社会效益和经济效益。历史实践证明，一个国家只有保持充足的森林资源和拥有良好的生态环境，才能实现经济社会的可持续发展。"② 陶家祥说："森林与人类的生活密切相关。森林能净化空气，将人类和动物呼出的二氧化碳转化为人类和其他生物所需要的氧气。树木可以造土、固土、防止水土流失和保持空气湿润。树木的光合作用可通过吸收二氧化碳而减弱温室效应，从而防止大气升温、调节气候。"③ 英国学者威廉·贝纳特说："树木用根系吸收地下水，然后通过树叶释放，冷却流动的空气，促进水蒸汽的凝结。另外，树冠还可以减少散热，降低温度。"④ 余谋昌甚至说："树木撑起了天空，如果森林消失，世界之顶的天空就会塌落，自然和人类就一起灭亡。"⑤

可见，森林对于一个良好生态环境的重要作用。如果破坏了森林，必将导致出现严重的生态灾难。如古代印度、古代埃及、两河流

① 马正林：《中国历史地理简论》，陕西人民出版社 1987 年版，第 15 页。

② 樊宝敏、李智勇：《中国森林生态史引论》，科学出版社 2008 年版，前言。

③ 陶家祥、季堃宝：《生态与我们》，上海科技教育出版社 1995 年版，第 27 页。

④ ［英］威廉·贝纳特、彼得·科茨：《环境与历史——美国和南非驯化自然的比较》，包茂红译，译林出版社 2008 年版，第 53 页。

⑤ 余谋昌：《创造美好的生态环境》，中国科学出版社 1997 年版，第 23 页。

域都曾经是人类文明的发源地，但是因为这些地区为了扩大耕地而砍伐森林、开垦草原，导致水土流失，土地干旱，荒漠化严重，从而出现严重的生态问题，最终使这些文明走向衰落。由此可见，森林对于生态环境的重要性、对于人类社会的重要性。

正因为森林对于人类社会及生态环境的重要性，国内外学者很早就开始对我国古代的森林状况展开了研究。20 世纪中叶，德国著名地质学家李希霍芬在考察中国后就在他的名著《中国》第 2 卷中写道："渭河流域气候在古代应是较现在为佳，丰收应是经常的。不能想象古代此地是有森林的。厚层的黄土地带不宜于森林的存在，但没有黄土或黄土层较薄的地带还是有森林的，例如山西、河南以及东方近海地区，特别是山东，尤其是如此。"① 而他的这种观点很快就被我国学者推翻，我国著名生物学家与古农学家、前西北农学院院长辛树帜先生在其论文《我国水土保持的历史研究》中，通过《诗经》《水经注》等文献的大量史料，证明关中平原、渭北高原及晋西黄土丘陵山地等在西周时乔木、灌木等植物生长十分茂密的状况；著名历史地理学家史念海先生则撰写《历史时期黄河中游的森林》一文②，专门考察了西周春秋战国时期的森林状况，他通过大量翔实的史料，得出了令人信服的结论："周人迁居周原时，岐山的森林参天蔽日，郁郁葱葱，到处是一片绿色的海洋。"③ 他还指出西周建都长安之后："关中平原的森林最为繁多。这里的冲积平原及河流两侧的阶地就有不少的大片森林，因其规模和树种的不同，而有平林、中林和棫林、桃林等名称……这样的森林是巨材生长的地方，常为鸫鸟（野鸡）所栖止，鹿群也常在里面活动……正因为森林不少，直到战国末年，还有人称它是'山林川谷美，天材之利多'。"④

史念海先生认为，良好的森林状况一直保持到春秋时期，"下至

---

① 转引自史念海《河山集》二集，生活·读书·新知三联书店 1981 年版，第 232 页。
② 同上书，第 232—247 页。
③ 同上书，第 227 页。
④ 同上书，第 234—235 页。

春秋时代，渭河上游的森林已见于文字的记载，林区亦至为广泛。由于森林繁多，材木易得，因而当地盛行‘板屋’”[①]。马正林也认为战国之前的华北和黄河中游地区：“都还被森林和丛草所覆盖，植被情况十分良好。”[②] 当时的这些地区“是我国主要的暖温带林区，绿波万里，别有风趣”[③]。李星学则认为：“黄土高原曾是草丰林密的沃野。西周时期，森林覆盖率达53%，森林面积约为4.8亿亩。其余地方则为一望无际的茫茫草原，因而黄河的很多支流清澈见底。”[④] 余文涛等学者也指出：“周代的生态保护取得了明显的成效：其一，开发较早的黄土高原依然是林木参天，森林总面积达4.8亿亩，覆盖率达53%。”[⑤]

2. 林木的数量及种类。相关文献记载给我们提供了大量确凿的证据来证实上述学者们的结论，使我们能够更加直观地看到这一历史时期古代中国的森林状况。如实地记载了古代林木状况的古代文献毫无疑问应当首推《诗经》[⑥]，该书里相关记载十分丰富。

先以《国风》部为例：《周南·桃夭》篇：“桃之夭夭，灼灼其华……桃之夭夭，有蕡其实……桃之夭夭，其叶蓁蓁。”记载了桃树及其茂密的叶子和硕大的果子。《召南·甘棠》篇：“蔽芾甘棠，勿翦勿伐……蔽芾甘棠，勿翦勿败……蔽芾甘棠，勿翦勿拜。”意思是不要砍伐和弄弯茂盛的棠梨树；《召南·摽有梅》则是关于梅树的篇章。《卫风·淇奥》篇载：“瞻彼淇奥，绿竹猗猗……瞻彼淇奥，绿竹青青……瞻彼淇奥，绿竹如箦。”使我们看到淇河两岸密密麻麻的翠竹在河边随风摇曳、满眼碧绿，使人流连忘返的美妙画面；《卫风·竹竿》篇：“桧辑松舟。”是说用桧树做成辑用松树做成舟，飘

① 史念海：《河山集》二集，生活·读书·新知三联书店1981年版，第237页。

② 马正林：《中国历史地理简论》，陕西人民出版社1987年版，第18页。

③ 同上书，第23页。

④ 李星学、王仁农编：《还我大自然——地球敲响了警钟》，清华大学出版社2002年版，第13页。

⑤ 余文涛、袁清林、毛文永：《中国的环境保护》，科学出版社1987年版，第22页。

⑥ （清）王先谦：《诗三家义集疏》，中华书局1987年版。

荡在淇河之上。《邶风》与《鄘风》则都有《柏舟》篇，记载了当时用柏树打造舟船的情况。《鄘风·定之方中》篇："树之榛栗，椅桐梓漆。"说的是在家里种上榛树、栗树、桐树和漆树等。《郑风·山有扶苏》篇曰："山有扶苏，隰有荷华……山有乔松，隰有游龙。"记载了山上长着扶苏和松树等；《郑风·将仲子》篇："将仲子兮，无逾我里，无折我树杞……将仲子兮，无逾我墙，无折我树桑……将仲子兮，无逾我园，无折我树檀。"这里的树木有杞树、桑树和檀树。《魏风》之《园有桃》篇和《伐檀》篇则是关于桃树和檀树的记载。《唐风·山有枢》篇："山有枢，隰有榆……山有栲，隰有杻……山有漆，隰有栗。"这里描述了枢、榆、栲、杻、漆、栗六种树木，足见山上树木品种之丰富；《唐风·鸨羽》："肃肃鸨羽，集于苞栩……肃肃鸨翼，集于苞棘……肃肃鸨行，集于苞桑。"则记载了栩（柞树）、棘、桑树很多，上面落满了鸨鸟；《唐风·杕杜》篇："有杕之杜，其叶湑湑……有杕之杜，其叶菁菁。"以及《有杕之杜》篇则是关于赤棠树茂盛状况的描写；而《唐风·椒聊》是关于花椒树的记载。

《秦风·车邻》篇曰："阪有漆，隰有栗……阪有桑，隰有杨。"记载的树木品种有漆树、栗树、桑树、杨树等；《秦风·晨风》篇："鴥彼晨风，郁彼北林……山有苞栎，隰有六駮……山有苞棣，隰有树檖。"这里提到的树有苞栎、苞棣、六駮、山梨等，而且都是郁郁葱葱的景观；《秦风·黄鸟》篇："交交黄鸟，止于棘……交交黄鸟，止于桑……交交黄鸟，止于楚。"记载了沙棘、桑树与荆树；《秦风·终南》篇则曰："终南何有？有条有梅……终南何有？有纪有堂。"意思是说终南山上有茂密的山楸树、梅树、杞树与赤棠树等。《陈风·东门之枌》篇："东门之枌，宛丘之栩。"记载了白榆树和柞树；《陈风·东门之杨》："东门之杨，其叶牂牂……东门之杨，其叶肺肺。"说的是杨树枝繁叶茂，在风中沙沙作响；而《陈风·墓门》篇："墓门有棘，斧以斯之……墓门有梅，有鸮萃之。"记载了墓道门前有酸枣树、梅树等，上面还有猫头鹰在栖息。《桧风·隰有苌楚》

篇："隰有苌楚，猗傩其枝……隰有苌楚，猗傩其华……隰有苌楚，猗傩其实。"这里的苌楚即羊桃树。《曹风·鳲鸠》篇："鳲鸠在桑，其子在梅……鳲鸠在桑，其子在棘……鳲鸠在桑，其子在榛。"记载的树有桑树、梅树、酸枣树和榛子树。

由上述记载可以看到，《国风》部记载了大量周代林木的茂盛状况及种类，涉及的树木有20多种，而这仅仅是见于《国风》部的记载。除了《国风》部，其他部分也有关于林木状况的记载。

《小雅·南山有台》篇："南山有台，北山有莱……南山有桑，北山有杨……南山有杞，北山有李……南山有栲，北山有杻……南山有枸，北山有楰。"这里的树木有桑、杨、杞、李、栲、杻、枸、楰，这么多的树种，长得枝盛叶茂，郁郁葱葱。资料充分说明了当时树种多样、林木茂盛的实际情况；《小雅·黄鸟》："黄鸟黄鸟，无集于穀……黄鸟黄鸟，无集于桑……黄鸟黄鸟，无集于栩。"记载了桑树和柞树；《小雅·四月》篇："山有嘉卉，侯栗侯梅……山有蕨薇，隰有杞桋。"记载了栗树、梅树、杞树和桋树；《小雅·常棣》记载了棠棣树；《小雅·杕杜》篇："有杕之杜，其叶萋萋……陟彼北山，言采其杞。"记载了赤棠树；《小雅·鹤鸣》篇："乐彼之园，爰有树檀。"是关于檀树的记载；《小雅·菀柳》篇："有菀者柳，不尚息焉。"记载了茂盛的柳树；《小雅·隰桑》篇："隰桑有阿，其叶有难……隰桑有阿，其叶有沃……隰桑有阿，其叶有幽。"说的是桑树枝叶茂盛；《小雅·青蝇》篇："营营青蝇，止于棘……营营青蝇，止于榛。"记载了荆棘和榛树。另外，《大雅·棫朴》篇："芃芃棫朴，薪之槱之。"反映了柞树茂盛的状况；《大雅·旱麓》篇："瞻彼旱麓，榛楛济济……鸢飞戾天，鱼跃于渊……瑟彼柞棫，民所燎矣。"记载了榛树、楛树、柞树、棫树以及它们的茂密状况；《大雅·皇矣》篇："启之辟之，其柽其椐。攘之剔之，其檿其柘……帝省其山，柞棫斯拔，松柏斯兑。"这里提到的树有河柳树、灵寿树、山桑树、柘树、柞树、棫树、松树和柏树；《大雅·卷阿》篇："于彼高岗，梧桐生矣，于彼朝阳，菶菶萋萋。"记载了梧桐树在山上长得十分茂盛的状况。

由上述可见，仅仅《诗经》里为我们记载的林木种类就已经超过了30种，更何况那些野生的离人类较远的树木。这里所体现的是人类周围的树木状况，因此被记载了下来，使我们能在一定程度上了解当时的林木状况及种类。

除了《诗经》，其他古代文献也有很多关于周代林木的描写，这些记载和《诗经》里的记载互相印证，使我们能够更有说服力地来表述周代的林木状况。比如《山海经》里就有很多这方面的记载：该书《西山经》曰："华山之首，曰钱来之山，其上多松……小华之山，其木多荆杞……石脆之山，其木多棕枬，其草多条……英山，其上多杻橿……竹山，其上多乔木……浮山，多盼木，枳叶而无伤，木虫居之……南山，上多丹粟……大时之山，上多榖柞，下多杻橿……天帝之山，多棕枬……翠山，其上多棕枬，其下多竹箭。"史念海先生认为：钱来之山和小华之山在今华阴县，石脆之山和英山在今华县，竹山在今渭南县，浮山在今临潼县，南山在西安市南，大时之山就是太白山。[①] 可见这里记载的都是周代统治区域内林木的状况。

再如《西次四经》曰："申山，其上多榖柞，其下多杻橿……鸟山，其上多桑，其下多楮。上申之山……下多榛楛，兽多白鹿……号山，其木多漆、棕，其草多药、芎䓖……白於之山，上多松柏，下多栎檀。"《中山经》："薄山之首曰甘枣之山，其上多杻木……历儿之山，其上多橿，多枥木，是木也，方茎而员叶，黄华而毛，其实如拣。"《中次五经》："首山……木多槐……条谷之山，其木多槐桐……成侯之山，其上多櫄木，其草多芃……历山，其木多槐……良余之山，基上多榖柞，无石……升山，其木其多榖柞棘。"

可以看出，《山海经》所记载的树木种类有很多是《诗经》里有的，但也有很多是《诗经》里没有记载的，比如棕枬、杻橿、竹箭、楮、枥木、槐、桐、櫄木等。不仅如此，《山海经》还明确说明这些树木数量很多，生长在山上，以我们今天的观点来看，这些应该就是郁郁

① 史念海：《河山集》二集，生活·读书·新知三联书店1981年版，第239页。

葱葱的森林。而类似这样的记载在《山海经》里比比皆是，限于篇幅，不再一一列举，但这已足以反映两周时期森林茂密、树种丰富的情况。

记载了周代森林状况的文献还有《尚书》，该书《禹贡》篇记载济、河惟兖州一带“厥土黑坟，厥草惟繇，厥木惟条”。意思是这里的土质又黑又肥，草是茂盛的，树是修长的；而海、岱及淮惟徐州一带“厥土赤埴坟，草木渐包”。土是红色的，草木不断滋长而丛生很茂盛；淮、海惟扬州一带也是“篠簜既敷，厥草惟夭，厥木惟乔”。说这里大竹和小竹已经遍布各地，这里大草很茂盛，这里的树很高大。因此，西周时期森林茂密、树种多样是应该没有疑问的。

二　草地植被状况

作为自然环境的重要组成部分，草地植被的重要性是不可忽视的，英国学者安德鲁·古迪说：“在开始考虑人对环境的影响时，一般应从植被开始，因为人对植物生命的影响要比对周围环境的其他组成部分的影响更大。人通过给植物带来的变化改造土壤，影响气候，影响地貌变化过程，并改变某些天然水体的质和量。实际上，整个景观性质的变化都起源于人多导致的植被改变。”① 事实的确如此，相比起树木来说，草地植被更容易被破坏。而人类的生活和生产活动尤其是农业生产，难以避免地会对植被产生影响，从而改变生态环境。

两周时期的草地植被状况从很多文献记载可以看出来，首先以《诗经》“国风”部分为例。《秦风·蒹葭》篇：“蒹葭苍苍，白露为霜。所谓伊人，在水一方。溯洄从之，道阻且长。溯游从之，宛在水中央。蒹葭萋萋，白露未晞。所谓伊人，在水之湄。溯洄从之，道阻且跻。溯游从之，宛在水中坻。蒹葭采采，白露未已。所谓伊人，在水之涘。溯洄从之，道阻且右。溯游从之，宛在水中沚。”该诗为我们描绘出一幅优美的画面：在茫茫无际的芦苇丛中，水波荡漾，水流

① ［英］安德鲁·古迪：《人类影响——在环境变化中人的作用》，郑荣等译，中国环境出版社 1989 年版，第 19 页。

清澈，一个漂亮的女子，在水的对岸，风姿美妙，令人向往。美丽的景色，令人产生无限遐想。《国风·郑风·野有蔓草》篇则使我们看到了另外一个优美的画面："野有蔓草，零露漙兮。有美一人，清扬婉兮。邂逅相遇，适我愿兮。野有蔓草，零露瀼瀼。有美一人，婉如清扬。邂逅相遇，与子偕臧。"在蔓草丛生的野外，一个风姿绰约的美丽女子，令人爱慕。

《陈风·泽陂》篇："彼泽之陂，有蒲与荷……彼泽之陂，有蒲与蕑……彼泽之陂，有蒲菡萏。"在薮泽旁的坡地上以及野地里长满了各种美丽的野藤、小草和花朵。《郑风·东门之墠》篇："东门之墠，茹藘在阪。"东门外的山坡上，长满了茜草。《齐风·甫田》则曰："无田甫田，维莠骄骄……无田甫田，维莠桀桀。"意思是说大块的田地不好耕种，因为里面长满了狗尾草。《魏风·汾沮洳》："彼汾沮洳，言采其莫……彼汾一曲，言采其藚。"莫就是酸模，其根叶花像羊蹄，也叫羊蹄花，可以用来吃；藚即泽泻，药用植物；《魏风·陟岵》篇："陟彼岵兮，瞻望父兮。"意思是站在满是草木的山上瞻望自己的父亲。《唐风·采苓》："采苓采苓，首阳之颠……采苓采苓，首阳之下……采葑采葑，首阳之东。"苓是甘草，葑是芥菜。《曹风·下泉》篇："冽彼下泉，浸彼苞稂……冽彼下泉，浸彼苞萧……冽彼下泉，浸彼苞蓍。"描述了泉水边长着的稂草、艾蒿、蓍草等。《召南·采蘩》："于以采蘩？于沼于沚……于以采蘩？于涧之中。"在湖边、山涧中到处是白蒿；《召南·采蘋》："于以采蘋？南涧之滨。于以采藻？于彼行潦。"到水边沟边去采摘浮萍与浮藻。

此外，《诗经》之"雅"部也有相关内容，如《小雅·菁菁者莪》篇："菁菁者莪，在彼中阿……菁菁之莪，在彼中沚……菁菁者莪，在彼中陵。"即在山中、小洲中长着茂盛的莪蒿；《小雅·我行其野》篇："我行其野，蔽芾其樗……我行其野，言采其蓫……我行其野，言采其葍。"记载了野外路边长着的椿树及羊蹄草、葍草等野生蔓草。《周南·芣苢》篇："采采芣苢，薄言采之。采采芣苢，薄言有之。采采芣苢，薄言掇之。采采芣苢，薄言捋之。"描写的是在野外采摘车前子的情形；《小雅·鹿鸣》篇："呦呦鹿鸣，食野之苹……呦呦鹿鸣，食野之蒿……呦呦鹿鸣，食野之芩。"更使我们看到了漫山遍野的草地上，鹿群悠然自得地在吃着野草的情景；《小雅·小弁》："踧踧周道，鞫为茂草……菀彼柳斯，鸣蜩嘒嘒。有漼者渊，萑苇淠淠。"记载了大路边全是茂盛的草以及茂密的柳枝、芦苇。《大雅·行苇》："敦彼行苇，牛羊弗践履。方苞方体，维叶泥泥。"路边野生的芦苇，长得很茂盛；《大雅·生民》："诞后稷之穑，有相之道。茀厥丰草，种之黄茂。"说的是周的祖先后稷为了种植庄稼而除去茂盛的草，说明当时的野草确实非常多。还有《鲁颂·泮水》篇："思乐泮水，薄采其芹……思乐泮水，薄采其藻……思乐泮水，薄采其茆。"记载了在泮水边采摘芹菜、藻类的情景。

除了茂密的蔓草，各种藤类植物也长得非常旺盛，《诗经》里对此也有很多记载。如《国风·周南·葛覃》："葛之覃兮，施于中谷，维叶萋萋。黄鸟于飞，集于灌木，其鸣喈喈。葛之覃兮，施于中谷，维叶莫莫。"说的是长长的葛藤在山沟里延伸，上面的叶子密密麻麻，吸引了很多黄莺鸟在这里觅食、休息。再如《国风·唐风·葛生》篇："葛生蒙楚，蔹蔓于野……葛生蒙棘，蔹蔓于域。"记载了葛藤到处伸展的情形。还有《国风·王风·葛藟》篇："绵绵葛藟，在河之浒……绵绵葛藟，在河之涘……绵绵葛藟，在河之漘。"记载了在河的两边生长着很多葛藤。此外《国风·王风·中谷有蓷》记载了益母草的状况。《国风·卫风·芄兰》篇则是关于蔓生植物芄兰的记载。《小雅·苕之华》："苕之华，其叶青青。"记载的是藤类植物凌霄花根繁叶茂的情形。

从上述文献记载可以看到，当时的草地植被之良好状况并非局限于一个国家一个地区，而是整体上普遍较为良好，使我们较为直观地看到了当时良好的生态环境状况。

接下来我们从其他文献的记载来考察两周时期的草地植被状况，如《周礼·夏官·职方氏》记载了九薮为代表的草地植被状况：

> 东南曰扬州，其山镇曰会稽，其泽薮曰具区，其川三江，其浸五湖，其利金锡竹箭，其民二男五女，其畜宜鸟兽，其谷宜稻。正南曰荆州，其山镇曰衡山，其泽薮曰云梦，其川江汉，其浸颍湛，其利丹银齿革，其民一男二女，其畜宜鸟兽，其谷宜稻。河南曰豫州，其山镇曰华山，其泽薮曰圃田，其川荥雒，其浸陂溠，其利林漆丝枲，其民二男三女，其畜宜六扰，其谷宜五种。正东曰青州，其山镇曰沂山，其泽薮曰望诸，其川淮泗，其浸沂沭，其利蒲鱼，其民二男三女，其畜宜鸡狗，其谷宜稻麦。河东曰兖州，其山镇曰岱山，其泽薮曰大野，其川河、泲，其浸卢、维，其利蒲、鱼，其民二男三女，其畜宜六扰，其谷宜四种。正西曰雍州，其山镇曰岳山，其泽薮曰弦蒲，其川泾汭，其浸渭洛，其利玉石，其民三男二女，其畜宜牛马，其谷宜黍稷。东北曰幽州，其山镇曰医无闾，其泽曰貕养，其川河泲，其浸灾时，其利鱼、盐，其民一男三女，基畜宜四扰，其谷宜三种。河内曰冀州，其山镇曰霍山，其泽薮曰杨纡，其川漳，其浸汾潞，其利松柏，其民五男三女，其畜宜牛羊，其谷宜黍稷。正北曰并州，其山镇曰恒山，其泽薮曰昭馀祁，其川虖池、呕夷，其浸涞、易，其利布帛，其民二男三女，其畜宜五扰，其谷宜五种。①

尽管对于《周礼》的成书年代尚存分歧，但多数学者赞同其成书于战国时期，而且书中许多资料是西周、春秋时期的也得到了学者公认。所以我们可以据此认定这些文字所描写的是两周时期的生态环境状况。对于文中提到的圃田泽，郦道元说："泽多麻黄草……诗所谓东有圃草也，皇武子曰郑之有原圃，犹秦之有具圃。"他还指出圃田泽的面积："东西四十许里，南北二十许里。"② 可见圃田泽规模之

① （清）孙诒让：《周礼正义》，中华书局1987年版，第2640—2671页。

② 郦道元：《水经注》，王先谦校，巴蜀书社1985年版，第380—381页。

大。而圃田泽只是当时天下著名九泽之一，其他八泽的生态状况想必也大致如此。

除了这些直观的记载，还有很多间接的文献记载也能帮助我们了解周代的森林植被状况。如《盐铁论·轻重》篇说："昔太公封于营丘，辟草莱而居焉。"意思是姜太公被封到齐国时，当地人口稀少，草木丛生。人们于是开始铲除它们，以开辟出空地供人类居住；再如《左传·宣公十二年》记载楚人的祖先："若敖、蚡冒筚路蓝缕，以启山林。"《昭公十二年》也说楚人的祖先"先王熊绎，辟在荆山，筚路蓝缕，以处草莽，跋涉山林，以事天子"。说的都是楚人的先祖刚到南方时，那里草木丛生、林木遍地的状况。

这种良好的状况一直保持到春秋时期，据《左传·昭公十六年》记载，郑国东迁到虢、郐之地时，那里依然是荆棘丛生的状态，郑国人"庸次比耦，以艾杀此地，斩之蓬蒿藜藋"，他们把丛生的野生植物铲除之后，发展生产，在当地生存并逐渐发展起来；《襄公十四年》则记载姜戎氏的首领说："（惠公）赐我南鄙之田，狐狸所居，豺狼所嗥。我诸戎除剪其荆棘，驱其狐狸豺狼。"反映的是姜戎氏最初的受封之地也是动物出没、野草丛生。他们不辞劳苦，铲除荆棘，赶走野兽，在那里开始生活。再如齐国，当时齐国的生态环境状况也非常之好，史载："齐景公游于牛山，北临其国城而流涕曰：'美哉国乎！郁郁芊芊，若何滴滴去此国而死乎？使古无死者，寡人将去斯而之何？'"[①] 牛山郁郁芊芊的生态环境看起来十分壮观，也十分诱人，导致齐景公触景生情，留恋不已，发出了贪生怕死的叹息。

三　森林植被的变化

两周时期良好的森林植被状况并非一成不变，到了春秋战国时期，随着农业的发展、土地的开垦、人口的增加，整个社会对自然环

① 杨伯峻：《列子集释》，中华书局1979年版，第213页。

境的需求越来越多，人类攫取自然资源的次数不断增加、频率不断提高、范围不断扩大，使生态环境也开始随着发生变化，这些变化在有些区域是显著的，在有些地区则不太显著。我们认真分析古代文献，还是能够发现种种迹象的。

如齐国牛山上面的林木植被就发生了巨大的变化，从前引齐景公在牛山之上的触景生情而慨然涕下我们可知春秋时期的牛山上还是林木繁茂，但是到了战国时期，这种状况彻底改变了，《孟子·告子上》曰："牛山之木尝美矣，以其郊于大国也，斧斤伐之，可以为美乎？是其日夜之所息，雨露之所润，非无萌蘖之生焉，牛羊又从而牧之，是以若彼濯濯也。人见其濯濯也，以为未尝有材焉。"由于人类建设城市、营建宫室、房子的需要加大，对牛山林木的砍伐增加，使牛山之上的林木被砍伐精光，再加上人们到山上去放牧牛羊，又使山上的草地植被遭到严重破坏，到了战国时期，昔日林密草茂的牛山竟然成为一座寸草不生的秃山，这种翻天覆地的变化毫无疑问是由人类造成的。

同样发生重大变化的还有宋国，据《墨子·公输》记载："荆有长松、文梓、楩楠、豫章，宋无长木，此犹锦绣之与短褐也。"通过这段话，我们可以看到，在人口相对较少的荆楚之地，自然环境的状况还较为良好，然而在地处中原的宋国，由于农业发达，人口较多，对自然资源的需求增大，宋国的资源匮乏，甚至连一棵大树都不好找到，可见宋国森林植被的状况已经发生了巨大变化。

综上所述，从整体上来看，两周时期的森林植被状况处于良好的状态，但这并不是绝对得好，因为在局部地区发生了一定的变化，出现了一些生态环境问题，对此我们要客观地认识到。既不能夸大周代生态环境的良好局面，也不能因为局部的变化而否认整个周代森林植被状况的良好局面。只有客观地看待这个问题，我们才能理智地去进行研究。

第四节　两周时期的野生动物状况

两周时期，中国古代社会发展处于一个较大的变化时期，随着社会生产力的提高、生产工具的改善、生产技术的进步，这一时期的农业取得了很大的发展。出于农业生产的需要，人类不断地砍伐树林、焚烧草地以开垦荒地，同时，农业生产的进步，使农业产量有所增加，农业产量的提高，又保证了社会可以养活更多的人口，人口的增加，也使人类活动的范围更加广泛，从而加大了对生态环境的影响。因此，两周时期的野生动物状况也或多或少地受到人类社会发展的影响。再加上自然环境如气候等的变化，两周时期的野生动物状况发生了一定的变化。变化的程度有多大？范围有多广？这些变化的原因是什么以及变化以后对人类社会产生了什么样的影响，是我们要研究的内容。

一　两周时期野生动物状况及分布

1. 野兽的种类及分布。对于周代野生动物的种类以及分布记载最多的古代文献当属《诗经》[①]，在其收录的从西周到春秋中叶的300多篇诗歌里，有大量关于野生动物的记载，不仅使我们能看到当时野生动物的种类及分布状况，还能看到这些野生动物与人类的关系。

首先看《诗经》之《国风》：《周南·兔罝》："肃肃兔罝，椓之丁丁……肃肃兔罝，施于中逵……肃肃兔罝，施于中林。"说的是编织捕捉兔子的网，然后将其置于四通八达的大路上和树林中。《王风·兔爰》篇："有兔爰爰，雉离于罗……有兔爰爰，雉离于罦……有兔爰爰，雉离于罿。"不仅记载了兔子，还记载了野鸡。《召南·野有死麕》篇："野有死麕……野有死鹿。"是关于野獐子和野鹿的记载；《召南·驺虞》篇："彼茁者葭，壹发五豝，于嗟乎驺虞！彼茁

① （清）王先谦：《诗三家义集疏》，中华书局1987年版。

者蓬，壹发五豵，于嗟乎驺虞！”描写的是猎人用箭射杀野猪的场面。《卫风・有狐》篇：“有狐绥绥，在彼淇梁……有狐绥绥，在彼淇厉……有狐绥绥，在彼淇侧。”反映的是狐狸在淇水旁边出现的场景。而《桧风・羔裘》篇：“羔裘逍遥，狐裘以朝……羔裘翱翔，狐裘在堂……羔裘如膏，日出有曜。”也提到了狐狸，只不过这里说的是用狐狸的毛皮做成了衣服穿。《豳风・狼跋》则记载了狼：“狼跋其胡，载疐其尾。公孙硕肤，赤舄几几。狼疐其尾，载跋其胡。公孙硕肤，德音不瑕。”《唐风・羔裘》篇：“羔裘豹祛……羔裘豹褎。”说的是用豹子皮来做皮衣的袖子。《郑风・大叔于田》：“叔于田，乘乘马，执辔如组，两骖如舞。叔在薮，火烈具举，袒裼暴虎，献于公所。”描写的是大叔打猎时与老虎搏斗的场面。《魏风・伐檀》篇：“不狩不猎，胡瞻尔庭有县貆兮？……不狩不猎，胡瞻尔庭有县特兮？”记载了被人类捕杀的貆和其他野兽的肉。

此外，《诗经》的其他篇章也记载了一些野生动物。如关于野鹿的记载：《大雅・桑柔》篇：“瞻彼中林，甡甡其鹿。”《小雅・鹿鸣》：“呦呦鹿鸣，食野之苹……呦呦鹿鸣，食野之蒿……呦呦鹿鸣，食野之芩。”《大雅・灵台》：“王在灵囿，麀鹿攸伏；麀鹿濯濯，白鸟翯翯。王在灵沼，于牣鱼跃。”可以看出，这时已经开始设置苑囿，饲养和驯化野鹿。《大雅・韩奕》篇：“孔乐韩土，川泽訏訏，鲂鱮甫甫，麀鹿噳噳。有熊有罴，有猫有虎。”不仅记载了野鹿，还记载了老虎、熊、罴等凶猛的野兽。《小雅・吉日》篇：“兽之所同，麀鹿麌麌……发彼小豝，殪此大兕。”既有关于野鹿的记载，还有关于犀牛的记载。《小雅・何草不黄》篇：“匪兕匪虎，率彼旷野……有芃者狐，率彼幽草。”记载了犀牛、老虎和狐狸。

从上述可以看出，这里记载的野生动物有兔子、狐狸、狼、獐子、野鹿、老虎、豹子、熊、罴、犀牛等，分布在周王朝的辖区以及诸侯国的广大地区。

其次，还有其他文献中的资料也能反映出当时野生动物数量庞大、品种丰富。如《逸周书・世俘解》记载周武王狩猎：“武王狩，禽虎二十有二，猫二，麋五千二百三十五，犀十有二，氂七百二十有一，熊百五十有一，罴百一十有八，豕三百五十有二，貉十有八，麈十有六，麝五十，麋三十，鹿三千五百有八。”①《穆天子传》记载周穆王狩猎，“得麋、麇、豕、鹿四百又二十，得二虎，九狼”。周武王在一次狩猎中就捕获各种野兽上万，恰恰证明当时野生动物数量之多和品种之丰富。而《春秋左传》则有很多关于麋鹿的记载，如经庄公十七年记载：“冬，多麋。”《左传·宣公十二年》：“麋兴于前，射麋丽龟。晋鲍癸当其后，使摄叔奉麋献焉。”“楚潘党逐之，及荧泽，见六麋。”《左传·哀公十四年》：“逢泽有介麋焉。”《左传·僖公三十三年》载郑皇武子对秦军说：“郑之有原圃，犹秦之有具圃也，吾子取其麋鹿，以闲敝邑，若何?”《左传·成公十八年》：“筑鹿囿。”

2. 飞鸟、鱼的种类及分布。和野兽相比，关于飞鸟的记载更是随处可见，仍以《诗经》为例来加以论述。

首先看《国风》部的记载：《诗经》之开篇《周南·关雎》：“关关雎鸠，在河之洲。”这里提到的雎鸠是一种水鸟。《周南·葛覃》篇：“黄鸟于飞，集于灌木，其鸣喈喈。”形象地使我们看到了成群的黄莺落在灌木丛上叽叽喳喳地叫着，十分热闹；《秦风·黄鸟》篇也提到了黄莺：“交交黄鸟，止于棘……交交黄鸟，止于桑……交交黄鸟，止于楚。”还有《小雅·黄鸟》篇：“黄鸟黄鸟，无集于榖，无啄我粟……黄鸟黄鸟，无集于桑，无啄我粱……黄鸟黄鸟，无集于栩，无啄我黍。”再如《小雅·绵蛮》篇：“绵蛮黄鸟，止于丘阿……绵蛮黄鸟，止于丘隅……绵蛮黄鸟，止于丘侧。”如此众多的文章都提到了黄鸟，可见其数量之多，与人类关系之密切。《召南·鹊巢》篇：“维鹊有巢，维鸠居之……维鹊有巢，维鸠方之……维鹊有巢，维鸠盈之。”记载了喜鹊和斑鸠两类飞鸟。《邶风·雄雉》篇：“雄雉于飞，泄泄其羽。”提到了雄野鸡。《鄘风·鹑之奔奔》篇：“鹑之奔奔，鹊之彊彊……鹊之彊彊，鹑之奔奔。”描写的鸟是鹌鹑和喜鹊。

① 黄怀信等：《逸周书汇校集注》，上海古籍出版社 1995 年版，第 459—460 页。

《魏风·伐檀》篇：“不狩不猎，胡瞻尔庭有县鹑兮?”也提到了鹌鹑。《唐风·鸨羽》篇：“肃肃鸨羽，集于苞栩……肃肃鸨翼，集于苞棘……肃肃鸨行，集于苞桑。”描写的是成群的鸨鸟。《曹风·鳲鸠》篇：“鳲鸠在桑，其子七兮……鳲鸠在桑，其子在梅……鳲鸠在桑，其子在棘……鳲鸠在桑，其子在榛。”记载了布谷鸟的活动。《豳风风·鸱鸮》篇：“鸱鸮鸱鸮，既取我子，无毁我室。”则记载了鸱鸮这种凶猛的鸟。

其次是《雅》《颂》部关于飞鸟的记载。《大雅·旱麓》篇：“鸢飞戾天，鱼跃于渊。”记载的是鸢这种鸟；《大雅·凫鹥》篇：“凫鹥在泾，公尸来燕来宁……凫鹥在沙，公尸来燕来宜……凫鹥在渚，公尸来燕来处……凫鹥在亹，公尸来止熏熏。”记载了野鸭与鸥鸟在各处的活动。《小雅·鹤鸣》篇：“鹤鸣于九皋，声闻于野。鱼潜在渊，或在于渚……鹤鸣于九皋，声闻于天。鱼在于渚，或潜在渊。”记载了鹤的活动；《小雅·小弁》篇：“弁彼鸒斯，归飞提提。”说的是乌鸦成群地飞回来；《小雅·鸿雁》篇：“鸿雁于飞，肃肃其羽……鸿雁于飞，集于中泽……鸿雁于飞，哀鸣嗷嗷。”则描写了鸿雁的活动；《小雅·沔水》篇：“沔彼流水，朝宗于海。鴥彼飞隼，载飞载止……沔彼流水，其流汤汤。鴥彼飞隼，载飞载扬……鴥彼飞隼，率彼中陵。”记载了隼鸟的情形；《小雅·桑扈》篇：“交交桑扈，有莺其羽……交交桑扈，有莺其领。”记载的是一种叫桑扈的鸟在鸣叫的场面；《小雅·鸳鸯》篇：“鸳鸯于飞，毕之罗之。”记载的是鸳鸯鸟。《周颂·振鹭》篇：“振鹭于飞，于彼西雍。”记载了白鹭鸟。《鲁颂·泮水》篇：“翩彼飞鸮，集于泮林。”这里的飞鸮就是猫头鹰。

从上面的资料中，我们可以看到见于记载的飞鸟有将近 20 种，不仅数量庞大，成群结队地飞翔在河边、林间、空中，而且分布地区广，遍布了当时周王朝都城的周围和封国之内。

另外，《诗经》中还记载了将近 20 种鱼类。如《国风·豳风·九罭》篇：“九罭之鱼，鳟、鲂。”这里提到了鳟鱼和鲂鱼；《国风·陈风·衡门》篇："岂其食鱼，必河之鲂……岂其食鱼，必河之鲤。"记载的是鲂鱼和鲤鱼；《小雅·鱼丽》篇："鱼丽于罶，鲿、鲨……鱼丽于罶，鲂、鳢……鱼丽于罶，鰋、鲤。"记载了鲿、鲨、鲂、鳢、鰋、鲤六种鱼类；《小雅·采绿》篇："其钓维何？维鲂及鱮。"说的是鲂鱼和鲢鱼；《小雅·鹤鸣》篇："鱼潜在渊……鱼在于渚。"《小雅·正月》篇："鱼在于沼。"《小雅·鱼藻》篇："鱼在在藻。"《大雅·文王之什·灵台》篇："王在灵沼，于牣鱼跃。"《周颂·潜》篇："猗与漆沮，潜有多鱼，有鳣有鲔，鲦鲿鰋鲤。"类似记载，非常之多，限于篇幅，不再赘述。

二　野生动物分布的变化——以大象和犀牛为例

大象和犀牛都是热带动物，适合生活在热带地区。在今日中国的黄河流域已经没有野生大象和犀牛存在。但是学者们经过研究，一致认为在中国古代的商周时期北方以及中原地区曾经存在大量的野象和犀牛。如《吕氏春秋·古乐》篇曰："殷人服象，为虐于东夷。周公以师逐之，至于江南。"《孟子·滕文公下》也记载说："周公相武王诛纣……驱虎、豹、犀、象而远之。"上述两场战役都发生在中国的黄河流域一带，说明当时这些地区确实有很多大象生存。《诗经·小雅·吉日》篇"发彼小豝，殪此大兕"的记载和《诗经·小雅·何草不黄》篇"匪兕匪虎，率彼旷野"的文字及《孟子·滕文公下》的记载都表明在西周时期黄河流域确实生活着犀牛。

而考古发现则进一步证实了文献记载，如考古学家在安阳殷墟经过多次的发掘，发现大量的野生动物骨骼，其中就有大象和犀牛。[1]陈梦家先生经过研究，发现关于犀牛记载的甲骨有100多片[2]，可见其数量之大。但是野象和犀牛在黄河流域的记载和发现也仅限于此

① 陈梦家：《殷墟卜辞综述》，中华书局1988年版，第555页。
② 同上书，第552页。

一时期，之后在黄河流域再也见不到野象和犀牛的踪影。原来在黄河流域属于常见野生动物的大象和犀牛，到了西周后期和东周时期，则成为其他方国向中原大国进贡的主要贡品。如《竹书纪年》："魏襄王七年……越王使公师隅来献乘舟……犀角象齿焉。"[①] 这个记载说明当时在黄河流域已经没有大象和犀牛，对于黄河流域的人民来说，这都是珍贵物品，因此来自南方的越王使者才会将其献给魏襄王。

事实大致如此，在当时的文献记载中，北方各国和地区已经不见关于犀牛和大象的记载，对它们的记载主要是南方的诸侯国和地区。如《国语・楚语下》载王孙圉言曰："龟、珠、角、齿、皮、革、羽、毛，所以备赋，以戒不虞者也。"这里的角为犀牛角，而齿则是象牙，就是要将包括犀牛角和象牙在内的一些物品收藏好，以应对紧急情况的发生；而《战国策・楚策一》说楚宣王："游于云梦，结驷千乘，旌旗蔽日，野火之起也若云霓，兕虎嗥之声若雷霆，有狂兕牂车依轮而至，王亲引弓而射，壹发而殪。"说的是楚宣王到云梦泽打猎，惊吓了犀牛和老虎等野兽，导致一头犀牛冲撞了宣王所乘之车，宣王用箭射死了它，这也是楚国有犀牛的记载；《墨子・公输》谈到楚国的物产时说："荆有云梦，犀、兕、麋、鹿满之，江汉之鱼、鳖、鼋、鼍，为天下富。"墨子认为楚国的云梦地区充满了犀牛、麋鹿等野兽，十分富足。由此看来，楚国犀牛众多，在当时基本上是一种常识了。而黄河流域地区，犀牛和大象再也难见，只能成为一个回忆了，就像《国语・晋语八》里叔向所言："昔我先君唐叔射兕于徒林。"可见当时黄河流域确实是没有这些野生热带动物了，以往的射杀犀牛只能成为往事了。

由此可见，在两周时期，野生动物的分布确实发生了变化。对于引起野生动物分布发生变化的原因，文焕然认为："造成野象分布北界南移的总趋势之原因是多方面的，主要还在于野象的自身习性的限

---

① 方诗铭、王修龄：《古本竹书纪年辑证》，上海古籍出版社 2005 年版，第 158 页。

制、自然环境的变化以及人类活动的影响等，这些因素相互联系，又相互制约，对野象变迁产生综合作用。”① 事实正是这样，两周时期的气候经历了一个变迁过程，气候的变迁必然导致喜欢适宜温度的野生动物之变迁，这是毫无疑问的。再加上一些人为因素的影响，更加促使了这些野生动物的迁徙。

第五节 两周时期的水资源状况

人类生活的地球百分之七十以上是海洋，水占了地球的绝大部分。生活在地球之上的人类与水的关系十分密切，人类的文明滋生于水，早期的人类文明多形成于河流之旁，中国也是如此，我们的黄河文明与长江文明都是在河流旁边形成的文明，是黄河与长江孕育了中华文明。也正因为如此，人类产生以后就开始关注水，记录了他们关于水的认识、水给人类造成的灾难、人类的治水等，所以古代中国文献关于水的记载非常之多，这就为我们探讨两周时期的水资源状况提供了很多丰富而又珍贵的资料。

一 川泽众多、河流密布

两周时期，在中国分布着很多川泽，按照古人的记载，当时的所谓九州中均有一个很大的泽薮，如《周礼·夏官·职方氏》所载：“东南曰扬州，其山镇曰会稽，其泽薮曰具区，其川三江，其浸五湖……正南曰荆州，其山镇曰衡山，其泽薮曰云梦，其川江汉，其浸颍湛……河南曰豫州，其山镇曰华山，其泽薮曰圃田，其川荥雒，其浸陂溠……正东曰青州，其山镇曰沂山，其泽薮曰望诸，其川淮泗，其浸沂沭……河东曰兖州，其山镇曰岱山，其泽薮曰大野，其川河泲，其浸卢维……正西曰雍州，其山镇曰岳山，其泽薮曰弦蒲，其川泾汭，其浸渭洛……东北曰幽州，其山镇曰医无闾，其泽曰貕养，其

① 文焕然等：《中国历史时期植物与动物变迁研究》，重庆出版社 1995 年版，第 208 页。

川河泲……河内曰冀州，其山镇曰霍山，其泽薮曰杨纡，其川漳，其浸汾露……正北曰并州，其山镇曰恒山，其泽薮曰昭馀祁，其川虖池呕夷，其浸涞易。”这里所说的具区、云梦、圃田、望诸、大野、弦蒲、貕养、杨纡、昭馀祁九个泽薮，到了汉代依然存在，东汉学者应劭在其著作《风俗通义》里说道：“今汉有九州之薮，扬州曰具区，在吴县之西；荆州曰云梦，在华容县南，今有云梦长掌之；豫州曰圃田，在中牟县西；青州曰孟诸，不知在何处；兖州曰大野，在钜鹿县北；雍州曰弦蒲，在汧县北蒲谷亭；幽州曰奚养，在虒县东；冀州曰泰陸，在钜鹿县西北；并州曰昭馀祈，在邬县北。”[①] 这些薮泽到了汉代还分布在全国各地，据此完全可以肯定在两周时期它们是一直存在的，是周代丰富的水资源之一。

除此之外还有很多泽薮分布在各地。《左传》也有记载，下面以表格列出。

表 1－1　　**文献记载两周时期沼泽**

名称	位置	文献出处
蒙泽	今河南商丘市东北	庄公十二年
荧泽	今河南浚县西	闵公二年
狼渊	今河南许昌市西	文公九年
荥泽	今河南荥阳市北	宣公十二年
修泽	今河南原阳县西	成公十年
鸡泽	今河北永年县东	襄公三年
阿泽	今山东阳谷县东	襄公十四年
澶渊	今河南濮阳西	襄公二十年
棘泽	今河南新郑市	襄公二十四年
洧渊	今河南新郑市	昭公十九年
沛泽	今江苏沛县境内	昭公二十年
萑苻泽	今河南中牟县东	昭公二十年
大陆泽	今河南修武、获嘉一带	定公元年

① （东汉）应劭：《风俗通义校释》，吴树平校释，天津人民出版社 1980 年版，第 384 页。

续表

名称	位置	文献出处
黄池	今河南封丘县南	哀公十三年
逢泽	今河南商丘市南	哀公十四年
空泽	今河南虞城县东北	哀公二十六年

另外，还有很多我们今天不知道具体位置的泽薮，如《左传》僖公二十二年所载之“柯泽”，《左传》成公十六年记载的“汋陂”，成公十二年提到的“琐泽”，《左传》昭公二十六年记载的“圉泽”等。

据邹逸麟统计：“根据反映六世纪前我国河流地貌的《水经注》记载，当时黄淮海平原上被称为湖、泽、陂、塘、渊、淀、渚、池、潭、薮、坑的大小湖沼、积水洼地竟有一百八十余处之多。先秦西汉时代出现的湖沼绝大部分还存在。我们有理由相信这一百八十余的湖沼中的大多数，在先秦时代已经形成，只是因为当时没有一部像《水经注》那样专门记述河流湖沼的专著流传下来罢了。”[①] 可见，两周时期，大小泽薮数量众多，遍布全国各地，成为周代重要的水资源。这些泽薮之中生存着大量的鱼类生物，为古人提供了丰富的食品来源。泽薮之中，植物同样十分茂盛，各种草木丛生，形成了良好的生态环境。

除了这些泽薮，当时河流也很多，《周礼·夏官·职方氏》中记载了很多河流。如扬州的三江、荆州的江汉、青州的淮泗、兖州的河泲、雍州的渭洛、冀州的漳水等，反映出在当时的中国河流密布之情形。此外，《诗经》也记载了很多河流，如黄河，《国民·卫风·硕人》篇曰：“河水洋洋，北流活活。”描写了黄河水滚滚下流的情景；再如长江和汉水，《大雅·江汉》篇云：“江汉浮浮，武夫滔滔……江汉汤汤，武夫洸洸。”记载了长江和汉水两条大江江水充足的情形；《大雅·常武》篇道：“如飞如翰，如江如汉。”也提到了长江和汉

① 邹逸麟：《历史时期华北大平原湖沼变迁述略》，载《历史地理》（第五辑），上海人民出版社 1987 年版，第 27—28 页。

水；《国风·周南·汉广》篇："汉有游女，不可求思。汉之广矣，不可泳思。江之永矣，不可方思。"则是关于汉水的记载；《国风·召南·江有汜》篇："江有汜，之子归，不我以……江有渚，之子归，不我与……江有沱，之子归，不我过。"是关于长江的描写。

除了长江与黄河以外，还有很多河流在《诗经》中均有记载，兹列如下：

渭河："我送舅氏，曰至渭阳。"《国风·秦风·渭阳》

"在洽之阳，在渭之涘……文定厥详，亲迎于渭。造舟为梁，不显其光。"《大雅·大明》

"在渭之将，万邦之方。"《大雅·皇矣》

"涉渭为乱，取厉取锻。"《大雅·公刘》

泾水："淠彼泾舟，烝徒楫之。"《大雅·棫朴》

"凫鹥在泾，公尸来燕来宁。"《大雅·凫鹥》

"泾以渭浊，湜湜其沚。"《国风·邶风·谷风》

"侵镐及方，至于泾阳。"《小雅·六月》

淇河："送我乎淇之上矣。"《国风·鄘风·柏舟》

"瞻彼淇奥，绿竹猗猗……瞻彼淇奥，绿竹青青……瞻彼淇奥，绿竹如箦。"《国风·卫风·淇奥》

"泉源在左，淇水在右……淇水在右，泉源在左。"《国风·卫风·竹竿》

"有狐绥绥，在彼淇梁……有狐绥绥，在彼淇厉……有狐绥绥，在彼淇侧。"《国风·卫风·有狐》

"来即我谋，送子涉淇……淇水汤汤……淇则有岸，隰则有泮。"《国风·卫风·氓》

"毖彼泉水，亦流于淇。"《国风·邶风·泉水》

沮水和漆水："民之初生，自土沮漆。"《大雅·绵》

丰水："丰水东注，维禹之绩……丰水有芑，武王岂不仕。"《大雅·文王有声》

洛水："瞻彼洛矣，维水泱泱。"《小雅·瞻彼洛矣》

济水："匏有苦叶，济有深涉。"《国风·邶风·匏有苦叶》

溱水与洧水："子惠思我，褰裳涉溱……子惠思我，褰裳涉洧。"《国风·郑风·褰裳》

"溱与洧，方涣涣兮……溱与洧，浏其清矣。"《国风·郑风·溱洧》

泮水："思乐泮水，薄言其芹……思乐泮水，薄言其藻……思乐泮水，薄采其茆。"《鲁颂·泮水》

汾河："彼汾沮洳，言采其莫……彼汾一曲，言采其藚。"《魏风·汾沮洳》

汶水："汶水汤汤，行人彭彭。"《国风·齐风·载驱》

沔水："沔彼流水，朝宗于海……沔彼流水，其流汤汤。"《小雅·沔水》

上述只是见于《诗经》记载的大部分河流而非全部，这已足以说明当时河流众多、水源充足的状况。有学者专门对《诗经》所记载的河流做过统计，如金戈认为："在《诗经》中，记述古代先民在江河两岸繁衍生息、劳动生活的诗，就有六七十首之多，涉及的河流有20多个，除了大家熟知的黄河、长江、淮水、汉水、济水、渭水、泾水之外，还有淇水、汝水、溱水、洧水、汶水、汾水、漆水、沮水、滮水、洽水、杜水、丰水、泮水等河流。"[①] 这正好和上述引文相符合，进一步证实了当时河流众多的真实性。

二　水源充足、水流清澈

如此众多的薮泽和河流，为周代社会提供了丰富且充足的水源。当时不仅水源充足，而且这些河流的河水也都清澈见底，水质良好。对此，《诗经》有很多生动的描绘，如《小雅·瞻彼洛矣》篇说洛

① 金戈：《〈诗经〉与水》（上），《海河水利》2002年第3期。

水："瞻彼洛矣，维水泱泱。"《国风·齐风·载驱》篇说汶水："汶水汤汤，行人彭彭。"《国风·卫风·氓》篇说淇河："淇水汤汤。"《国民·卫风·硕人》篇曰："河水洋洋，北流活活。"《大雅·荡之什·江汉》篇云："江汉浮浮，武夫滔滔……江汉汤汤，武夫洸洸。"《国风·邶风·新台》篇："新台有泚，河水弥弥。新台有洒，河水浼浼。"《小雅·沔水》篇："沔彼流水，朝宗于海……沔彼流水，其流汤汤。"这些记载都使我们看到这些河流水源充足，声势浩大滚滚而下的情形。

这些河流不仅水源充足，而且水质非常好，古人在缓缓流淌的河边休息、劳动，其乐无穷。如《国风·郑风·溱洧》记载郑国的溱河和洧河："溱与洧，方涣涣兮……溱与洧，浏其清矣。"意思是说溱水与洧水河水清澈，是谈情说爱的好地方；《国风·魏风·伐檀》则记载了伐木者在清澈的河边劳动的情形："坎坎伐檀兮，置之河之干兮。河水清且涟猗……坎坎伐辐兮，置之河之侧兮。河水清且直猗……坎坎伐轮兮，置之河之漘兮。河水清且沦猗。"《鲁颂·泮水》："思乐泮水，薄采其芹……思乐泮水，薄采其藻……思乐泮水，薄采其茆。"反映的是人们在美丽的泮水河边采摘劳作、娱乐的场景。同样的记载还见于《国风·召南·采蘋》："于以采蘋，南涧之滨。于以采藻，于彼行潦。"以及《国风·召南·采蘩》："于以采蘩，于沼于沚……于以采蘩，于涧之中。"充足的水源、干净的水质，使河边、涧头到处长满了藻类植物，人们出于各种需要，对其加以采摘。

清澈透明而又缓缓流淌的河水，加上河边水中郁郁葱葱的植被，使人们情不自禁泛舟水上，享受这美好环境。《诗经》中对于当时人们泛舟水上的描写也很多，如《国风·邶风·二子乘舟》篇："二子乘舟，泛泛其景……二子乘舟，泛泛其逝。"说的是两个年轻人泛舟水上的悠哉生活；《小雅·菁菁者莪》："泛泛杨舟，载沉载浮。"《国风·邶风·柏舟》篇："汎彼柏舟，亦汎其流。"说的是柏木舟顺水漂流的情形，因为河水平缓，所以不用担心小舟被水打翻；《国风·鄘风·柏舟》篇："泛彼柏舟，在彼中河。"划着一艘柏舟，居然到了河的中间；而《国风·卫风·竹竿》篇则说："淇水滺滺，桧楫松舟。驾言出游，以写我忧。"意思是遇到了不开心的事情，划着小舟到河里游玩一番就能化解心中的郁闷；《国风·陈风·衡门》篇更是言曰："泌之洋洋，可以乐饥。"意思是欣赏着缓缓流淌的泌河之水，能让人高兴地忘掉饥饿，由此可见这清澈河水的诱人。也许，这就是优美自然环境的作用。

总之，两周时期，气候经历了一个较大的变化过程，当然，气候的变迁只是对当时的生态环境产生一定的影响而不会对其造成显著的破坏。而不断发生的各种自然灾害尤其是地震则会导致自然环境的显著变化，其他各种自然灾害如水旱灾害也会对生态环境以及人类的生活环境产生重大的影响。陈业新说："水旱灾害的发生，与其所在地区的自然环境相关度最为密切。因此，一定时期内该地区水旱灾害次数的多少，是其生态环境良窳状况的显著标志。"[①] 事实正是如此，两周时期频繁发生的自然灾害必定会对其生态环境产生一定的影响，然而相对后世社会来说，这一时期的水旱灾害次数相对较少，因此对生态环境的影响也不及后世显著。同时，受当时社会生产水平、人口及其对自然资源的消耗等的影响，从整体上相对来说，两周时期的生态环境处于一个较好的状况，这是毋庸置疑的。这种良好局面的形成，一方面是由于人类社会还没有到达严重破坏生态环境的程度；另一方面则是由于两周时期的中国古人已经能够在一定程度上意识到人与自然环境的密切关系，认识到生态环境对于人类社会自身的重要作用，因此能够采取一些措施来保护生态环境。这对于当时良好生态环境状况的保持，也是十分重要的。

---

① 陈业新：《中国历史时期的环境变迁及其原因初探》，《江汉论坛》2012 年第 10 期。

第二章　两周时期影响生态环境的社会因素分析

第一节　农业文明对生态环境的影响

一　历史悠久的农业文明

我国农业不仅起源久远，而且文明积淀深厚，厚重的农业文明对中国古代社会诸方面产生了巨大的影响，张岱年说："中国古代的哲学理论、价值观念、科学思维以及艺术传统，大都受到农业文化的影响。"[①] 朱松美则认为："农业的产生是人类发展史上的第一次巨大飞跃，它成为一切文明的基础。"[②] 可以说，中华五千年灿烂文明与农业文明有着密不可分的关系。悠久的农业文明，对古代社会诸方面都会产生影响。

对于我国农业出现的时间，国内学界的意见基本一致，他们认为我国原始农业始于一万年前左右，如李根蟠、苏秉琦、朱士光等知名农业史家、考古学家、历史地理学家为代表的学者都持这一看法，而且他们均认为农业对生态环境有着较大的影响。如苏秉琦指出："距今一万年以来，从文明产生的基础——农业的出现，刀耕火种，毁林种田，直到人类文明发展到今天取得巨大成就，是以地球濒临毁灭之灾为代价的。"[③] 他认为由于农业生产的出现，打破了人与自然的和

① 邹德秀：《中国农业文化》，陕西人民出版社 1992 年版，序言。

② 朱松美：《周代的生态保护及其启示》，《济南大学学报》2002 年第 2 期。

③ 苏秉琦：《中国文明起源新探》，辽宁人民出版社 2009 年版，第 156 页。

谐，人类开始能动地影响生态环境，并最终造成了严重的生态环境问题；朱士光认为："距今约一万年前之新石器时代，由于先民开始从事原始农牧业生产与制陶、琢玉等手工业活动，因而也开始对周围环境有了较明显的影响。自那时以来，特别是在距今五千年前后，世界上许多地区先后迈入文明门槛建立国家，在人口不断增加与生产技术持续发展的驱策下，人类拓殖的区域范围不断扩大，开发经营的程度不断加深，导致生态环境之变迁也更加明显。"① 在他看来，影响生态环境的因素有很多，但是其中最为重要的因素之一就是农业。

据考古发现，远在距今六七千年以前的母系氏族公社时期，我国古人已经开始进行农业生产。考古工作者在半坡和河姆渡等遗址均发现了大量用于农业生产的石铲、石锄、石刀、木耒、石耜、骨耜等农具，在这些遗址还发现了粟、稻谷等遗物。这些发现不仅充分证明我国有着悠久的农业生产历史，也反映了我国古代农业所取得的成就和地位。与考古发掘相对应，古代文献也记载了我国农业起源于遥远的神农、黄帝时期。如《易·系辞下》曰："神农氏作，斵木为耜，揉木为耒，耒耨之利，以教天下。"《淮南子·修务训》云："神农乃始教民播种五谷，相土地宜燥湿肥墝高下，尝百草之滋味，水泉之甘苦，令民知所辟就。"②《白虎通·号篇》道："神农因天之时，分地之利，制耒耜，教民农作。神而化之，使民宜之，故谓之神农也。"③ 这些记载都说明，在古人眼里，神农氏时代我国已经产生了农业。而另外一些文献则记载说我国农业源起于黄帝时期，如《大戴礼记·五帝德》曰："（黄帝）时播百谷草木，故教化淳鸟兽昆虫。"《史记·五帝本纪》："（黄帝）时播百谷草木，淳化鸟兽虫蛾。"

对于人类社会来说，食物是人类得以生存的最基本条件。在古代，食物的来源很多，但是最为可靠的来源还是农业，它较之狩猎和

---

① 朱士光：《遵循"人地关系"理念，深入开展生态环境史研究》，《历史研究》2010年第1期。

② 何宁：《淮南子集释》，中华书局1998年版，第1311页。

③（清）陈立：《白虎通疏证》，吴则虞点校，中华书局1994年版，第51页。

采集的不确定性，相对来说能为人类提供更稳定的食物。因此，农业一经出现，就日益受到人类的重视，农业也逐渐地发展起来，奠定了我国古代农业文明的基础，并被后世社会传承、延续下去。《论语·泰伯》记载大禹“尽力乎沟洫”，而《世本·作篇》则说“伯益作井”，以发展农业生产。商朝的农业生产则有了较大的发展，甲骨文较为详细地为我们记载了当时的生产工具、作物及生产方式，使我们认识到商朝农业发展的真实情况。

而在周王朝的兴起过程中，农业文明更是发挥了十分重要的作用，《史记·周本纪》说周的始祖弃：“好种树麻、菽，麻、菽美。及为成人，遂好耕农，相地之宜，宜谷者稼穑焉，民皆法则之。帝尧闻之，举弃为农师，天下得其利，有功。”[①]《诗经·鲁颂·閟宫》有同样记载：“是生后稷，降之百福。黍稷重穋，稙稺菽麦，奄有下国，俾民稼穑。”这里的后稷即弃，他教人民种植各种农作物；《诗经·大雅·生民》说得更加具体：“艺之荏菽，荏菽旆旆，禾役穟穟，麻麦幪幪……诞后稷之穑，有相之道。茀厥丰草，种之黄茂。”意思是后稷擅长农业，能种植各种农作物，而且都长得非常茂盛。可见，农业在周朝有着深厚的渊源和基础。后稷之后的公刘“复修后稷之业，务耕种，行地宜，自漆、沮度渭，取材用，行者有资，居者有畜积，民赖其庆。百姓怀之，多徙而保归焉。周道之兴自此始”。[②] 公刘继续致力于农业发展，选择合适的地方发展农业生产，并取得了极大的成功，吸引了很多人民纷纷投奔他。因此，农业对于周王朝的兴起起到了至关重要的作用，这也使得周朝历代统治者十分重视农业，并成为周人的一个传统。《史记·货殖列传》记载说关中地区“其民犹有先王之遗风，好稼穑，殖五谷”。就此来看，周代必定十分重视农业生产的发展。而农业的发展，必定会对生态环境产生或多或少的影响。

---

① （汉）司马迁：《史记》，中华书局1959年版，第112页。

② 同上。

李根蟠从农业自身的特性分析了农业对生态环境的影响，他说："自然环境为农业生产提供了赖以开展的地盘，因此，农业与自然条件的关系特别密切是不言而喻的……因此，在农业生产中，人们不是简单地适应自然条件，更重要的是能动地改造自然条件"[1]。从事农业生产就要改造自然条件，必定会影响生态环境，造成生态环境的变化；黄其煦也认为："农业的发生，就是人不再单纯地仰仗环境，利用环境，而是第一次转而破坏旧有的生态平衡，开发环境，把人的因素带到整个自然界的平衡中去。"[2] 正是由于人的能动性进入了自然界，人类开始主动地去改变生态环境，并促成了生态环境不断的变化。

可见，任何一种生产方式，都必须在自然环境中去开展。农业生产更离不开自然环境，离开了生态环境，农业生产便也无从谈起。但是农业生产势必会对其所依赖的生态环境产生影响，会使自然环境为了适应农业生产而产生一定的变化，从而导致生态环境的变化，这是任何时代、任何社会的农业生产都无法避免的客观事实。只有承认了这一事实，我们才能客观、正确地去研究农业生产与生态环境的关系，才能认识农业生产对生态环境的影响。

二　刀耕火种对周代生态环境的影响

刀耕火种又称"刀耕火耨"，其具体做法就是将树木灌草砍伐之后进行焚烧，然后辟出地面作为耕地以播种农作物。这种生产方式在我国由来已久，其最早可以上溯到黄帝时期，据《管子·揆度》篇记载："黄帝之王……烧山林，破增薮，焚沛泽，逐禽兽，实以益人，然后天下可得而牧也。"说的是在黄帝时期通过刀耕火种，古人取得土地，从事农业生产的事迹。受古代社会生产力水平的制约，这种生

---

① 李根蟠：《试论中国古代农业史的分期和特点》，载《中国古代经济史诸问题》，福建人民出版社 1990 年版，第 102 页。

② 黄其煦：《农业起源的研究与环境考古学》，载《中国原始文化论集》，文物出版社 1989 年版，第 73 页。

产方式一直被继承下来，如《大戴礼记·五帝德》记载说舜："使益行火，以辟山莱。"《孟子·滕文公上》也记载："舜使益掌火，益烈山泽而焚之，禽兽逃匿。"说的都是一件事情，即舜命令益用火焚烧山林，以获得耕地。据此可见，刀耕火种在我国古代起源很早，其对农业生产及生态环境的影响自然也很深远。

关于刀耕火种对生态环境是否造成影响在学术界还存在一定的分歧。蓝勇认为："在远古时期，蛮荒四野，人少林多，人类利用火种方式烧山，使猛兽出没威胁人类基本生存的森林部分变成耕地，这无论从哪个方面来看都应是一种进步，自然不可简单地与今天的'乱砍滥伐'造成水土流失挂上号。"[①] 字里行间我们不难看出，他对刀耕火种对生态环境的影响是持否定态度的。李根蟠则认为刀耕火种对生态环境造成了影响，他说："原始农业以砍烧林木获得可耕地和灰烬为其存在前提，它的积极意义在于开始了人类通过自己的活动增殖天然产品的过程，开拓人类新的活动领域和空间，但它在进行生产的同时，破坏了自身再生产的条件。"[②]

结合这些学者的意见，我们再来考察一下当时的生态环境状况，然后再来判断刀耕火种对生态环境是否会造成影响。《孟子·滕文公上》说："当尧之时，天下犹未平，洪水横流，泛滥于天下，草木畅茂，禽兽繁殖，五谷不登，禽兽逼人，兽蹄鸟迹之道交于中国。尧独忧之，举舜而敷治焉。"通过这段话我们可以看到当时的生态环境状况是草木茂盛，禽兽众多。但是由于耕地很少，难以满足人类生存的需要，因此尧命令舜对这种状况进行治理，于是舜派益焚烧山林，驱赶野兽，开辟耕地，发展农业，以满足人类生存和发展的需要。这样的记载也见于上引《管子·揆度》篇之中，可见当时的社会管理者为了发展农业，都采取了刀耕火种的做法，以发展农业，而其对生态环

---

① 蓝勇：《"刀耕火种"重评——兼论经济史研究内容和方法》，《学术研究》2000年第1期。

② 李根蟠：《试论中国古代农业史的分期和特点》，载《中国古代经济史诸问题》，福建人民出版社1990年版，第98页。

境的改变就是不可避免的了。

由于生产工具的落后，社会生产力的低下，到了周代，刀耕火种依然是当时普遍采用的农业生产方式，对此相关文献不乏记载，如《诗经·大雅·旱麓》篇曰："瑟彼柞棫，民所燎矣。"就是用火烧掉柞树和棫树，以开垦耕地；再如《诗经·周颂·载芟》篇："载芟载柞，其耕泽泽。千耦其耘，徂隰徂畛。侯主侯伯，侯亚侯旅。"[①] 意思是除掉草和树木，以开垦耕地，而且规模浩大，上千人在国君的带领下展开了这次运动；还有《诗经·周颂·良耜》篇："畟畟良耜，俶载南亩。播厥百谷，实函斯活……其镈斯赵，以薅荼蓼。荼蓼朽止，黍稷茂止。"[②] 说的是用犁除去荼草和蓼草，使谷子和高粱茂盛成长。而《礼记·王制》则记载了有关于火田的规定："昆虫未蛰，不以火田。"说明周人经过长期的实践，已经发现了火田所适用的季节，这对于这种生产方式的推广，无疑起到了很大的作用。《左传》对此也有记载，如桓公七年"春二月己亥，焚咸丘"。杜注曰："焚，火田也。"再如昭公十六年记载郑国东迁至虢、郐时，"庸次比耦，以艾杀此地，斩之蓬蒿藜藋"。为了发展农业生产，对灌木丛生的虢、郐之地进行了砍伐；还有襄公十四年载姜戎氏首领言曰："（惠公）赐我南鄙之田，狐狸所居，豺狼所嗥。我诸戎除剪其荆棘，驱其狐狸豺狼。"是在追溯其先民在南鄙之田砍伐荆棘，发展农业的历史。而《盐铁论·轻重》篇则记载齐国初建时，面临着同样的情形："昔太公封于营丘，辟草莱而居焉。"

可见，刀耕火种是周代发展农业时非常普遍的一种做法，其最为直接的目的就是获得耕地，如《管子·轻重甲》篇说得就非常明白："齐之北泽烧，火光照堂下。管子入贺桓公曰：'吾田野辟，农夫必有百倍之利矣。'"意思是齐国为了发展农业生产而放火焚烧北泽，这种做法不仅没有受到批判，还得到了赞同，如管仲就因此向齐桓公祝贺

---

① （清）王先谦：《诗三家义集疏》，中华书局1987年版，第1046页。

② 同上书，第1049—1050页。

说田野得到开辟，农民可以多收入百倍的作物。

正因为刀耕火种如此普遍，才促使周代设有专门负责焚烧林木的官员，《周礼·秋官》记载有柞氏、薙氏等官员，其职责如下：“柞氏，掌攻草木及林麓。夏日至，令刊阳木而火之。冬日至，令剥阴木而水之。若欲其化也，则春秋变其水火。凡攻木者，掌其政令。”“薙氏，掌杀草。春始生而萌之，夏日至而夷之，秋绳而芟之，冬日至而耜之。若欲其化也，则以水火变之。掌凡杀草之政令。”也就是说柞氏、薙氏等官员的职责就是负责执行并指导人们在合适的季节砍伐焚烧相应的树木，可见国家对这项事务的重视程度之高。在这种政策的鼓励和督促下，各级官员定会不遗余力，刀耕火种，发展农业，以求得政绩。

但是我们不难想到刀耕火种的后果：大量葱葱郁郁的森林草木被焚烧干净，大片的林地变成了耕地，这直接导致生态环境面貌发生了根本变化。同时，众多以树林为栖身地的禽兽失去了乐园，被迫远走他乡另寻栖息觅食之地，这是对生态环境的间接影响，但这种影响是存在的。还需要指出的是，由于周代农业生产水平的落后，在施肥技术还没有出现以及使用之前，土地的墒情在一年内难以为继，也就是说通过刀耕火种得到的耕地一年后就失去了肥力，难以在上面继续种植庄稼。于是人们就再次刀耕火种，开辟另外新的耕地，如此循环往复的恶性循环，必将导致烧掉砍掉越来越多的树木草丛，赶跑吓跑越来越多的飞禽走兽，导致生态环境发生巨大的变化。

总之，从原始农业开始产生直到周代，刀耕火种始终是古代社会一种重要的农业生产方式，也是当时各国获得耕地的惯用手段。这样就使刀耕火种持续时间长而且范围广大，如此长期的大面积刀耕火种，必定会对生态环境造成影响，并且导致生态环境的变迁。时至周代，各种保护生态环境的思想和理论也如雨后春笋，蓬勃发展，恰恰说明周代已经出现了较为严重的生态环境问题。这些问题及其所引发的其他社会问题都引起了当时政治家、思想家的关注，他们经过思考后，认识到生态环境保护的重要性，从而有的放矢，著书立说，阐述其保护生态环境的主张，开启了我国古代生态文明时代的到来。

三　周代农业生产工具和生产技术的进步

1. 农业生产工具的进步。两周时期，农业生产工具发生了质的飞跃，即由原来的石器木器发展为铁器，这种质的变化使两周时期农业发展的程度不同，也使其对生态环境的影响程度有所不同。

西周时期的农业生产工具并不比其前代进步多少，当时的农具主要是木器和石器，同时也使用骨制和蚌制农具。因为木器容易腐烂不好保存，所以考古发现的木器数量较少。但考古工作者在西周遗址却挖掘出很多石器诸如石铲、石刀、石斧等，可以证实石器是当时大量使用的工具，学者据此认为："西周时期的农业工具严格地讲与新石器时代没有本质的区别，仍以石器为主。"① 杨宽先生通过深入研究，不仅证实了西周时期木制农具依然在大量使用，还指出当时的木质生产工具主要是耒和耜。② 因此我们可以断定，西周时期，占主要地位的生产工具主要是木器和石器。虽然考古工作者还发现了西周的青铜农具，如鎛（铲）、銛、锛（斧）、镰等，但是一来其数量很少，二来青铜器较为贵重不可能大批量作为农具，因此青铜器在当时不占主导地位。正如杨宽先生所言："青铜比较贵重，当然不可能像冶铁技术发展后铁农具那样普遍。"③ 由于青铜比较贵重，所以不可能成为普遍使用的农具。因此，张光直先生说："在整个的中国青铜时代，金属始终不是制造生产工具的主要原料；这时代的生产工具仍旧是由石、木、角、骨等原料制造。"④ 所以，西周时期的农业生产工具仍然还是比较落后和简陋的，因此其农业生产水平也较为低下，对于当时的生态环境影响也相对较小。

到了春秋时期，社会生产力取得一定的发展，当时的人们已经能

① 张之恒、周裕兴：《夏商周考古》，南京大学出版社 1995 年版，第 259 页。
② 杨宽：《西周史》，上海人民出版社 1999 年版，第 224—229 页。
③ 同上书，第 229—230 页。
④ 张光直：《中国青铜时代》，生活·读书·新知三联书店 1983 年版，第 11 页。

够冶铁并冶造铁器，如《左传·昭公二十九年》记载："晋赵鞅、荀寅师城汝滨，遂赋晋国一鼓铁，以铸刑鼎。"这是我国古代最早开始使用生铁铸造器物的记载，《国语·齐语》也有类似记载："恶金以铸鉏、夷、斤、斸，试诸壤土。"说的是管仲向齐桓公建议用生铁铸造农具。这些文献记载得到了考古发现的印证，近年来，我国考古发掘了大量春秋时代的铁器，证明当时已经能够制造和使用铁器。然而这些铁器中以兵器居多，农具的数量很少。[①] 根据这些发现，学者们认为："春秋时期铁工具的使用还是很有限的，无论是江南或中原地区，青铜工具及石、骨、蚌等工具还普遍存在。在春秋中晚期的生产工具中，铁农具不仅没有代替青铜工具，也没有挤排掉石、骨、蚌等工具。"[②] 这种看法是非常正确的。

到了战国时期，铁制农具开始得到了广泛的使用。文献对此记载很多，如《孟子·滕文公下》曰："许子以釜甑爨，以铁耕乎?"记载了许行使用铁制农具耕田的事实；《管子·海王》篇云："今铁官之数曰……耕者必有一耒、一耜、一铫。"说明当时已有专门的官员即"铁官"负责铁制农具的生产和分配，《管子·轻重乙》篇载有同样的内容，这些记载反映了铁制工具已经使用的事实。

而考古发掘则进一步印证了上述文献记载内容，如在河北省兴隆县大副将沟燕国冶铁遗址出土了一批铁制铸范，共 42 副 87 件，包括锄范、镰范、䦆范、斧范等；[③] 河北石家庄市市庄村的赵国遗址也出土了一批铁器。[④] 在河南新郑郑韩故城遗址也出土了大量的铁制农具；[⑤] 在辽宁省鞍山羊草庄、抚顺莲花堡等战国遗址均有䦆、锄、铲、刀等铁器出土，而莲花堡遗址出土铁器达 80 余件，且以农具为主。[⑥]

---

① 顾德融、朱顺龙：《春秋史》，上海人民出版社 2001 年版，第 166—167 页。

② 周自强主编：《中国经济通史》，《先秦经济卷》（下），经济日报出版社 2000 年版，第 1122 页。

③ 郑绍宗：《热河兴隆发现的战国生产工具铸范》，《考古通讯》1956 年第 1 期。

④ 河北省文物管理委员会：《河北省石家庄市市庄村战国遗址的发掘》，《考古学报》1957 年第 1 期。

⑤ 刘东亚：《河南新郑仓城发现战国铸铁器范》，《考古》1962 年第 3 期。

⑥ 王增新：《辽宁抚顺市莲花堡遗址发掘简报》，《考古》1964 年第 6 期。

可以看出，这些出土的铁器中，农具所占比重非常之大。而铁制农具的发现，不仅仅限于上述地区，考古工作者说："到战国中期（前4世纪），情况就大大不同了。十年来，在战国七雄的全部地区，都发现有战国中、晚期的铁农具或铁器，出土地点有辽宁、河北、山东、山西、河南、陕西、湖南、四川等8个省的20处以上的地方……这清楚地说明，到战国中期以后，铁制生产工具在生产上已占主导地位，铁农具的使用已经相当普遍。"①

铁制农具的普及使人们征服自然的能力大大增加，恩格斯说："铁使更大面积的农田耕作，开垦广阔的森林地区，成为可能；它给手工业工人提供了一种极其坚固锐利非石头或当时所知道的其它金属所能抵挡的工具。"② 铁制农具的广泛使用使人们砍伐树木、清除草丛、开垦荒地的能力大大加强，《诗经·周颂·载芟》篇："载芟载柞，其耕泽泽。"《诗经·周颂·良耜》篇："其镈斯赵，以薅荼蓼，荼蓼朽止，黍稷茂止。"说的都是用铁制农具砍伐树木、铲除野草、开垦荒地、发展农业的情形。有了铁制农具，人们可以砍伐更多数量的树木，铲除更大面积的草丛，这既是发展农业所需，同时又是对生态环境的改变或者是破坏。

2. 牛耕的推广及施肥技术的提高。在耕作技术上，西周是两人一组的"耦耕"方式，就是两人一组的协作劳动。这在《诗经》中有确切的记载，如《周颂·噫嘻》篇曰："噫嘻成王，既昭假尔。率时农夫，播厥百谷。骏发尔私，终三十里。亦服尔耕，十千维耦。"再如《周颂·载芟》篇："载芟载柞，其耕泽泽，千耦其耘。"都是关于耦耕的记载。在当时农业生产工具落后的情况下，两人相互合作劳动，有助于劳动效率的提高。

春秋时期则沿用了西周的耦耕制，如《左传·昭公十六年》曰："庸次比耦，以艾杀此地，斩之蓬、蒿、藜、藋共处之"，说的是郑国

① 中国科学院考古研究所：《新中国的考古收获》，文物出版社1961年版，第61页。

② ［德］恩格斯：《家庭、私有制和国家的起源》，《马克思恩格斯选集》（第4卷），人民出版社1972年版，第159页。

早期用耦耕开荒的情形；《国语·吴语》曰："譬如农夫作耦，以刈杀四方之蓬蒿。"是两个农夫合作割除蓬蒿的记载；《论语·微子》曰："长沮、桀溺耦而耕，孔子过之，使子路问津焉。"也是两位农夫在合作耕地的记录；《周礼·地官·里宰》："里宰掌比其邑之众寡，与其六畜兵器，治其政令。以岁时合耦于锄，以治稼穑。"由此可见，耦耕制是西周至春秋时期普遍流行的耕作方式。

到了战国时期，耕作技术发生重大变化，其标志就是牛耕的出现，考古工作者在很多战国遗址中都发现了一种铁制农具——犁铧，此种工具是牛拉的犁所用，说明牛耕在当时已经普遍使用。牛耕的使用使农业生产脱离了原始的人力为主的状态，它不仅可以连续大面积地翻土，而且可以深耕。文献对此有大量记载，如《孟子·梁惠王上》有"深耕易耨"之说，《管子·度地》篇有"利以疾耨"之语，《韩非子·外储说左上》说："如是耕者且深，耨者熟耘也。"《吕氏春秋·任地》："其深殖之度，阴土必得，大草不生，又无螟蜮。"总结了深耕的益处，不仅草除得干净，还能避免虫害。

牛耕的推广，不仅大大提高了劳动生产率，还影响到了社会的其他方面，摩尔根说："用畜力拉犁，可以视为一项技术革新。这时候，人们开始产生开发森林和垦种辽阔的田野的念头。而且，也只有到了这个时候才可能在有限的地域内容下稠密的人口。"① 牛耕的出现，不仅仅提高了劳动生产率，还提高了粮食产量，保证了更多人口的食粮，这样就促进了人口的增长。而不断增加的人口，又加剧了人类对于耕地的需求，于是人们又去砍伐更多的树木、铲除更多的野草以开垦更多的荒地，从而加大了对生态环境的破坏。

另外，战国时期人们在农业生产中已经采用施肥技术以保证地力，文献对此记载很多。如《孟子·万章下》曰："百亩之粪。"《孟子·滕文公上》曰："凶年，粪其田畴而不足。"《荀子·富国》篇

---

① ［美］路易斯·亨利·摩尔根：《古代社会》，杨东莼等译，商务印书馆 1977 年版，第 24 页。

云："掩地表亩，刺艸殖穀，多粪肥田，是农夫众庶之事也。"《荀子·致士篇》云："树落则粪本。"《韩非子·解老》篇道："积力于田畴，必且粪灌。"《吕氏春秋·季夏纪》记载："是月也，土润溽暑，大而时行，烧薙行水，如以热汤，可以粪田畴，可以美土疆。"这些记载不仅说明战国时期农业生产中已经把施肥提到很重要的地位，而且说明人们已经会制造粪肥，这样就能保证其数量。粪肥的广泛使用，大大提高了农业产量。

3. 水利灌溉工程。农业的发展对用水的需求进一步增加，因此，这一时期的水利灌溉工程建设取得了迅速发展。《史记·河渠书》载："荥阳下引河东南为鸿沟，以通宋、郑、陈、蔡、曹、卫，与济、汝、淮、泗会。于楚，西方则通渠汉水、云梦之野，东方则通沟江淮之间。于吴，则通渠三江、五湖。于齐，则通菑济之间。于蜀，蜀守冰，凿离碓，辟沫水之害，穿二江成都之中。此渠皆可行舟，有余则用溉浸，百姓飨其利。至于所过，往往引其水益用溉田畴之渠，以万亿计，然莫足数也。西门豹引漳水溉邺，以富魏之河内。而韩闻秦之好兴事，欲疲之，毋令东伐，乃使水工郑国间说秦，令凿泾水自中山西邸瓠口为渠，并北山东注洛三百余里，欲以溉田。中作而觉，秦欲杀郑国。郑国曰：'始臣为间，然渠成亦秦之利也。'秦以为然，卒使就渠。渠就，用注填阏之水，溉泽卤之地四万余顷，收皆亩一钟。于是关中为沃野，无凶年，秦以富强，卒并诸侯，因命曰郑国渠。"① 这段文字记载了几处有关的水利工程，不仅沟通了各国的联系，而且使成千上万亩耕地得到了用水，充足的用水保证了农业生产的进行。

周代水利工程发展迅速还得益于负责水利灌溉官员的设立。如"司空"就是当时负责水利灌溉工程的主要官员，《荀子·王制》篇说："修堤梁，通沟浍，行水潦，安水藏，以时决塞，岁虽凶败水旱，

---

① （汉）司马迁：《史记》，中华书局1959年版，第1407—1408页。

使民有所耘艾，司空之事也。”《吕氏春秋·季春纪》也记载：“命司空曰，时雨将降，下水上腾，循行国邑，周视原野，修利堤防，导达沟渎。”《吕氏春秋·孟秋纪》也有记载：“命百官始收敛，完堤防，谨壅塞，以备水潦。”这些记载说明水利被看作国家的重要事务，水利工程的兴修，使大量农田得到灌溉，保证了农业的发展。

四 垦荒对农业发展的极大促进

随着人类征服自然能力的增加，人类征服自然的活动也大大增加，周代大规模进行的垦荒就是一个典型的体现。对于垦荒的记载，在战国时期的文献中十分普遍，反映出各国对垦荒的重视非同一般。正是由于各国的充分重视，垦荒在当时取得了很大的成绩。那么，当时各国为什么会如此重视垦荒呢？大致有以下几方面的原因。

首先，是战争的需要。春秋战国时期，兼并战争十分剧烈，没有任何一个国家能够幸免。在激烈的兼并战争中，农业显得尤为重要，因为农业能为战争提供充足的物资。《商君书·农战》篇说：“故治国者欲民之农也。国不农，则与诸侯争权不能自持也，则众力不足也。”没有农业作为支撑，在兼并战争中势必处于不利的地位。因此当时各国的统治者都非常注重发展农业，如《左传》襄公三十年载子产在郑国“使田有封洫，庐井有伍”，就是整理田地四界的水沟，使农田更加合理规范。类似记载，《国语》里面也很多：《周语中》记载单子告王曰：“陈国道路不可知，田在草间……是弃先王之法制也。”《齐语》：“时雨既至，挟其枪，刈、耨、鎛，以旦暮从事于田野。”

而农业的发展与否首先体现在耕地的多少，垦荒多了，耕地自然会增加。对此，《管子·治国》篇曰：“民事农则田垦，田垦则粟多，粟多则国富，国富者兵强，兵强者战胜，战胜者地广。”只有通过垦荒，才能得到更多的耕地，产出更多的粮食，才能达到强兵之目的，才能在战争中取胜。

这种观念在当时十分普遍，如《史记·范睢蔡泽列传》载蔡泽分析勾践灭吴的原因时说："大夫种为越王深谋远计，免会稽之危，以亡为存，因辱为荣，垦草入邑，辟地植谷，率四方之士，专上下之力，辅勾践之贤，报夫差之仇，卒擒劲吴，令越成霸。"《吴越春秋·勾践归国外传》亦云："越王内实府库，垦其田畴，民富国强，众安道泰。"还有《国语·越语下》范蠡曰："田野开辟，府仓实，民众殷。"意思都是说勾践之所以能够反败为胜，消灭吴国，就在于他采取了垦荒的措施，增加了耕地和粮食收入，使国家富强起来。吴国同样重视垦荒，《国语·吴语》里吴王对申胥说："农夫作耦，以刈杀四方之蓬蒿。"

其次，农业是国家安定与否的重要因素。作为农耕社会，社会的一切以农业为基础，因此这个基础的好坏，就决定了社会其他方面的稳定与否。《管子·五辅》篇说："所谓六兴者何？曰：辟田畴，利坛宅，修树艺。""垦田畴，修墙屋，则国家富。"只有大力垦荒，国家才能振兴；《商君书·算地》篇说："故为国之数，务在垦草。"《韩非子·显学》篇说："今上急耕田垦草以厚民产也。"可以看出，当时的思想家、政治家一致认为垦荒获耕是国家的根本大事。《荀子·王制》也认为这是爱护人民的体现："慈爱百姓，辟田野，实仓廪。"甚至连提倡节俭的墨子也提倡垦荒，《墨子·节葬下》说："五官六府，辟草木，实仓廪。"可见当时垦荒对于国家的重要性。正因为这样，开垦荒地上升到通过国家政令来得到贯彻实施的高度，《商君书·壹言》："上令行而荒草辟。"就是要以法令的形式来督促垦荒。甚至连国君都要以身作则，亲自参加垦荒，如《管子·轻重甲》篇道："今君躬犁垦田，耕发草土，得其谷矣。"

在这样的社会背景下，不开垦土地就会被认为是重大失策，如《商君书·算地》篇："夫地大而不垦者，与无地同。"《管子·权修》篇："地之不辟者，非吾地也。"甚至国家的贫穷，也会被归咎于土地开垦的不力，如《管子·权修》说："地博而国贫者，野不辟也。"《管子·八观》也道："行其田野，视其耕耘，计其农事，而饥饱之国可以知也……草田多而辟田少者，虽不水旱，饥国之野也。"在这样的风气下，各国自然会重视垦荒。

再次，垦荒对于人口的多少有重要影响。战争中决定胜负最为关键的一个因素就是军队数量的多少，而这直接取决于人口数量的多少。因此各国非常重视人口的增加，在当时增加人口的一个常用办法就是鼓励早婚早育。除了这一政策，积极垦荒也是积聚人口的一个重要策略，如《管子·牧民》："国多财则远者来，地辟举则民留处。"指出开垦荒地是留住人民的重要手段，而《商君书·徕民》则提出："今以草茅之地徕三晋之民，而使之事本，此其损敌也与战胜同实。"秦国正是通过"利其田宅而复之三世"的政策招徕三晋之民，增加本国耕战人口，最终富强起来，并统一六国。唐代史学家杜佑评论说："鞅以三晋地狭人贫，秦地广人寡，故草不尽垦，地利不尽出。于是诱三晋之人，利其田宅，复三代无知兵事，而务本于内，而使秦人应敌于外。故废井田，制阡陌，任其所耕，不限多少。数年之间，国富民强，天下无敌。"① 正是因为大力推行垦荒，吸引了大量的人口前来，秦国迅速走上兵强国富之路，并称霸天下，由此可见垦荒的重要性。

在这样的背景下，各国无疑都会致力于垦荒，以发展农业，富国强兵。然而遗憾的是，虽然文献对于当时主张垦荒的记载很多，但是对于垦荒的成就却记载很少，使我们不能如实得知当时垦田的数量，难以算出垦田对生态环境的改造之准确程度。但是从个别难得的记载中我们还是能够看出当时垦荒的规模的。《汉书·食货志上》记载："李悝为魏文侯作尽地力之教，以为地方百里，提封九万顷，除山泽邑居参分去一，为田六百万亩。"仅仅魏国一国就在一个时期获得耕地六百万亩，那么七国的耕地数目大致应是这个数字的几倍，而这些耕地毫无疑问绝大多数都是通过垦荒获得的。

大规模的持久的垦荒运动势必会对生态环境造成极大的影响和破坏，但这不是当时的统治者所考虑的问题。他们最担心的是荒地得不

① 杜佑：《通典》（全五册），王文锦等点校，中华书局1988年版，第6页。

到开垦，耕地数量不增加。《商君书·徕民》篇曰："今秦之地方千里者五，而谷土不能处二，田数不满百万，其薮泽、溪谷、名山、大川之材物货宝又不尽为用，此人不称土也。"意思就是秦国的荒地太多，耕地太少，自然资源没有被充分利用。《吴越春秋·阖闾内传》也记载阖闾言曰："仓库不设，田畴不垦，为之奈何?"意思是垦荒不力，粮食不多，使国君十分困惑。这些记载，都说明各国国君十分重视垦荒，如果荒地得不到开垦，他们还会为之不安。这种观点是很有代表性的，在这种思想的影响下，各国都会砍伐森林，焚烧草莱，开垦荒地，大力掠夺生态资源，从而对生态环境造成破坏。只不过由于当时各国的首要目标是在战争中生存，所以环境问题就被放在了次要位置。

五　农业发展对生态环境的影响

生产工具的改善和生产技术的进步、战争的需要以及各国的大力垦荒，都大大推动了农业的发展。在发展农业的过程中，人们大规模地砍伐树木、铲除野草，开垦荒地，最终导致大量的树林草木被砍伐焚烧殆尽，使生活在森林中的各种野生动物失去了栖身之地，导致它们或死或逃。《战国策·魏三》说魏国："林木伐，麋鹿尽。"《吕氏春秋·贵当》则说："齐人有好猎者，旷日持久而不得兽。"猎人打猎时历经数日居然找不到猎物，反映出齐国生态资源已经出现局部的匮乏。

宋国也出现了这样的问题。宋国地处平原地带，农业发展十分便利。但正是农业的发展导致出现了一些生态环境问题，《墨子·公输》篇说："宋所为无雉兔狐狸者也，此犹粱肉之与糠糟也……宋无长木，此犹锦绣之与短褐也。"无论是野生动物资源还是林木资源，在宋国都十分短缺。生态资源的匮乏使宋国变得很没有价值，所以这里用"糠糟"和"短褐"来比喻宋国。

综上所述，两周时期持续而又迅速发展的农业在不同时期、不同地区对生态环境产生了不同程度的影响。在农业为社会基础的周代，农业的发展变化不仅仅影响了生态环境，对社会的诸多方面都产生了广泛而深远的影响。因此，研究周代的环境史，农业是极为关键的一个因素，对此，国外学者也十分认同，拉德卡说："在世界上的任何地区都没有可能像在中国那样追踪持续了几千年的悠久而又深远的环境史——至少在农业和水利的历史上。在古典时代和中世纪的欧洲的范围内都没有如此丰富的文献资源，而印度、非洲和美洲就更不用说。"① 这也正是作为一个有着悠久农业历史的国家所特有的现象，正因为如此，在环境史研究中，我们更要格外关注农业与环境的关系。这对于我们正确认识当时社会的真实面貌是十分重要的。

第二节 周代人口及其日常生活对生态资源的需求

自从有了人类，便开始了对生态环境的改造，人类出于生存的需要，必然要向生态环境索取其所需要的各种资源。因此，研究生态环境史，人类自身作为一个重要的因素是绝不可忽视的，英国学者贝纳特说："因为是人类创造了历史，甚至包括环境史。不管我们研究的环境史聚集了多少配角，人类（有时实际上是个人）仍是我们研究的焦点。"② 一个人和一百个人对生态环境的需求是不一样的，因此人口越多，人类对生态环境的影响也就越大。而且随着人类社会的发展，社会生产力的提高，人类征服、改造自然环境的能力也在不断提高，对生态环境的影响或者说破坏也更强。因此，研究生态环境的变化，人口及其数量是绝对不可忽视的一个重要因素。这也是当今学术界的共识，如刘翠溶在谈到环境史研究尚待深入的课题时，首先提到的就是人口与环境的问题，并指出："人口变迁与环境变迁的互动还需要

---

① ［德］约阿希姆·拉德卡：《自然与权力：世界环境史》，王国豫等译，河北大学出版社 2004 年版，第 122 页。

② ［英］威廉·贝纳特、彼得·科茨：《环境与历史——美国和南非驯化自然的比较》，包茂红译，译林出版社 2008 年版，第 15 页。

多做更深入研究。”① 研究清楚了人口变迁，就能了解人口的变化对于生态环境影响的程度，了解人类在生态环境的变迁中所扮演的重要角色，就能够明白人是影响生态环境变化最为重要的因素之一，其他的一切因素如农业、战争、营建等，都是围绕着人类来展开其作用的。因此，研究周代人口的变化，对于周代环境史的研究具有重要的意义。

一　关于两周时期人口的推算

对于西周春秋时期的人口数量，文献并未加以记载，我们能够了解当时人口总量的资料不多，正如葛剑雄说：“关于周朝的人口数量也找不到第一手的记载，零星的、间接的资料也是凤毛麟角。”② 因此已有的学者们对于西周春秋时期人口数量的判断也就难以有足以令人信服的证据。《后汉书·郡国志》刘昭注引皇甫谧《帝王世纪》中关于西周春秋时期人口的记载说：“及周公相成王……民口千三百七十一万四千九百二十三人……至齐桓公二年，周庄王之十三年……凡千一百八十四万七千人。”这里所列举的数字已被学术界公认是不可靠的，很多学者都对此予以了否定。③ 童书业则认为西周建国之初人口不过一二百万④，周自强则指出春秋时期“中原华夏人口总计在600万人左右”⑤。

但是他们的结论也难以让人信服，因为他们所列数字并非古代文献的直接记载，而是他们通过其他间接材料进行推算的结果，当然不具有说服力。因此对周代的人口予以准确统计是一件十分困难的任务，至少在目前难以完成。不过有一点是可以肯定的：“那就是自西周以来，土地多，人口少，人不称土的现象终春秋之世没有发生根本

---

① 刘翠溶：《中国环境史研究刍议》，载王利华编《中国历史上的环境与社会》，生活·读书·新知三联书店2007年版，第10页。

② 葛剑雄：《中国人口史》（第一卷），复旦大学出版社2002年版，第265页。

③ 同上书，第265—277页。

④ 童书业：《春秋左传研究》，上海人民出版社1983年版，第305页。

⑤ 周自强：《中国经济通史》（先秦经济卷下），经济日报出版社2000年版，第1324页。

改变。”[①] 正是由于人口数量少，其对自然资源的需求也十分有限，因此其对生态环境的索取也不是特别多，对生态环境的改造也就不像战国时期那么显著。所以这一时期的生态环境没有受到过分的掠夺，得以保持相对战国及其以后来说良好的状态。

到了战国时期，农业取得极大发展，粮食总产量大增，这就为人口的增长创造了条件，葛剑雄说：“各种自然的和社会的因素——天灾人祸——完全可以在控制和减少人口方面起重大的甚至是决定的作用，但人口的增加却完全取决于人们赖以生存的食物和最基本的物质的数量，其中最重要的还是食物。”[②] 在这样的社会环境下，战国时期人口增长的速度应该远远高于西周春秋时期。但是由于没有原始资料，我们对战国时期的人口总量也很难有一个准确的数字，以至于说法很多。如杨宽先生说：“中原地区七国的总人口大约不过二千万左右。”[③] 范文澜先生也认为秦统一六国前夕，“七国人口总数约计当在二千万左右”[④]。王育民持相同观点：“战国盛时，估计当在2000万人左右。”[⑤] 赵文林、谢淑君则认为战国中期中国有3200万人口，[⑥] 葛剑雄认为战国时期的人口在4500万之内。[⑦] 可见学术界对战国时期人口总量的计算存在较大分歧，但是这些分歧并不妨碍我们得出这样的结论：战国时期的人口总量远远高于西周春秋时期，因为前面已经列出学者对西周春秋时期人口的估算，按最高值来说，也只有1000多万，而对战国时期人口的估算最低也有2000万人。

文献虽然没有确切的数字，但一些记载在大体上给了我们一个战国时期人口众多的印象。《史记·苏秦列传》载魏国“人民之众，

---

① 常金仓：《穷变通久——文化史学的理论与实践》，辽宁人民出版社1998年版，第265页。

② 葛剑雄：《中国人口史》（第一卷），复旦大学出版社2002年版，第171—172页。

③ 杨宽：《战国史》，上海人民出版社1955年版，第96页。

④ 范文澜：《中国通史简编》（修订本第一编），人民出版社1949年版，第241页。

⑤ 王育民：《中国人口史》，江苏人民出版社1995年版，第70页。

⑥ 赵文林、谢淑君：《中国人口史》，人民出版社1988年版，第17—20页。

⑦ 葛剑雄：《中国人口史》（第一卷），复旦大学出版社2002年版，第300页。

车马之多，日夜行不绝，輷輷殷殷，若有三军之众”。齐国“临淄之涂，车毂击，人肩摩，连衽成帷，举袂成幕，挥汗成雨，家殷人足，志高气扬”。《战国策·魏策一》《战国策·齐策一》也有相同的记载，这些记载使我们看到魏国和齐国人口众多、拥挤不堪的状况。

除此之外，我们还能从战国时期的城市规模来考察当时的人口状况，《战国策·赵策三》记载赵奢语：“（古时）城虽大，无过三百丈者，人虽众，无过三千家者。”而在战国时期，“千丈之城、万家之邑相望也”。正是因为众多的人口居住在城里面，战国时期城邑增多且规模增大；《孟子·公孙丑下》也有“三里之城，七里之郭”的记载；《墨子·号令》篇中则提到“千家之邑”；《韩非子·十过》记载：“（韩康子）因令使者致万家之县一于知伯……魏宣子因令人致万家之县一于知伯。”说韩康子、魏宣子都被迫送“万家之县”给知伯；《史记·赵世家》也有“万户之都”“千户之都”的记载。从这些记载中我们动辄看到“万家之邑”“万户之都”“千户之都”，这些记载是西周春秋时期所没有的，战国时期记载频繁，说明战国时期的人口比之前确实有了显著的增加。

二　人口增加对生态环境的影响

只要人类存在，就必定会对生态环境产生影响，随着人口的增加，人类对生态环境的影响也必将增大，使生态环境发生更为显著的变化，甚至导致生态环境的毁灭。正如美国学者 J. 唐纳德·休斯所说：“人口增长是促使环境毁灭的最强大动因。迅速增长的人口扩大了人类造成的环境影响的规模，使变化的发生更加迅速。在一片森林附近，一个村庄使用的木材可能很少，这样它就可以永续利用，倘若有 10 个村庄使用，则会超出木材的可持续出产，并在 10 年内将这片林子毁灭殆尽。”之所以会产生这样的情况，就在于人口的迅速增加，“当人口成百上千万或几十亿地增加时，即使每个人消耗的资源量小，其总量也是巨大的，况且他们能够负担的恢复措施更少”①。相比较今日的人口，古代社会的人口数量自然较少，加上当时还没有我们今日先进的生产工具，古人对林木的砍伐表面来看不是那么显著。但是随着人口的增加以及人类对林木需求的扩大，人们周而复始对树木的砍伐必将破坏林木的生长及恢复，从而导致林木资源匮乏。

随着人口的增加，各种环境问题纷纷出现。表现之一是人们的居住条件变得恶劣。人口迅速增加的结果，使西周春秋时期地广人稀的状况一去不返，人口的增加降低了人们的生活质量和生活水平。《商君书·徕民》说三晋地区“彼土狭而民众，其宅参居而并处……民上无通名，下无田宅，而恃奸务末作以处。人之复阴阳泽水者过半。此其土之不足以生其民也”②。三晋地区人多地狭，人们住房紧张，往往是两三家挤在一个院子里面，更甚者有的人连理想的住处都找不到，被迫生活在山谷河道等潮湿寒冷的地方，生活环境十分恶劣。《战国策·魏三》记载魏国：“庐田庑舍，曾无刍牧牛马之地。”《史记·苏秦列传》也说魏国：“地方千里，地名虽小，然而田舍庐庑之数，曾无所刍牧。”也反映了三晋地区的生态条件之恶劣。由于人口太多，很多地方都被迫用来盖房子，连放牧牛马的草地都没有了，更不用说给野生动物和林木留下一定的空间了。这种情况在齐国同样存在，《管子·八观》篇说：“夫国城大而田野浅狭者，其野不足以养其民。”在古代农业社会，人口的增加还必然导致对耕地需求量的增大，这就促使加大了对荒地开垦的力度，也就是加大了对生态环境的改造力度，生态环境遭到更大的破坏也就在所难免。

人口增长对生态环境所造成的压力，当时的思想家已经有所觉察并进行了反思，如《韩非子·五蠹》曰：“古者丈夫不耕，草木之实足食也；妇人不织，禽兽之皮足衣也。不事力而养足，人民少而财有余，故民不争……今人有五子不为多，子又有五子，大父未死而有二

① ［美］J. 唐纳德·休斯：《什么是环境史》，梅雪芹译，北京大学出版社 2008 年版，第 120 页。

② 蒋礼鸿：《商君书锥指》，中华书局 1986 年版，第 87—88 页。

十五孙。是以人民众而货财寡，事力劳而供养薄，故民争；虽倍赏累罚而不免于乱。”① 正是由于人口的激增，导致生态资源的紧缺，为了养活众多的人口，只有大力开垦荒地，以获得更多的耕地。但土地数量毕竟是有限的，在这种情况下，只有扩大荒地的面积，而这只能通过战争来实现。无论是最大程度地开垦荒地还是战争，都会对生态环境造成巨大的破坏。可见，人口的增加和生态环境问题的日趋严重有密切的关系。

三　对树木的砍伐

前面已经谈过，在古代社会，人类为了发展农业生产而砍伐树木获得耕地。同样，在古人的日常生活中，也会有很多对树木的需求导致人们去经常性地砍伐树木，必然会对树木造成一定的破坏，尤其是当人口迅速增加时，人类对林木的需求更加旺盛，破坏也就更加严重。贝纳特说：“人类出于名目多得惊人的基本需要而对树木所产生的依赖程度很容易被低估。原始居民和早期殖民者利用树木盖房造船，获取水果、阴凉和柴火，熏制食物，制成药品、燃料、武器和艺术品，诸如此类还有很多。”② 事实正是如此，在生活资料单一的古代社会，人类对树木的依赖程度很大，日常烧火用木材，盖房子如房梁、门窗等用木料，做家具如床、桌子、凳子等用木料，交通工具如车船用木材做，还有生产工具如锄头镢头、兵器长矛等的柄要用木材，所以木材是古代社会人们使用十分广泛的自然资源。如此一来，对林木资源的砍伐也就变得非常必要。

由于砍伐树木十分普遍，因此，很多文献对于林木的砍伐有所记载。以《诗经》为例，我们看看周人砍伐树木的情况：《国风·周南·汝坟》篇曰：“遵彼汝坟，伐其条枚……遵彼汝坟，伐其条肄。”说的是砍伐树枝、树干和新枝的情况；《国风·豳风·七月》篇曰：

---

① （清）王先慎：《韩非子集解》，中华书局1998年版，第443页。

② ［英］威廉·贝纳特、彼得·科茨：《环境与历史——美国和南非驯化自然的比较》，包茂红译，译林出版社2008年版，第43页。

“取彼斧斨，以伐远扬。”记载的是砍伐远处杨树的状况，也许正是因为近处的树木都被砍伐完了，人们才会去砍伐远处的树木；《小雅·正月》篇载：“瞻彼中林，侯薪侯蒸。”记载的是在树林里，砍伐樵柴和割草的状况；《小雅·伐木》篇道：“伐木丁丁，鸟鸣嘤嘤……伐木许许……伐木于阪。”记载了砍树伐木的劳动场面；《小雅·大东》篇：“薪是获薪，尚可载也。”记载的则是将砍伐获得的柴薪载运回来以备使用的情况；《小雅·车辖》篇：“陟彼高冈，析其柞薪。析其柞薪，其叶湑兮。”说的是砍伐枝叶茂盛的麻栎做薪柴；而《小雅·白华》篇：“樵彼桑薪，卬烘于煁。”更是明确指出砍伐桑树做柴薪，回家以后在灶上烧的状况；同样，《大雅·棫朴》篇：“芃芃棫朴，薪之槱之。济济辟王，左右趣之。”说的是柞树丛生非常茂盛，人们左右奔去砍柴，把它们堆积起来以备使用。以上所说主要是人们砍伐木材，以备烧火做饭之用。众所周知，烧火做饭是日常行为，这就要经常性地砍伐树木，长此以往，势必会对林木造成破坏。

除了日常生活如烧火做饭取暖使用木柴以外，盖房子也离不开树木，一般的民居对木头的使用量比较少，而大型建筑如宫殿对林木的需要则会很大。如《鲁颂·閟宫》篇载：“徂徕之松，新甫之柏，是断是度，是寻是尺。松桷有舄，路寝孔硕。新庙奕奕，奚斯所做，孔曼且硕，万民是若。”意思是将粗大的松柏砍下兴建宫室使用，建成的庙堂又高又大，十分气魄；再如《商颂·殷武》篇：“陟彼景山，松柏丸丸。是断是迁，方斫是虔。”说的也是将景山长得很高大的松柏砍伐下来，供兴建宫室使用。可见兴建宫室对于林木的需求更高，如果这些大型的营建活动经常进行，那么很多高大的树木就会被经常性地砍伐，若再无良好的恢复措施，必将导致林木资源的枯竭。对于这种情况，孟子在《孟子·告子上》中曰：“牛山之木尝美矣。以其郊于大国也，斧斤伐之，可以为美乎！是其日夜之所息，雨露之所润，非无萌蘖之生焉，牛羊又从而牧之，是以若彼濯濯也。人见其濯濯也，以为未尝有材焉。”① 正是由于牛山离城市太近，人们经常到山上去砍伐树木，最后导致原本林木繁茂的牛山成为一座秃山。《吴越春秋·勾践阴谋外传》也有相关记载：“越王乃使木工三千余人，入山伐木……一年，师无所幸，作士思归。”说的是越王勾践派木工进山伐木以献给吴王，结果三千名工匠在山里寻找了一年竟没有找到合适的木头，由此可见当时林木资源的匮乏状况。

两周时期，随着社会生产力的发展和物质的丰富，人们对生活水平的要求也随之提高，尤其是对居住条件的要求不断提高。当时各国经常进行大规模的营建工程，人们建造了无数巨大宏伟的宫殿，这些宫殿的修建，无疑会极大地增加对林木的砍伐，加速对生态环境的破坏。对于周代宫室的营建状况，将在下文详细讨论，这里不再赘述。

四　对野生动物的猎杀

在农业产生以前，狩猎是人类社会长期存在的一种重要生产方式。猎物的肉可以吃，皮毛可以做成衣服穿。从西周到战国时期，周代的农业生产确实取得了显著的进步，但社会发展的同时也导致人口的增多，人口增多所产生的问题首先是资源的相对紧张，这在《韩非子·五蠹》篇说得很明白：“是以人民众而货财寡，事力劳而供养薄，故民争；虽倍赏累罚而不免于乱。”人口增加的结果是人多而社会资源少，粮食不够吃。在这种情况下，百姓一方面靠采挖野生植物获得实物，如《诗经·小雅·小宛》篇载：“中原有菽，庶民采之。”另一方面则是通过打猎捕杀野生动物作为粮食的补充，如《诗经·小雅·瓠叶》篇：“有兔斯首，炮之燔之……有兔斯首，燔之炙之。”记载的就是以兔子为食物的情景。《吴越春秋·越王无余外传》也记载说：“余始受封，人民山居，虽有鸟田之利，租贡才给宗庙祭祀之费。乃复随陵陆而耕种，或逐禽鹿而给食。”意思是无余受封到越地之时，物质贫乏，农业产量也不高，于是就捕杀野鹿作为食物。可见

① （清）焦循：《孟子正义》，中华书局1987年版，第775页。

在粮食生产不足的情况下，捕杀野生动物为粮食的补充在当时较为普遍。

周代的狩猎行为大致可分为两类，一是以个体猎人为主的打猎；二是大规模的田猎。文献对此都有详细的记载，比如《诗经》中就有很多关于周代狩猎情形的诗篇，如《小雅·采绿》："之子于狩。"说的是猎人去打猎；而《国风·周南·兔罝》篇曰："肃肃兔罝，椓之丁丁……肃肃兔罝，施于中逵……肃肃兔罝，施于中林。"记载了猎人在路上林中设置罗网捕捉野兔的情形；《王风·兔爰》篇亦云："有兔爰爰，雉离于罗……有兔爰爰，雉离于罦……有兔爰爰，雉离于罿。"也反映了猎人设网捕猎兔子和野鸡的行为；而《小雅·鸳鸯》篇则曰："鸳鸯于飞，毕之罗之。"描写的是猎人设网捕捉鸳鸯的情景；而《大雅·桑柔》"如彼飞虫，时亦弋获"和《郑风·女曰鸡鸣》"将翱将翔，弋凫与雁"则说的是用弋射来获得猎物的情况。这种个体为主的打猎活动，主要的捕猎对象是相对小点的野生动物，如兔子、野鸡、大雁等，其规模一般不是很大，对野生动物的伤害也相对较小。

相对于个体的捕猎，以国君、贵族为首的大规模田猎则深刻地影响了生态环境。这种田猎不仅规模大，而且次数多，同时捕杀猎物的对象也更加广泛。对此记载最多的则是《左传》和《诗经》。先看《左传》，桓公四年："春，正月，公狩于郎。"昭公十二年："楚子狩于州来。"哀公十四年："西狩于大野。"昭公三年："齐侯田于莒。"昭公四年："王田于武城。"昭公七年："楚子之为令尹也，为王旌以田。"昭公二十年："十二月，齐侯田于沛。"定公元年，魏献子等人："田于大陆，焚焉。"另外，《春秋》也记载了两次田猎活动：一次在庄公四年："冬，公及齐人狩于禚。"一次在哀公十四年："西狩获麟。"《春秋》及《左传》为我们记述的这些田猎活动，涉及鲁国、齐国、楚国和晋国等，说明田猎在当时各国是普遍存在的现象。

《诗经》在记载田猎的同时，还为我们描绘了当时的田猎场面，使我们更加直观地了解当时的田猎活动及其影响。如《国风·郑风·

大叔于田》篇载："叔于田，乘乘马，执辔如组，两骖如舞。叔在薮，火烈具举。袒裼暴虎，献于公所。将叔无狃，戒其伤女！叔于田，乘乘黄，两服上襄，两骖雁行。叔在薮，火烈具扬。叔善射忌，又良御忌。抑罄控忌，抑纵送忌。"[①] 说的是大叔打猎时，坐着四匹马拉的车，纵车驱赶射杀野兽如老虎等的场面；再如《国风·秦风·驷驖》篇："驷驖孔阜，六辔在手。公之媚子，从公于狩。奉时辰牡，辰牡孔硕。公曰左之，舍拔则获。"[②] 说的是秦国公侯驾车田猎，射杀公鹿和母鹿的情形；还有《小雅·车攻》篇："我车既攻，我马既同。四牡庞庞，驾言徂东。田车既好，四牡孔阜。东有甫草，驾言行狩。之子于苗，选徒嚣嚣。建旐设旄，搏兽于敖。驾彼四牡，四牡奕奕。赤芾金舄，会同有绎。决拾既佽，弓矢既调。射夫既同，助我举柴。四黄既驾，两骖不猗。不失其驰，舍矢如破。萧萧马鸣，悠悠旆旌。"[③] 此次田猎，车马萧萧，人手众多，旌旗飘扬，捕获颇丰；再有《小雅·吉日》篇："吉日维戊，既伯既祷。田车既好，四牡孔阜。升彼大阜，从其群丑。吉日庚午，既差我马。兽之所同，麀鹿麌麌。漆沮之从，天子之所。瞻彼中原，其祁孔有。儦儦俟俟，或群或友。悉率左右，以燕天子。既张我弓，既挟我矢。发彼小豝，殪此大兕。以御宾客，且以酌醴。"[④] 同样是驱车进行田猎，猎场上，动物繁多，打猎的王公贵族尽情射猎，野牛、野猪、野鹿等都是他们的猎物。

如果是天子、诸侯带头进行的田猎，规模就会更大，《墨子·明鬼下》记载了周宣王时规模浩大的田猎场面："周宣王合诸侯而田于圃，田车数百乘，从数千，人满野。"而《列子·黄帝》篇则记载："赵襄子率徒十万狩于中山，藉芿燔林，扇赫百里。"《战国策·楚一》说："楚王游于云梦，结驷千乘，旌旗蔽日，野火之起也若云霓，兕虎嗥之声若雷霆。"这几条记载说的都是成千上万人进行田猎的浩

---

① （清）王先谦：《诗三家义集疏》，中华书局1987年版，第339—341页。
② 同上书，第348页。
③ 同上书，第622—626页。
④ 同上书，第627—630页。

大场面，规模如此盛大的田猎活动，能够逃脱的动物应该很少，毫无疑问这是对野生动物的一次集体屠戮，必然会有大量的野生动物被猎杀。

值得指出的是，在田猎中，出于打猎的需要，往往还会采取焚烧草木的办法来驱赶野兽，以供田猎。如前引《大叔于田》篇里有“火烈具举”“火烈具扬”的记载，《车攻》篇中有“助我举柴”的记载，说的都是纵火焚烧草木，以将野兽从草丛里逼出来便于猎杀。《左传·定公元年》也说：“魏献子属役于韩简子及原寿过，而田于大陆，焚焉。”是魏献子在大陆田猎时放火焚烧的记载。焚烧的后果，一是大量的野兽被火逼出来遭到猎杀，二是大量的野兽被迫逃离，三是大量的草木被焚烧。凡此种种，都是对生态环境的巨大破坏。

人们猎杀野生动物的目的，除食用外，还有另外的需求，比如把野生动物的皮毛做成衣服来穿。如《国风·豳风·七月》篇：“一之日于貉，取彼狐狸，为公子裘。二之日其同，载缵武功。言私其豵，献豜于公。”说的是十一月上山打貉，捉住狐狸把皮剥掉，做成公子的皮袄。十二月则集会共同打猎，把猎物中的小野猪留归自己，把大野猪献给公子，这里提到了用狐狸皮做裘；《小雅·大东》篇：“舟人之子，熊罴是裘。”说富人的子弟用熊皮做裘；《小雅·都人士》篇：“彼都人士，狐裘黄黄。”意思是都市的士人穿着黄色的狐皮袍；《国风·郑风·羔裘》：“羔裘如濡，洵直且侯……羔裘豹饰，孔武有力……羔裘晏兮，三英粲兮。”描述羔裘美好顺直光润，十分奢华和漂亮；《国风·唐风·羔裘》：“羔裘豹祛，自我人居居……羔裘豹褎自我人究究。”用羔裘做衣服，用豹子皮做袖口，由于衣服做得太讲究，引起了人们的厌恶；《国风·桧风·羔裘》：“羔裘逍遥，狐裘以朝……羔裘翱翔，狐裘在堂……羔裘如膏，日出有曜。”说的是穿着狐狸皮毛做的衣服去上朝，十分气派；《大雅·韩奕》篇则曰：“献其貔皮，赤豹黄罴。”提到的有白狐皮、红豹皮和黄熊皮。在上层社会，用动物的皮毛做高级衣服十分普遍，这势必会导致对野生动物的猎杀。

还有就是祭祀时也要经常用野生动物。商周时期，由于对自然的认识有限，因此祭祀上天和先祖以求得庇佑是商周时期较为普遍的做法，《诗经》对此也有记载，如《鲁颂·閟宫》篇："春秋匪解，享祀不忒。皇皇后帝，皇祖后稷。享以辛牺，是飨是宜。"就是真实的描写。而在祭祀的祭品中有很多动物。如《小雅·楚茨》："絜尔牛羊，以往烝尝。"意思是将牛羊洗干净以为祭祀之用；《小雅·甫田》："以我齐明，与我牺羊，以社以方。"说的是将器物洗干净，用羊来祭祀社神和四方之神；《周颂·我将》篇说："我将我享，维羊维牛。"《周颂·雍》篇："于荐广牡，相予肆祀。"《周颂·丝衣》篇："丝衣其紑，载弁俅俅。自堂徂基，自羊徂牛。"可以看出，在周人的祭祀活动中，也要经常用到野生动物，从而加大了对野生动物的需求。也正因如此，在周代，甚至有官员专门负责捕杀野生动物以供祭祀。《周礼·天官·兽人》记载兽人的职责："掌罟田兽，辨其名物。冬献狼，夏献麋，春秋献兽物。"意思是兽人的职责是根据动物的种类在不同的季节献给王相应的野生动物作为祭品。

可见，在两周时期，整个社会对野生动物的需求量还是很大的。这样一来，必将导致野生动物遭到频繁的猎杀，从而使其数量不断减少，最终出现野生动物匮乏的局面，从而形成新的社会问题。如《左传·襄公三十年》记载："丰卷将祭，请田焉。弗许，曰：'唯君用鲜，众给而已。'"意思是郑国贵族丰卷准备祭祀，为了获得做祭品的野生动物，就要求去田猎，但是被子产给否决了。因为按照郑国的规定，只有国君才能使用刚打死的野生动物做祭品，其他人都不许用。从这段话可以看出，正是由于长期的大规模的田猎，郑国已经出现了野生动物缺乏的问题，迫使郑国做出相应的规定。同样的问题在宋国也存在，《墨子·公输》篇载："宋所为无雉兔狐狸者也。"是说宋国已经很难找到野鸡、兔子和狐狸等野生动物了；《吕氏春秋·贵当》说在齐国："齐人有好猎者，旷日持久而不得兽。"说明在齐国也出现了野生动物严重匮乏的局面。

野生动物的匮乏所导致的社会问题引起了当时思想家的关注，他们认为导致野生动物短缺的原因就在于大规模的田猎活动，因此他们提出反对田猎的主张。如《孟子·尽心下》曰："般乐饮酒，驱骋田猎，后车千乘，我得志，弗为也。"再如《吕氏春秋·贵当》篇亦云："田猎驰骋，弋射走狗，贤者非不为也，为之而智曰得焉。"正是由于当时社会长期存在的大规模田猎现象导致野生动物匮乏，才使这些思想家有针对性地提出这些主张。

五　对鱼类的需求

除了野生动物，江河湖海里的各种鱼类也是周人常用的食物，因此周代专门设有"𩿧人"一职，𩿧人即渔人，其职责如《周礼·天官·𩿧人》所载："𩿧人掌以时鱼为梁。春献王鲔。辨鱼物，为鱻薨，以共王膳羞。凡祭祀、宾客、丧纪，共其鱼之鱻薨。"鱼类除了用于吃外，还多用来祭祀，如《周颂·潜》篇道："潜有多鱼，有鳣有鲔，鲦鲿鰋鲤。以享以祀，以介景福。"由上述可见，在周代从天子的饮食到祭祀、招待宾客、办理丧事等，都要用到鱼。同样，日常生活中，也少不了鱼，《诗经·小雅·六月》载："饮御诸友，炰鳖脍鲤。"和朋友一起喝酒，下酒菜有鳖和鲤鱼；结婚也用到鱼，《大雅·韩奕》描写韩侯结婚时用到的菜肴时说："其肴维何？炰鳖鲜鱼。"其中也有鳖和鱼类。从这些记载可见，鱼类也是当时社会需求较广的食物，那么如此一来，人们就少不了开展捕鱼活动了，当时的捕鱼方式主要有钓鱼、网鱼以及用篓捉等，对此，《诗经》也有很多记载。

首先是钓鱼。如《国风·召南·何彼襛矣》篇："其钓维何？维丝伊缗。"意思是钓鱼的线是丝线做的，是较为高级的渔具，说明对钓鱼十分重视；《国风·卫风·竹竿》篇："藋藋竹竿，以钓于淇。"说的是在淇河中用竹竿做的鱼竿钓鱼；《小雅·采绿》篇则记载了钓上来的鱼之种类和数量："之子于钓，言纶之绳。其钓维何？维鲂与鱮。维鲂与鱮，薄言观者。"虽然用的是一般的线，但是钓的鲢鱼和鲂鱼很多，说明钓鱼技术十分高超。

其次是用渔网捉鱼。《国风·邶风·新台》篇:“新台有洒,河水浼浼……鱼网之设,鸿则离之。”是在河水中设置渔网捕鱼的记载;《国风·卫风·硕人》篇:“河水洋洋,北流活活,施罛濊濊,鳣鲔发发。”罛是一种较大的渔网,能捕捉很多鱼;《国风·豳风·九罭》:“九罭之鱼,鳟鲂。”九罭是捕小鱼的细网,这里是捕捉小鱼的记载;《小雅·南有嘉鱼》:“南有嘉鱼,烝然罩罩……南有嘉鱼,烝然汕汕。”说的也是用包括渔网在内的渔具捕鱼。

再次是用鱼篓捕鱼。《国风·齐风·敝笱》篇:“敝笱在梁,其鱼鲂鳏……敝笱在梁,其鱼鲂鱮……敝笱在梁,其鱼唯唯。”敝笱是坏掉的鱼篓,说明之前也是捕鱼的工具;《小雅·鱼丽》:“鱼丽于罶,鲿鲨。君子有酒,旨且多。鱼丽于罶,鲂鳢君子有酒,多且旨。鱼丽于罶,鰋鲤。君子有酒,旨且有。”说是用篓子捉鱼,捉的鱼不仅种类多,而且味道鲜美;《小雅·小弁》:“无逝我梁,无发我笱。”

可见,周代鱼类资源还是十分丰富的,正如《墨子·公输》篇曰:“荆有云梦,犀、兕、麋、鹿满之,江汉之鱼、鳖、鼋、鼍,为天下富。”长江和汉水里的鱼类之丰富是很多国家不能相比的。由于鱼类十分繁多且味道鲜美,人们喜欢吃鱼,如《韩非子·外储说右下》说:“公孙仪相鲁而嗜鱼,一国尽买鱼而献之。”由于公孙仪喜欢吃鱼,鱼已成为送礼的最佳上品。不仅吃本国的鱼,当时的人们对其他国家的鱼也有所了解,如《荀子·王制》说:“东海则有紫祛鱼盐焉,然而中国可得而食之。”不是本国的鱼想要吃就得去买,为了满足整个社会对鱼类的需求,出现了专业的鱼类市场,《庄子·外物》篇有“枯鱼之肆”的记载,而《韩非子·外储说左上》也有“郑县人乙子妻之市买鳖”的说法。可见当时确实已经有了专门的鱼类市场,这类市场的出现,充分说明两点:一是当时鱼类交易频繁,为了满足社会的需求而出现了专门的市场;二是喜欢吃鱼的人很多,买的人多了,才会有专门的市场。由此可见周代社会对于鱼类的需求十分旺盛。正是因为这样,当时的政治家、思想家意识到保证鱼类供应的重要性，认识到按照其生长规律进行捕捉的重要性，从而提出了保护鱼类资源的初步生态思想。

第三节　两周时期的城市文明与生态环境

我国很早就出现了城市文明的曙光，至少在商代的二里头遗址，已经发现了较为完备的城市遗址，说明我国在当时已经开始修建城市。而文献记载周人早在古公亶父时就开始“营筑城廓家屋而邑别居之”，建立早期的都城岐邑。文王时建丰京，武王继位后又迁都于镐京。西周灭商后，实行分封制，进一步推进了城市的建设和发展，何一民说：“各国诸侯在分封后，为防御外敌入侵和保护生命财产安全，均把建城作为立国的一项根本方略，从而推动了周代城市的发展。”① 张鸿雁认为：“春秋战国时代，兴起了中国历史上罕见的城市建设高潮。”②

周代的城市是如何迅速兴起的？这些城市的状况如何？它们对生态环境产生了什么样的影响？都是我们研究的主要内容。

一　周代的城市状况

1. 城市的数量。我国古代城市的兴建有着独特的政治文化背景，何一民说：“先秦时期大批城市的出现不是依靠小村落等居民聚集点逐渐发展而来，而是各国统治者为建立政治中心、军事据点，运用强制性的手段来修城筑郭、聚集人口。西周和春秋战国时期两次筑城高潮的出现，都与当时各国的统治者为巩固政权、保护自己的生命财产安全、加强对民众的统治，以及进行战争关系密切。”③ 他进一步分析了当时兴起筑城高潮的四个主要原因：一是社会经济的发展；二是政

① 何一民：《中国城市史纲》，四川大学出版社1994年版，第10页。
② 张鸿雁：《春秋战国城市经济发展史论》，辽宁大学出版社1988年版，第8页。
③ 何一民：《中国城市史纲》，四川大学出版社1994年版，导论。

治的变革和频繁发生的战争；三是水陆交通的发展；四是统治阶级的通商惠工政策。[①] 正是在这些因素的推动下，两周之际成为我国古代城市建设的一个高峰期，这一时期，人们修建了大量的城市。较早对周代城市数目进行统计的是张鸿雁，他说："从先秦文献与方志对照，至少在春秋时代找出 35 个国近六百个城邑。其中晋国 91、楚 88、鲁 69、郑 61、周 50、齐 46、卫 30、宋 25、莒 16、秦 14、吴 10 等等。就实际情况看，春秋城邑数绝不止于此……《春秋》、《左传》、《国语》共出现城邑地名 1016 个。"[②] 他的结论在学术界得到很多学者的认可，但需要明确的是，这绝对不是一个完全精确的数字，还有很多国家如燕国等并未被统计进来，如果各个国家的城市数目都能统计出来，那么春秋时期的城市数量还要高于这个数字。

上述仅仅是春秋时期城市的数量，至于西周和战国时期的城市数量，由于相关文献记载太少，很难得出令人信服的数字。但从一些零星的记载中我们还是大致可以想象得到战国时期城市数量也不少于春秋时期：《史记·樗里子甘茂列传》记载赵攻燕，"得上谷三十城"。《史记·穰侯列传》载秦攻魏"拔魏之河内，取城大小六十余"。《战国策·赵策四》则记载：赵"割济东城邑五十七与齐"。在战争中动辄攻陷敌国几十个城邑，足以说明当时城市之多。众所周知，战国时期，社会生产力水平远远高于春秋时期，政治变革更加剧烈，战争更加残酷。在这样的背景下，战国时期的城市数量应该多于春秋时期才符合事实。

2. 城市的规模。西周建立后，为了维护其统治，建立了严格的等级制度，从各个方面来约束和限制社会的各个等级。涉及城市建设，周代也有严格的规定，据《逸周书·作雒解》记载，西周初期营建的成周："城方千七百二十丈，郛方七十里。"这样的规模是天子之城的规定，诸侯是不允许僭越的。为了维护天子尊严，周王对诸侯的城市

---

① 何一民：《中国城市史纲》，四川大学出版社 1994 年版，第 12—14 页。
② 张鸿雁：《春秋战国城市经济发展史论》，辽宁大学出版社 1988 年版，第 121 页。

规模作了严格规定，“大县城方王城三之一，小县立城，方王城九之一”。这些规定在《左传》中也有记载，如隐公元年祭仲曰：“都城过百雉，国之害也。先王之制，大都不过参国之一，中五之一，小九之一。”杜注曰：“方丈曰堵，三堵曰雉，一雉之墙长三丈，高一丈。侯伯之城方五里，径三百雉，故其大都不得过百雉。”在这样的社会环境下，诸侯只能按照规定来修建自己的城邑，而不敢轻易僭越。从另外一个角度来看，这些规定也是不利于城市发展的。

到了春秋战国时代，礼崩乐坏，天子失势。西周确立的等级制度遭到严重破坏，诸侯大夫公然挑衅天子，僭越之事每每出现，天子尊严屡屡受挫。没有礼制的约束后，城市建设的规模便有了很大的突破。《战国策·赵策三》赵奢曰：“且古者，四海之内，分为万国。城虽大，无过三百丈者，人虽众，无过三千家者。”他所说的古时就应是西周，因为之前只有西周对城市规模做出了规定。但是到了战国时期，“今千丈之城、万家之邑相望也”。《战国策·魏策二》也有“万户之邑”的记载，可见当时城市规模之大、数量之多。《墨子·号令》篇也有“千家之邑”的说法，说明当时城市规模很大。《史记·赵世家》也有“万户之都”“千户之都”的记载。而《韩非子·十过》则记载：“昔者智伯瑶率赵、韩、魏而伐范、中行，灭之。反归，休兵数年，因令人请地于韩……康子曰：‘诺。’因令使者致万家之县一于知伯。智伯说，又令人请地于魏……（魏宣子）因令人致万家之县一于智伯。”意思是韩康子、魏宣子都被迫送“万家之县”给智伯，可见“万家之县”在当时应是很平常的城市规模，否则，韩康子、魏宣子怎么可能那么轻易地将一个“万家之县”送给自己的对手智伯呢？

在这些规模宏大的城邑里面，居住着密集的人口，《史记·苏秦列传》记载，魏国“人民之众，车马之多，日夜行不绝，輷輷殷殷，若有三军之众”。齐国“临淄之涂，车毂击，人肩摩，连衽成帷，举袂成幕，挥汗成雨，家殷人足，志高气扬”。这两处描写，使我们看到在魏国、齐国的城邑之中人口密集、熙熙攘攘、热闹繁华的城市生活图景。虽然没有确切的数字，但我们已经能看到当时城市规模的大致面貌。

二　宫殿、亭台楼榭建筑

有了城市，必定会有相应的建筑。在周代的诸多城邑里面，统治者建造了大量的宫殿台榭，以满足其统治的需要及对奢侈生活的追求，从周天子到大小诸侯，概莫能外。这些建筑的具体数目难以统计，但是关于它们的记载还是很多的。其中有代表性的如周之“庄宫”，《左传》昭公二十二年、二十三年、二十六年及定公七年均有记载，说明它是一个常用的宫殿，此外，昭公二十六年还记载：“甲戌，盟于襄宫。”在这里与诸侯会盟，地方也必定不会小；鲁国的“閟宫”，《诗经·鲁颂·閟宫》说它：“新庙奕奕，奚斯所作。孔曼且硕，万民是若。”十分高大雄伟。另据《左传》记载鲁国还有很多宫殿，如成公六年记载的“武宫”，庄公二十三年、二十四年记载的“桓宫”，成公三年记载的“新宫”，襄公三十一年记载的“楚宫”等；再如晋国的“武宫”，《左传》僖公二十四年、宣公二年、成公十八年、襄公十年均有记载，是晋国君臣议论朝政的地方，除了“武宫”，还有“文宫”（《昭公十七年》载）；而郑国的“大宫”是郑国国君与群臣及他国结盟议事的重要场所，在《左传》桓公十四年、宣公三年、宣公十二年、成公十三年、襄公三十年均有记载；在齐国，则有“襄宫”（《左传·襄公六年》），“大宫”（《左传·襄公二十五年》）和“寿宫”（《晏子春秋·内篇杂上第五》）。类似这样的宫殿，在其他诸国如楚、秦、宋、卫、吴都有记载，限于篇幅不再赘述。

如果说宫殿是政治场所，那么亭台楼榭则更多是休闲享乐场所。周代社会经济的发展，使整个社会物质丰富起来，也使当时社会兴起了奢侈的风气。当时各国国君都大兴土木，建造台榭，以为休闲娱乐场所。《左传》对此记载很多，如宣公十六年：“夏，成周宣榭火。”说的是成周洛阳所见之宣榭着火；再如庄公三十一年：“春，筑台于郎。夏，筑台于薛。秋，筑台于秦。”一年之内修筑了三座高台，必定要耗费大量人力和财力；昭公七年记载楚国有“新台”。成公十七年载晋国：“三郤将谋于榭。”宣公二年说晋灵公：“从台上射人。”是晋国建有台榭的记载。除了《左传》其他文献也有相关记载，如《国语·楚语上》曰：“灵王为章华之台”，《楚语下》道：“今吾闻夫差好罢民力以成私好，纵过而翳谏，一夕之宿，台榭陂池必成，六畜玩好必从。”《吴越春秋·勾践阴谋外传》说吴王夫差“起姑苏之台”。其他国家，也大抵如此。

各国广修宫殿台榭之风，助长了当时社会的奢靡风气，导致了很多社会问题出现，引起了很多政治家思想家的担忧，如《晏子春秋·内篇谏下第二》说：“古之人君，其宫室节，不侵生民之居，台榭俭，不残死人之墓，故未尝闻诸请葬人主之宫者也。今君侈为宫室，夺人之居，广为台榭，残人之墓。”正因为各国国君大修宫殿台榭引起了很多问题，才使晏子十分不满，并提出了批判。提倡节俭的墨子，对这种现象更是进行了不遗余力的批判，如《墨子·七患》：“以其极赏，以赐无功，虚其府库，以备车马衣裘奇怪，苦其役徒，以治宫室观乐。”《墨子·辞过》：“当今之主，其为宫室，则与此异矣。必厚作敛于百姓，暴夺民衣食之财，以为宫室。台榭曲直之望，青黄刻镂之饰。”《吕氏春秋·骄恣》则说：“齐宣王为大室，大益百亩，堂上三百户，以齐之大，具之三年而未能成。”一个宫室，修建了三年都没有完工，足以想见其规模之大、耗材之多。《秦会要订补》卷 24 则记载：“秦穆公居西秦，以境地多良材，始大宫观……是则秦穆公时，秦之宫室已壮大矣。惠文王初都咸阳，取岐、雍巨材，新作宫室，南临渭，北踰泾，至于离宫三百，复起阿房，未成而亡。”《史记·秦始皇本纪》记载秦始皇修建阿房宫：“东西五百步，南北五十丈，上可以坐万人，下可以建五丈旗。”“作宫阿房，故天下谓之阿房宫。隐宫徒刑者七十余万人，乃分作阿房宫，或作骊山。发北山石椁，乃写蜀、荆地材皆至。关中计宫三百，关外四百余。”宫室台榭营建，必然会导致对生态资源更大限度的攫取，导致出现生态环境问题。

三　城市与生态环境

作为一个人口密集、功能多元的人类集聚地，城市必然会对生态环境产生种种影响，无论是古代的城市还是现代的城市，都难以避免对生态环境的影响、改变乃至于破坏，正如张鸿雁所说："城市本身是一个人工的生态系统，在这个大系统中，人与自然物构成一种新的关系，在城市环境中，人与植物、动物、微生物和有机物之间进行着不断的物质循环和能量交换，人类以集约的能力作用于自然，有时也在无情地破坏自然，如城市燃料来源要砍伐大量的林木等……纵观中国古代城市的发展，凡是城市越大，其周围地理环境改变越明显，尤以地表植被破坏严重为特征。"① 刘易斯·芒福德说得更加直接："城市，作为在文化传播中仅次于语言的一项最宝贵的集体性发明，从其产生之初便成了内部各种分裂势力的容器，被用于无休止的破坏和灭绝活动。"② 由此可见，越是规模大的城市，人口越多，建筑越多，其对生态环境的影响也就越大，史念海先生说："由于人口的逐渐增多，农业的不断发展，森林也就受到相应的破坏，都城附近就更为明显。都城设置之后，各项建筑用材也就随着大量增加，这就必然取之于附近的山林，甚至都城中薪炭的消耗，也会使森林受到严重的损失。"③ 古代城市对生态环境的影响主要体现在燃料和建筑材料对木材以及野生动物的需求等方面。

在古代城市营建中，木材必然是少不了的，《吴越春秋·越王无余外传》说道："安民治室，居靡山，伐木为邑。"无论是修建宫殿还是民居，都离不开树木。关于两周时期消费林木的问题，上文已述，在此援引一两个例子予以说明。如《诗经·鲁颂·閟宫》篇："徂徕之松，新甫之柏，是断是度，是寻是尺。松桷有舄，路寝孔硕。

---

① 张鸿雁：《春秋战国城市经济发展史论》，辽宁大学出版社 1988 年版，第 244 页。

② ［美］刘易斯·芒福德：《城市发展史——起源、演变和前景》，宋俊岭、倪文彦译，中国建筑工业出版社 2005 年版，第 58 页。

③ 史念海：《中国古都和文化》，中华书局 1998 年版，第 278 页。

新庙奕奕，奚斯所做，孔曼且硕，万民是若。”说的是将徂徕山上又粗又大的松柏进行砍伐以兴建宫室使用，建成的宫殿又高又大，恢宏气魄；再如《诗经·商颂·殷武》篇：“陟彼景山，松柏丸丸。是断是迁，方斫是虔。”意思是将景山长得很高大的松柏砍伐下来，供兴建宫室使用；还有《诗经·大雅·绵》篇：“柞棫拔矣，行道兑矣。”记载的是在周原修建城市时为了修通道路，把很多柞树和棫树都砍伐了，使道路变得畅通无阻。

除营建要用木材外，人们的日常生活也离不开木材，在没有其他燃料的古代社会，木材是古人的唯一燃料，无论是做饭还是取暖等，都离不开木材。古人对于木材作为薪柴的重要性更是有充分认识，如《管子·轻重甲》篇说道：“万乘之国、千乘之国，不能无薪而炊。”意思就是人们做饭离不开薪柴，没有了薪柴就不能做饭，不能吃饭人们就无法生存，所以在古代社会，为老百姓解决薪柴问题，也是他们执政的一个重要内容，如《晏子春秋·内篇谏上》记载齐国景公时，大雨连下了十七天，导致齐国居民房屋毁坏严重，政府展开赈济：“贫氓万七千家，用粟九十七万钟，薪橑万三千乘。”在给受灾的人们提供援助时，首先毫无疑问是粮食，但同时也少不了薪柴，所以当时齐国给百姓提供了薪橑万三千乘。由此可见薪柴在古代社会的重要性，因为它事关老百姓的生计，人人离不开它，所以对薪柴的需求量也很大。如此巨大的需要量，自然会加大对林木资源的砍伐。城市越大，人口越多，砍伐的数量越多，破坏越厉害。

过度的砍伐必定会导致林木资源的匮乏，导致生态环境问题出现。到了春秋晚期，这个问题已经出现，《吴越春秋·勾践阴谋外传》记载：“越王乃使木工三千余人，入山伐木一年……师无所幸，作士思归。”意思是为了修建宫室，勾践派遣三千余人进山伐木，但是好的木材都已经被砍伐完了，伐木队伍苦苦寻找了一年，竟然找不到合适的木材，这条记载使我们看到时至春秋后期，生态环境问题已经凸显。到了战国时期，这一问题更加严重，如前引《孟子·告子上》曰：“牛山之木尝美矣。以其郊于大国也，斧斤伐之，可以为美乎！

是其日夜之所息，雨露之所润，非无萌蘖之生焉，牛羊又从而牧之，是以若彼濯濯也。”正是因为牛山离城市太近，人们经常去砍伐山上的树木，还在上面放牧吃幼树，不给其休养生息的机会，牛山由最初的林木葱葱变成了战国时期的光秃秃，这正是生态环境遭受严重破坏的体现。

四　营建陵墓对生态环境的影响

早期人类没有埋葬制度，因此也不用修建陵墓。人死之后，便弃之于荒山野岭，《孟子·滕文公上》记载：“上世尝有不葬其亲者，其亲死，则举而委之于壑。他日过之，狐狸食之，蝇蚋姑嘬之。其颡有泚，睨而不视。”看到自己亲属的尸体被野兽虫子吞噬，十分汗颜，于是亲人的尸体埋入土中加以保护。这既是出于对亲属的关心，更与灵魂不死的原始宗教观念有关。原始人认为灵魂不死，人死后其灵魂在冥冥之中监视着人们，根据其行为予以奖惩。为了避免被惩罚，古人开始妥善处理亲人的尸体，由此产生了相关的埋葬制度。

西周时期严格等级制在丧礼中也有体现。比如对人死后所用的棺材就做了严格规定，《礼记·檀弓上》曰：“天子之棺四重。”《荀子·礼论》则曰：“天子棺椁七重，诸侯五重，大夫三重，士再重。”不仅对所用棺材的层数做了限制，对做棺材的原料也做了规定，《礼记·丧大记》说：“君松椁，大夫柏椁，士杂木椁。”无论是用多重的棺木还是质地好的原料，都是为了保护自己的尸体在地下不会被损坏。即使如此，统治者还觉得不足以保护自己的尸体，于是到了春秋时期又开始盛行木椁墓室，开始出现数层棺木外套木椁的大型木椁墓室，也就是所谓的“黄肠题凑”，《汉书·霍光传》曰：“以柏木黄心致累棺外，故曰黄肠。木头皆内向，故曰题凑。”可见墓室对木材的数量和品质要求都很高。陕西凤翔三畤原发现的秦公一号大墓，主椁室即为典型的黄肠题凑，就是用截面 21 厘米 ×21 厘米的上千根的枋木垒砌而成。一个木椁室就要使用上千根粗大的树干，如果成千上万个墓室都是这样呢？其所耗费的木头数量必定是巨大的、不可胜数的。而事实上，这类木椁墓室考古工作者已经发现很多，能够想象周代营建墓室对林木资源的巨大耗费。

同木椁墓室相比，春秋时代兴起的厚葬风气更是对生态资源的极大浪费。统治集团生前过着奢侈糜烂的生活，还幻想着死后到了阴间仍能享受这些荣华富贵，于是他们把大量的珍奇玩好和生活资料等作为随葬品放入墓室。这些随葬品主要有陶器、青铜器、兵器、车马器、玉器、瓷器及漆器等，一个墓室中的随葬品数量一般为几十件，多的则达上百件。《左传·成公二年》说："八月，宋文公卒，始厚葬，用蜃碳，益车马，始用殉，重器备，椁有四阿，棺有翰桧。"另外，周代还盛行车马坑，"在西周大型墓和一部分中型墓的附近，一般都另行挖坑埋葬车马，少者一车二马，多者可达十多辆车和数十匹马"①。越来越多的考古发现也证实了这一说法的真实性：在山西太原金胜村晋国贵族七鼎墓中发现的随葬品多达 3134 件，车马坑发现殉马 44 匹；② 山东临淄齐国故城 5 号墓的车马坑，尚未发掘完毕，就已经发现殉马 228 匹，估计全部殉马可达 600 匹以上；③ 陕西凤翔三畤原的秦公一号大墓，出土随葬品 3000 余件；④ 而发现于河南淅川下寺的楚墓最大的一座墓葬中，殉葬物品更多达 5000 件以上。⑤

厚葬所造成的生态资源浪费较之宫室营建有过之而无不及，《墨子·节葬下》指出："此存乎王公大人有丧者，曰棺椁必重，葬埋必厚，衣衾必多，文绣必繁，丘陇必巨。存乎匹夫贱人死者，殆竭家室。乎诸侯死者，虚车府，然后金玉珠玑比乎身，纶组节约，车马藏乎圹，又必多为屋幕、鼎鼓、几梃、壶滥、戈剑、羽旄、齿革，寝而

① 张之恒、周裕兴：《夏商周考古》，南京大学出版社 1995 年版，第 237 页。

② 山西省考古研究所：《太原金胜村 251 号春秋大墓及车马坑发掘简报》，《文物》1989 年第 9 期。

③ 山东省文物考古研究所：《齐故城五号东周墓及大型殉马坑的发掘》，《文物》1984 年第 9 期。

④ 陕西省考古研究所：《十年来陕西省文物考古的新发现》，《文物考古工作十年》，文物出版社 1990 年版。

⑤ 河南省博物馆、淅川县文管会、南阳地区文管会：《河南淅川下寺一号墓发掘简报》，《考古》1981 年第 2 期。

埋之。"[①] 在两周时期，厚葬之风在整个社会弥漫，从国君贵族到普通百姓，大家都极尽所能来厚葬，《吕氏春秋·安死》篇对此有所记载："世之为丘垄也，其高大若山，其树之若林，其设阙庭、为宫室、造宾阼也若都邑。"[②] 同书《节丧》篇则描述了厚葬的浪费："国弥大，家弥富，葬弥厚。含珠鳞施，夫玩好货宝，钟鼎壶滥，舆马衣被戈剑，不可胜其数。诸养生之具，无不从者。题凑之室，棺椁数袭，积石积炭，以环其外。"[③]

由于整个社会盛行厚葬，于是加大了对生态资源的攫取，使生态资源出现了紧张情况，如《韩非子·内储说上七术》曰："齐国好厚葬，布帛尽于衣衾，材木尽于棺椁。桓公患之，以告管仲曰：'布帛尽则无以为币，材木尽则无以为守备，而人厚葬之不休，禁之奈何？'……于是乃下令曰：'棺椁过度者戮其尸，罪夫当丧者。'"[④] 这段话使我们看到，由于盛行厚葬，在齐国出现了林木资源枯竭的严重局面，使齐桓公十分忧虑，于是在征求管仲的意见之后采取了严厉措施，以限制社会对林木资源的挥霍。类似的内容在《管子·立政》篇里也有记载："度爵而制服，量禄而用财。饮食有量，衣服有制，宫室有度，六畜人徒有数，舟车陈器有禁。修生则有轩冕、服位、谷禄、田宅之分，死则有棺椁、绞衾、圹垄之度。"如果不是出现了生态资源紧张的状况，统治者是不会采取上述措施的。正是由于当时盛行厚葬所导致的生态资源匮乏，才迫使当时的政治家和思想家制定相应措施，来限制对生态资源毫无节制的浪费。

第四节　两周时期战争对生态环境的破坏

从西周建立到春秋战国时期，战争不断，而且呈现愈演愈烈的态

---

① （清）孙诒让：《墨子间诂》，中华书局 2001 年版，第 169—171 页。

② 王利器：《吕氏春秋注疏》，巴蜀书社 2002 年版，第 987 页。

③ 同上书，第 976—981 页。

④ （清）王先慎：《韩非子集解》，中华书局 1998 年版，第 228 页。

势。频繁发生的战争给人民带来深重的灾难，同时也对社会经济造成了严重破坏，这也是长期以来众多学者重点探讨的问题。然而，对战争给生态环境造成的破坏及对社会的影响，论者甚少，几年前已经有学者指出这个问题："直到今天，战争对地球生态环境的破坏却很少为人所关注，而事实上战争带来的环境问题及其影响是存在并长期延续的。"[①] 然而至今这一问题依然乏人问津。春秋战国时期是我国古代生态环境急剧变化的时期，导致变化的众多原因之中，战争绝对是一个不容忽视的关键因素。探讨这个问题，不仅可以使我们认识到战争对东周生态环境的破坏，还能使我们更加全面地认识当时的生态环境状况及变化。

一　西周时期的战争

文献对于西周时期战争的记载极为零散，这些记录散见于西周文献及后世文献之中，还有一些青铜器铭文也记载了西周时期的战争。经过学者统计，西周时期见于记载的战争大致有 23 次。[②] 如武王时期西周灭商的牧野之战、成王时的周公东征及攻打淮夷之战、康王攻打鬼方的战争、昭王攻打荆楚的南征、穆王征伐犬戎的战争等，一共是 20 多次。这些战争有几个共同的特点。

1. 战争规模都比较小。如武王时西周灭商的牧野之战可谓是一场大仗了，因为这是一个新兴政权颠覆另一个政权的战争，事关生死存亡，双方必定会倾尽所能支配的全部兵力参与作战。但是即使是这么重要的一次战役，西周的前锋军队只有戎车三百乘，虎贲三千人。对此，许多文献都有记载：《逸周书·克殷解》载："周车三百五十乘陈于牧野，帝辛从。武王使尚父与伯夫致师。"《墨子·明鬼下》篇曰："武王以择车百两，虎贲之卒四百人。"《孟子·尽心下》载：

① 贾珺等：《从历史的视角看现代高科技战争的生态环境灾难》，《北京师范大学学报》2002 年第 1 期。

② 傅仲侠等：《中国军事史：附卷历代战争年表》，解放军出版社 1985 年版，第 5—6 页。

“武王之伐殷也，革车三百两，虎贲三千人。”《韩非子·初见秦》：“武王将素甲三千，战一日，而破纣之国，禽其身，据其地而有其民。”《战国策·魏二》：“武王卒三千人，革车三百乘，斩纣于牧之野。”《战国策·赵二》：“汤、武之卒不过三千人，车不过三百乘，立为天子。”《吕氏春秋·简选》：“武王虎贲三千人，简车三百乘。”《吕氏春秋·贵因》：“故选车三百，虎贲三千。”《史记·周本纪》：“遂率戎车三百乘，虎贲三千人，甲士四万五千人，以东伐纣。”

从上述记载可见，《史记》所记载的周灭商军队人数最多，大约有五万多人，其他文献的记载都要小于这个数字。这说明大家一致认为，西周攻打商朝时军队人数不是很多。这样一场你死我活的战争，双方必定会倾其所有参加战争，但西周的军队也才仅有五万多人，假设商朝有十万人迎战，双方投入的军队总人数也不过才十几万人。这么重要的战争尚且如此，其他的小规模战争就不用说了，其规模应该不会超过牧野之战。据此可以断定，相对来说，西周时期的战争规模都比较小。

2. 战争持续时间短。由于双方投入的兵力不多，所以除掉行军时间，双方军队交锋后作战的时间都比较短。如西周灭商的牧野之战只用了一天时间就结束了，如《韩非子·初见秦》载“战一日，而破纣之国”。意思是西周仅用了一天时间就消灭了商朝，《逸周书·世俘解》则说得更为详细：“越若来二月既死魄，越五日甲子朝，至，接于商。则咸刘商王纣……时甲子夕，商王纣取天智玉琰，瑑身厚以自焚。”[1] 意思是周朝军队早上到达朝歌之外就与商朝军队作战，到了晚上商纣就被打败然后在鹿台之上自焚。杨宽先生也认为：“牧野之战，是在甲子这天，从清晨誓师冲杀开始，到夜晚就取得全胜，迫使商纣自杀。”[2] 牧野之战是西周攻打商朝都城朝歌的战役，但是居然只用了一天时间就分出了胜负，其他小规模的战争更不用说了，其时间也必然

① 黄怀信等：《逸周书汇校集注》，上海古籍出版社 1995 年版，第 439—471 页。
② 杨宽：《西周史》，上海人民出版社 1999 年版，第 498 页。

不会太长。这大概跟当时人口少、粮食少，难以支撑长久的战争有关。

二　东周时期战争的特点

春秋战国时期，社会生产力取得极大发展，人口增加了，物质丰富了，战争的武器先进了，战争的方式也发生了变化。在天子失势、诸侯争霸的背景下，春秋时期战争频繁发生，较之西周，东周时期的战争特点有了明显变化。

1. 战争频繁。东周时期，周天子失势，礼乐征伐自诸侯出，各国为了争夺土地和人口，不断发生战争。战争频率之高，历史罕见，据不完全统计，从平王东迁到秦统一的500多年，见于史载的战争就有700多次，其中春秋483次，“据鲁史《春秋》的记载——仅仅记在鲁史的——二百四十二年里面，列国间军事行动，凡四百八十三次”[①]。战国时期则为230次。[②] 频繁发生的战争，必然会对生态环境造成严重的破坏，同时，遭到破坏的生态环境很难有足够的恢复时间，只能导致生态环境的日益恶化。

2. 兵种越来越多。随着战争的需要，东周时期的兵种呈现多元化趋势。这一时期的兵种，除了原来的车兵与舟军，还出现了步兵和骑兵，并逐渐成为主要的作战兵种。车兵是我国最古老的兵种，它“起源于夏代，流行于商周，春秋时达到鼎盛”[③]。春秋时期，中原各国作战以车战为主，南方诸国则以舟军为重要兵种。《越绝书》记载吴、越等国“以船为车，以楫为马”。对此，《左传》有较多记载，如襄公二十四年“楚子为舟师伐吴。”昭公二十四年“楚子为舟师以略吴疆”。而步兵则是山区国家和南方诸国主要的兵种，以步兵作为独立的作战部队开始于春秋后期，到了战国时期，步兵成为主要的作战兵种。骑兵在春秋时也开始出现，主要是受草原民族的影响而建立，最初与兵车混编，后来发展成单独的部队，主要是配合步兵作战。

① 范文澜：《中国通史》（第1册），人民出版社1978年版，第130页。

② 傅仲侠等：《中国军事史：附卷历代战争年表》，解放军出版社1985年版，第3页。

③ 顾德融、朱顺龙：《春秋史》，上海人民出版社2001年版，第316页。

3. 规模越来越大。整个东周时期，战争规模呈现出不断扩大的趋势。据杨宽先生研究，春秋初期，各大国军队人数还较少，如晋国有两万多人，齐国有三万多人，楚国为一万八千人。而到了春秋后期，晋国军队人数已达十五万，楚国军队人数也超过十万以上。[①] 春秋初期，交战时参战军队数量最多时才超过十万人，规模也相对较小。战国时期，各国军队人数剧增，七个强国的军队数量从三十万到一百万不等，《战国策》等史籍对战国各国的军队规模都有记载：秦国有带甲（或作奋击）百万，车千乘，骑万匹；魏国有带甲三十万或三十六万，防守边疆和辎重部队十万；赵国有带甲数十万，车千乘，骑万匹；韩国兵卒近三十万；齐国有带甲数十万；楚国有带甲（或作持戟）百万，车千乘，骑万匹；燕国有带甲数十万，车七百乘，骑六千匹。有如此众多的军队，战争规模自然也越来越大，远远超过了春秋时期，如《史记·秦本纪》说："白起攻韩、魏于伊阙，斩首二十四万，虏公孙喜，拔五城。"长平之战，"秦使武安君白起击，大破赵于长平，四十余万尽杀之"。《楚世家》也说："十七年春，与秦战丹阳，秦大败我军，斩甲士八万。"《战国策·燕策三》则记载燕国攻打赵国"以四十万攻鄗"，"以二十万攻代"一次就能出兵六十万，战争的规模必定很大。

4. 持续时间越来越长。西周时期的战争，时间都不长，周武王灭商的战役，仅仅用一天，对此，《韩非子·初见秦》做了记载："战一日破纣之国。"意思是这场灭商战争仅用一天就结束了。春秋时期较大的战役如城濮之战、鞌之战、鄢陵之战等，也都是在一两天之内就分出了胜负。但是到了战国时期，随着军队数量的增加、经济的发展及守城能力的提高，战争持续的时间越来越长。《战国策·赵策二》记赵奢语曰："（七国）能具数十万之兵，旷日持久数岁。"《战国策·赵策三》记载："齐以二十万之众攻荆，五年乃罢。赵以二十万之众攻中山，五年乃归。"两场战争都是打了五年。《战国策·秦策

---

① 杨宽：《战国史》，上海人民出版社1955年版，第285页。

一》曰："智伯帅三国之众，以攻赵襄主于晋阳，决水灌之，三年，城且拔矣。"《吕氏春秋·不屈》篇载魏惠王"围邯郸三年而弗能取"，《应言》篇载"秦虽大胜于长平，三年然后决，士民倦"。一场战争，短则三年，长则五年，持续时间大大超过了前代。持久的战争，势必对生态环境造成严重的破坏。

三 东周时期战争对生态环境的直接破坏

对因战争而引发的生态灾难做了大量而详细描述的首推《左传》，据《左传》记载：僖公二十八年城濮之战，"晋侯登有莘之虚以观师，曰'少长有礼，其可用也'。遂伐其木，以益其兵"。意思是晋侯命令士兵砍伐山上的树木，以充实军备，一支庞大的军队去砍伐山林，其造成的后果可想而知；襄公九年，"冬十月，诸侯伐郑……杞人、郳人从赵武、魏绛斩行栗"。诸侯的军队联合起来讨伐郑国，为了打击敌国，他们把郑国的行道树一砍而光；襄公十八年，"乙酉，魏绛、栾盈以下军克邿。赵武、韩起以上军围卢，弗克。十二月戊戌，及秦周，伐雍门之萩……己亥，焚雍门及西郭、南郭。刘难、士弱率诸侯之师焚申池之竹木。壬寅，焚东郭、北郭"。说的是晋国军队在战争中不断的纵火、砍伐行为，他们先是把秦周的萩木都砍伐殆尽，接着把申池旁边的竹子树木都焚烧干净，还把东、南、西、北四个城门也都纵火烧毁；襄公二十五年，"陈侯会楚子伐郑，当陈隧者，井堙（塞）木刊（除）。郑人怨之"。在讨伐郑国的战役中，陈、楚军队把郑国的水井填塞，把郑国的树木都给砍伐，生态环境的破坏，影响了人们的生活，所以他们的行为引起了郑国人民的愤恨。

《管子·霸形》则记载了楚和宋、郑之间的一场战争对生态环境的破坏："楚人攻宋、郑，烧焫熯焚郑地，使城坏者不得复筑也，屋之烧者不得复葺也。令其人有丧雌雄，居室如鸟鼠处穴。要宋田夹塞两川，使水不得东流，东山之西，水深灭垝，四百里而后可田也。"这场战争中，不仅纵火焚烧城池房屋，使人们流离失所，同时堵塞水道，积水淹灌，结果大面积地破坏了生态环境，给整个社会带来了一场生态灾难。它不仅严重地影响了人们的生活，而且破坏了正常的社会生产；《淮南子·泰族训》也记载说："阖闾伐楚，五战入郢，烧高府之粟，破九龙之钟。"吴楚战争中，生态环境同样遭到了破坏。《史记·平原君虞卿列传》则描写了邯郸被久围之后的惨状："邯郸之民，炊骨易子而食，可谓急矣。"

同样的记载还见于《战国策·齐策五》："（赵）袭魏之河北，烧棘蒲，坠黄城。"《战国策·魏策三》："秦十攻魏，五入国中，边城尽拔。文台堕，垂都焚，林木伐，麋鹿尽，而国继以围。"在残酷的战争中，尚未成熟的庄稼被割走，茂密的树林被砍伐，无数的牲畜禽兽被杀死，成片的房屋被焚毁，生态环境遭到了巨大的破坏。《墨子·非攻下》篇则描述道："入其国家边境，芟刈其禾稼，斩其树木，堕其城郭，以湮其沟池，攘杀其牲牷，燔溃其祖庙。"《天志下》篇："是以差论蚤牙之士，比列其舟车之卒，以攻罚无罪之国，入其沟境，刈其禾稼，斩其树木，残其城郭，以御其沟池，焚烧其祖庙，攘杀其牺牷。"只要发生战争，就会导致大量的树木被砍伐，野生动物被捕杀，城池楼台等建筑被摧毁，从而使生态环境遭到野蛮的破坏。

更加令人发指的是，在战争中，为了战胜敌国，一种对生态环境尤其具有破坏力的手段——水攻——也被经常使用于战争中，如《战国策·赵策一》记载："三国之兵乘晋阳城，遂战。三月不能拔，因舒军而围之，决晋水而灌之。"《韩非子·初见秦》对此也做了记载："知伯率三国之众以攻赵襄主于晋阳，决水而灌之三月。"《史记·赵世家》则记载赵国为了打击敌国，先后两次决开黄河堤岸；《秦始皇本纪》记载秦攻魏时也采用水攻的办法攻下了大梁。这种对付敌国看来是行之有效的办法对生态环境的破坏却是巨大的，大水浇灌之下，动物或逃或死，植物如灌木草丛也难逃厄运，城市、房屋被冲毁，一片凄凉。土壤经过长时间的浸泡之后，土质变坏，盐碱滋生，难以恢复，甚至会导致瘟疫病情的爆发，产生严重的生态灾难。《战国策·赵策一》记载晋阳被大水浇灌之后，"城中巢居而处，悬釜而炊，财食将尽，士卒病羸"。

由此可见东周时期战争对生态环境造成的严重破坏，目睹了当时战争惨状的老子则形象地为我们描述了战争之后的生态环境状况："师之所处，荆棘生焉。大军之后，必有凶年。"[①]

四 东周时期战争对生态环境的间接破坏

战争中，生态环境会遭到直接的破坏，这已经毫无疑问。没有发生战争时，生态环境也会受到跟战争有关的活动之影响，这也是需要我们注意的。比如，当时的战争以战车为主，随着争霸战争的愈演愈烈，战争规模的不断升级，各国兵车的数量也不断上升。据《左传》记载：晋国拥有的兵车，僖公二十八年城濮之战时为七百乘，成公二年鞌之战为八百乘，至昭公十三年的平丘之会已经增至四千乘；楚国的兵车，庄公二十八年为六百乘，到了春秋后期竟然接近万乘；齐国的兵车，定公九年齐伐晋时"丧车五百"，哀公十一年艾陵之战丧兵车八百乘；僖公三十三年崤之战，秦国兵车仅为三百乘，昭公元年秦后子奔晋，所带兵车已达千乘，可知秦国兵车总数至少也有二、三千乘。同样，南方国家的舟军则拥有大量的战船。《越绝书·外传·记地传》说勾践伐吴的军力"死士八千人，戈船三百艘"。同篇还记载吴越两国都有专门的船厂，而建造战船所用的木料要远远多于战车，这必然会耗费大量的木材。

制造的兵车、战船越多，需要的木材也就越多，于是加大了对林木资源的攫取，遭到砍伐的林木面积就越来越大。再加上当时战争频繁，对木材的需要也十分迫切，于是对林木砍伐的频率也持续上升，这使得森林根本没有更新成长的机会，长此以往必然导致森林面积减少，以至于到了春秋末期越国出现了林木资源极为短缺的状况，"越王乃使木工三千余人，入山伐木一年，师无所幸"[②]。无独有偶，这样的情况在宋国也出现了，《墨子·公输》篇曰："宋无长木。"反映的

---

① 高明：《帛书老子校注》，中华书局1996年版，第381页。

② （汉）赵晔：《吴越春秋》，江苏古籍出版社1999年版，第140页。

也是宋国林木资源缺乏的状况。大量的林木被砍伐，会导致生态的失衡，大量动物失去栖息的良好环境，从而转投他处，造成动物数量和品种的减少，并最终产生相应的种种生态问题。

另外，为了防止在战争中生态资源落入敌人之手为敌人所用，或者为了交战时的便利，在战争来临之前，往往要对生态资源进行一番人为的破坏，对此，《墨子》书中有很多记载，《备城门》篇曰："除城场外，去池百步，墙垣、树木小大俱坏伐，除去之。"《号令》篇："去郭百步，墙垣、树木小大尽伐除之。外空井尽窒之，无令可得汲也。外空窒尽发之，木尽伐之……当遂材木不能尽内，即烧之，无令客得而用之。"《杂守》篇："材木不能尽入者，燔之，无令寇得用之……寇至，先杀牛、羊、鸡、狗、乌、雁……事急，卒不可远，令掘外宅林。"交战前，树木无论大小，统统砍伐殆尽，不能带走的，则烧掉；把水井堵塞，防止为敌人所用，这些战前的准备工作，显然也是对生态环境的毁坏。

还需要指出的是，战争对资源的消耗十分巨大，伍子胥说："十万之众，奉师千里，百姓之费，国家之出，日数千金。"① 《孙子兵法·作战第二》更是做了具体阐述："凡用兵之法，驰车千驷，革车千乘，带甲十万，千里馈粮。[则] 内外之费，宾客之用，胶漆之材，车甲之奉，日费千金，然后十万之师举矣。"② 说明战争耗费非常巨大，这些资源必然来自对自然环境的攫取。巨大的军事开支也成为国家的沉重负担，孙子军事思想之一就是"兵贵速，不贵久"，根源就在于旷日持久的战争对自然资源消耗过大。

综上所述，东周时期频繁发生的战争，对当时的生态环境造成了严重破坏。有关的准备活动或战术，也在方方面面对生态环境产生了重大影响。只有充分认识到这些内容，我们才能全面认识导致生态环境变化的诸种因素，才能认识到战争对于生态环境的巨大破坏。同

① （汉）赵晔：《吴越春秋》，江苏古籍出版社 1999 年版，第 140 页。
② 李零：《孙子译注》，中华书局 2007 年版，第 8 页。

时，了解了战争对生态环境的巨大破坏，对于我们今天的生态环境保护，对于和平局面的维护，都具有极为重要的意义。

总之，两周时期，随着社会生产力的发展，农业不断进步，农业的发展必定是以开垦更多的荒地为耕地作为前提的，这势必会对生态环境产生或大或小的影响；人口的增加跟农业发展密切相关，农业的发展使社会有能力养活更多的人口，而人口的增加又反过来促进了对荒地的开垦，众多的人口日常的烧火做饭都是以木材作为燃料，其盖房子用的也是木材，这都需要砍伐树林来获得。人口越多，砍伐森林的面积越大、频率越高，破坏越大，从而最终导致生态问题的出现；大规模的城市、宫殿、陵墓营建工程，势必会打破生态环境的原来面貌，使生态环境发生根本性的变化，同时营建中也少不了对生态资源的使用和攫取，从而对生态环境造成破坏；两周时期尤其是东周时期经常发生的战争加剧了对生态环境的破坏，导致生态环境整体状况江河日下、不断恶化。

两周时期生态环境的变迁引起了很多政治家、思想家的关注，他们在慨叹生态环境日益恶化的同时，不由自主地追忆起前世美好的生态环境，以表达他们对当时生态环境遭到严重毁坏的痛惜之情，从他们对先前良好生态环境状况的描述中我们也能对比看出周代生态环境确实是出现了问题。如《孟子·滕文公上》曰："当尧之时，天下犹未平，洪水横流，泛滥于天下，草木畅茂，禽兽繁殖，五谷不登，禽兽逼人，兽蹄鸟迹之道交于中国。"这段话说明孟子十分怀念上古时期良好的生态环境；《庄子·马蹄》篇曰："至德之世……万物群生，连属其乡，禽兽成群，草木遂长。故其禽兽可系羁而游，鸟鹊之巢可攀援而窥……夫至德之世，与禽兽居，族与万物并。"在庄子眼里，理想的社会应该是禽兽成群、草木茂盛，人类和野生动物、植物和平共处，相安无事；《韩非子·五蠹》则说："上古之世，人民少而禽兽众。"由于生态资源的充足，所以当时"丈夫不耕，草木之食足食也，妇人不织，禽兽之皮足衣也"。这种生态资源充足的状况在战国时期只能成为记忆了，因为战国时期"人民众而货财寡，事力劳而供养薄，故民争”。生态资源的不足，导致人们关系的紧张，战乱纷争才屡屡发生。

正是由于春秋战国时期生态资源的缺乏，当时的思想家才大力提倡节俭，如《墨子·节用中》曰：“是故古者圣王制为节用之法，曰：‘凡天下群百工，轮、车、鞼、匏、陶、冶、梓、匠，使各从事其所能’曰：‘凡足以奉给民用，则止’。诸加费不加于民利者，圣王弗为。古者圣王制为饮食之法，曰：‘足以充虚继气，强股肱，耳目聪明，则止’。不极无味之调、芬香之和，不致远国珍怪异物。”《吕氏春秋·重己》亦云：“昔先圣王之为苑囿园池也，足以观望劳形而已矣；其为宫室台榭也，足以辟燥湿而已矣；其为舆马衣裘也，足以逸身暖骸而已矣；其为饮食酏醴也，足以适味充虚而已矣；其为声色音乐也，足以安性自娱而已矣。”战国时期思想家认为，因为上古的先王、圣王能够合理地利用生态资源，所以当时的生态环境状况良好、令人向往。而战国时期之所以出现环境问题，就在于当时的统治者以及人们不能合理地利用各种生态资源，为了自己的私欲就大肆地掠夺、破坏生态资源，导致生态资源匮乏并引发了各种社会问题。这些问题事关社会的稳定与发展，事关统治者的生死存亡，必须引起整个社会的关注。为此，他们著书立说，大力倡导其保护生态环境的思想。

第三章　两周时期天人关系的探索及成果

第一节　对自然认识水平的提高

一　“事鬼敬神而远之”

从西周建立到春秋战国时期，随着社会生产力的提高，周人对自然的认识也在不断地深化，郭宝钧说：“证以殷周史实，由殷商的残民事神，到西周的敬天保民，转变为春秋的重民轻天，以进至战国时的应天常、尽人事，都是循照着这个方向前进的。”[①] 在这里，他将周人对自然的态度可谓做了一个全面的概括，其观点很有代表性，得到了很多学者的赞同。但也有学者对这一说法持怀疑态度，如葛兆光认为：“长期以来，思想史家对于殷周两代的思想与文化有一个很顽强的印象，即西周对于殷商来说，是一个发生了根本变化的时代……其实这并不可靠，周人的内心想法已经随着事件的消失而消失，后人无法也不应越俎代庖的去替古人思想，历史学家也不应该以自己的想象推断古人的主观意图。”为了证实自己的观点，他还举了一些例子，最后得出“西周的思想世界与殷商的思想世界，实际上同多而异少，西周人和殷商人一样相信，‘帝’在‘天’上，与人间一样，有一个由神祇构成的世界，它们在主宰一切”[②]。按照葛兆光的观点，我们不

① 郭宝钧：《中国青铜时代》，生活·读书·新知三联书店 1977 年版，第 226 页。
② 葛兆光：《中国思想史》（第一卷），复旦大学出版社 2001 年版，第 32—34 页。

能越俎代庖地去替古人思想，那么我们就应该认真去研究古人的思想，看看他们是怎么思想的，再来对西周是否继承了商代的传统做一个正确的判断。

最直接阐明周人对上天的态度的，是《礼记·表记》里孔子所说的一段话："夏道尊命，事鬼敬神而远之，近人而忠焉。先禄而后威，先赏而后罚，亲而不尊。其民之敝，蠢而愚，乔而野，朴而不文。殷人尊神，率民以事神，先鬼而后礼，先罚而后赏，尊而不亲。其民之敝，荡而不静，胜而无耻。周人尊礼尚施，事鬼敬神而远之，近人而忠焉。其赏罚用爵列，亲而不尊。其民之敝，利而巧，文而不惭，贼而蔽。"[①] 孔子生活在春秋时代，距离西周时期远比今人要近，他的话应该更具说服力。宋人吕大临则作了进一步的解释："夏、周尚亲而不尊，故远神而近人。殷人尚尊而不亲，故先鬼而后礼。"

除了上述孔子的言论，还有一些文献记载也能反映周代人们对上天态度的变化，如《荀子·儒效》篇曰："武王之诛纣也，行之日以兵忌，东面而迎太岁，至汜而泛，至怀而坏，至共头而山隧。霍叔惧曰：'出三日而五灾至，无乃不可乎？'周公曰：'刳比干而囚箕子，飞廉、恶来知政，夫又恶有不可焉？'遂选马而进，朝食于戚，暮宿于百泉，厌旦于牧之野，鼓之而纣卒易向，遂乘殷人而诛纣。"[②] 这段话说明，在西周尚未灭商之前，已经和商代的思想有了很大的区别，不再以自然现象作为征兆来决定事情的行否。这样的思想可以上溯到文王之时，《诗经·大雅·文王》篇曰："上帝既命，侯服于周。侯服于周，天命靡常……有虞殷自天，上天之载，无声无臭。仪刑文王，万邦作孚。"意思说的就是上天是无常的，是不能指望的，商朝的灭亡就是一个教训。上天不能指望，要效法文王，才能取得邦国的信任。这样的思想还见于《尚书·康诰》篇："王曰：呜呼！肆汝小子封！惟命不于常，汝念哉！"可见，从周初确立的思想，就这样一直

---

① （清）朱彬：《礼记训纂》，中华书局 1996 年版，第 792 页。
② （清）王先谦：《荀子集解》，中华书局 1988 年版，第 134—136 页。

被继承下去了。既然这种思想得以贯彻执行，那么殷商的“敬天事鬼”思想肯定就失去了存在的社会基础，适应社会发展需要的新思想肯定会出现。所以，殷商之际思想发生重大变化的说法是很正确的。

那么，是什么原因导致周人不再像商人那么信奉上天了呢？刘玉娥说：“到了殷商末年和西周时期，随着人类经验的不断积累，人们开始发现多数时候，神也并不能保佑人。尤其是经过商、周朝代更替，人们对天的信念开始动摇了。如果‘天神’有灵的话，那么商人敬祀之心如此虔诚，天意怎么会变化不再保佑殷商而转向西邦周呢？”[①]《尚书·召诰》载周公旦曰：“皇天上帝改厥元子，兹大国殷之命……惟不敬厥德，乃早坠厥命。”意思是说周人之所以取代殷商，是由于“天”收回了赋予商的“天命”，其原因在于殷商不敬德。鉴于殷商灭亡的教训，周朝建立者提出“以德配天”的主张，为此，周公旦制定了一套礼仪规范。金景芳先生说：“周人尊礼否定了殷人的尊神，实际上是把人们的思想从虚无缥缈的天空中，又挽回到现实的地面上来。”[②]

但是细读周代文献，我们却又能屡屡发现周人敬神事鬼的记载，这些记载似乎和上述内容互相矛盾。其实不然，早有专家对此进行了解释，如郭沫若说：“周人一面在怀疑天，一面又在仿效着殷人极端地尊崇天，这在表面上很像是一个矛盾，但在事实上一点也不矛盾的。请把周初的几篇文章拿来细细地读，凡是极端尊崇天的说话是对待着殷人或殷的旧时的属国说的，而有怀疑天的说话是周人对着自己说的。这是很重要的一个关键。这就表明着周人之继承殷人的天的思想只是政策上的继承，他们是把宗教思想视为了愚民政策。自己尽管知道那是不可信的东西，但拿来统治素来信仰它的民族，却是很大的

① 刘玉娥：《夏商至春秋天人关系的发展及人的生命意识》，《黄河科技大学学报》2007 年第 2 期。

② 金景芳：《中国奴隶社会诞生和上升时期的思想》，载舒星、彭丹编《金景芳儒学论集》（上册），四川大学出版社 2010 年版，第 54 页。

一个方便。自然发生的原始宗教成为了有目的意识的一个骗局。所以《表记》上所说的‘周人事鬼敬神而远之’，是道破了这个实际的。”[①]金景芳先生也认为：“周人总结了夏商二代的经验之后，在思想上是既不尊命也不信神，而只是尊礼。然而他们意识到在当时的历史条件下，不能消灭宗教迷信或宣传无神论。因为这样做不但不可能，而且对他们自己也没有好处。因而想出另一种办法，即利用鬼神来为他们的政治服务。”[②]

作为史学大家，两位先生的说法绝不会是主观臆造，而是有根有据的，如《国语·周语上》曰：“古者先王既有天下，又崇立于上帝神明而敬事之，于是乎有朝日、夕月，以教民事君。”意思就是说过去的王敬神事鬼目的就在于愚弄老百姓，使其服从统治；《荀子·天论》篇说：“日月食而救之，天旱而雩，卜筮然后决大事，非以为得求也，以文之也。故君子以为文，而百姓以为神。以为文则吉，以为神则凶也。”也说的是同样道理，只不过君子和老百姓理解的角度不一样，因而其所表现出来的态度也不一样。

二 “天道远、人道迩”与“天人相分”

如果说西周时期还能找到殷商时期敬天事鬼观念的踪影，那么到了春秋时期，这种观念则进一步淡化。西周统治者掀起天命弃商思潮之目的，在于为自己推翻商朝并取而代之找到合法的依据，使大家都相信殷商的灭亡是天由于其失德所致，为此，西周统治者确立了德治思想。然而现实情况和周初统治者的设想出入很大，西周后期的很多统治者在很大程度上违背了德治的原则，失德现象屡屡发生，给诸侯和百姓造成极大的伤害，从而使整个社会对周初所确立的以德配天这一思想体系产生怀疑。刘刚说：“周人逐渐意识到‘敬德’与‘受命’之间并不完全对接——或统治者虽‘敬德’却未曾得到‘天命’

---

① 郭沫若：《青铜时代》，科学出版社1957年版，第20页。

② 金景芳：《中国奴隶社会诞生和上升时期的思想》，载舒星、彭丹编《金景芳儒学论集》（上册），四川大学出版社2010年版，第59页。

赏善，或统治者‘失德’却仍配享‘天命’，‘天不可信’和对‘天’的怀疑，使‘天’的宗教神性下降，为‘自然之天’提供了潜在产生的可能，而这虽是消极但却无疑开启了对‘天命’的重新认识——东周‘天道观’的勃兴及对传统‘天命’观的分化。”① 陈来也说：“春秋时代在继续完善礼乐文化的同时，也在延伸中发生变异，不断产生着新的思想观念。这些变化，既与当时时代的社会变动有关，也反映了精神的发展和自觉。春秋时代‘天道’观念的发展，来自于两条线索，一是人文主义，一是自然主义。人文主义的发展体现为对天的道德秩序的意义的重视，而自然主义的发展则向自然法则的意义延伸。”②

到了春秋时期，“天道”的说法已经较为普遍，例如《国语》③里就有很多记载，《周语下》载鲁侯问单子晋国将有内乱的原因时：“敢问天道乎，抑人故也?”《晋语一》载史苏言曰：“今君起百姓以自封也，民外不得其利，而内恶其贪，则上下既有判矣；然而又生男，其天道也?”《晋语六》载范文子言：“天道无亲，唯德是授。”《越语下》载范蠡曰：“天道盈而不溢，盛而不骄，劳而不矜其功。夫圣人随时以行，是谓守时。”同篇范蠡还说：“天道皇皇，日月以为常，明者以为法，微者则是行。”《左传》对此更是不乏记载，下面列举几例：《庄公四年》邓曼曰：“盈而荡，天之道也。”《昭公九年》裨灶道：“楚克有之，天之道也。”《昭公十一年》苌弘云：“岁及大梁，蔡复楚凶，天之道也。”《襄公九年》载晋侯问士弱：“吾闻之，宋灾于是乎知有天道。”士弱在回答时说：“是以日知其有天道也。”《襄公二十八年》董叔言：“天道多在西北。南师不时，必无功。”《哀公十一年》子胥曰：“盈必毁，天之道也。”

---

① 刘刚：《“天命”与“天道”：东周“天人”观的嬗变与分化》，《中华文化论坛》2011 年第 4 期。

② 陈来：《古代思想文化的世界——春秋时代的宗教、伦理与社会思想》，生活·读书·新知三联书店 2002 年版，第 61 页。

③ 《国语》，上海古籍出版社 1998 年版。

从其表述来看，上述“天道”的含义不尽相同，有的是指上天的安排，有的是指道德之天，亦即西周所确立的天，有的则是指自然之天。但是无论如何，当时对“天道”予以探索和阐述成为一种普遍的社会现象，正如杨汉民所说：“春秋战国时的百家争鸣几乎无一例外的探讨天道与人道之关系，相互之间的区分标志，也往往体现在对天人关系的不同诠释中。”① 正是在这样的背景下，思想家开始致力于“天道”的思考，使春秋时期的思想观念比西周时期更加进步，也使春秋时期的思想家看到了“天道”与“人道”真正的关系，其中最具代表性的就是郑国子产所阐述的“天道远、人道迩”这一观念。

《左传·昭公十七年》记载：“冬，有星孛于大辰，西及汉。申须曰：‘彗所以除旧布新也。天事恒象，今除于火，火出必布焉，诸侯其有火灾乎！’梓慎曰：‘往年吾见之，是其征也。火出而见，今兹火出而章，必火入而伏，其居火也久矣，其与不然乎？火出，于夏为三月，于商为四月，于周为五月。夏数得天，若火作，其四国当之，六物之占，在宋、卫、陈、郑乎！宋，大辰之虚也；陈，大皞之虚也；郑，祝融之虚也，皆火房也。星孛及汉，汉，水祥也。卫，颛顼之虚也，故为帝丘，其星为大水。水，火之牡也。其以丙子若壬午作乎！水火所以合也。若火入而伏，必以壬午，不过其见之月。’郑裨灶言于子产曰：‘宋、卫、陈、郑将同日火。若我用瓘斝玉瓒，郑必不火。’子产弗与。”② 鲁国占星家梓慎根据天象断定宋、卫、陈、郑四国将有大火。郑国占星家裨灶建议子产祭祀上天，可以避免火灾，但是被子产拒绝。

根据《左传·昭公十八年》的记载，次年，宋、卫、陈、郑四国果然发生了火灾，于是有人怀疑子产的做法正确与否。裨灶再次找到了子产，提出祭祀的要求，指出如果再不祭祀，郑国还会发生火灾，

---

① 杨汉民：《〈吕氏春秋〉天人关系论的思想史意义》，《史学月刊》2012 年第 6 期。
② （清）洪亮吉：《春秋左传诂》，中华书局 1987 年版，第 728—729 页。

但是子产依然否定了他的意见。于是有人指责子产太吝啬，如子大叔曰："宝，以保民也。若有火，国几亡，可以救亡，子何爱焉?"子产曰："天道远，人道迩，非所及也，何以知之？灶焉知天道？是亦多言矣，岂不或信?"[①] 针对子大叔的职责，子产指出，天道并非人类所能掌握的，因此人们也就不可能知道天要发生的事，禅灶当然也不可能知道，因此对其提出的要求加以拒绝。之所以拒绝，是因为他认为祭祀上天也没有用，上天有自己的客观规律，不会因为人类的意志而转移。后来事实证明，子产的判断是正确的，因为在没有祭祀的情况下，郑国并没有再发生火灾。

同样的事情在《左传・哀公六年》也有记载："初，昭王有疾，卜曰：'河为祟。'王弗祭。大夫请祭诸郊，王曰：'三代命祀，祭不越望。江、汉、睢、漳，楚之望也。祸福之至，不是过也。不穀虽不德，河非所获罪也。'遂弗祭。"楚昭王身体患病，大夫请求到郊外去祭祀河神，以减轻昭王的病情。昭王没有同意，他认为他的病跟河神没有关系，祭祀了也没有用，于是没有祭祀。孔子对其行为大加赞赏，同篇载孔子曰："楚昭王知大道矣，其不失国也，宜哉。夏书曰：'惟彼陶唐，帅彼天常，有此冀方。今失其行，乱其纪纲，乃灭而亡。'又曰：'允出兹在兹。'由己率常，可矣。"这段话不仅说明楚昭王对人与自然的关系有着清醒的认识，也说明孔子对此深有体会。

上面两个事例说明，春秋时期人们已经能够认识到自然规律是客观存在的，各种自然现象其实与人类社会没有太大的联系，因此，人们也就没有必要对其诚惶诚恐、恭恭敬敬。这就使得人们开始具备了摆脱上天控制的思想意识，这一认识对于当时的社会来说，自然是十分可贵的。到了战国时期，思想家对天道有了更加深刻的认识，最具代表性的就是荀子提出的"天人相分"思想。

荀子是战国时期著名的思想家，其兼采众家之长形成了自己的思想

---

① （清）洪亮吉：《春秋左传诂》，中华书局1987年版，第731页。

体系。侯外庐说："《荀子》书中原于儒于墨于老者，的可指出……故荀子综合诸家之思想，当无可否认。"[①] 任继愈也认为："荀子一方面继承了老子及其后学坚持的天道自然无为的传统，又避免了他们忽视人的主观能力的缺点；他批判了孟子等人的观点，又批判地吸取了他们重视人的主观能动作用的积极因素。在承认客观规律的前期下，提出了人定胜天的思想……因此荀子的哲学体系达到了先秦哲学的最高峰。"[②] 作为当时思想界的代表人物，荀子博采众长，学说体系丰富庞大，其中自然涉及当时的热点问题——天道。

荀子认为，自然界是极其复杂的，它按照自己的规律在运行着，各种天象的发生，也都是很正常的，与人间祸福没有什么联系。《荀子·天论》篇曰："星队、木鸣，国人皆恐。曰：是何也？曰：无何也，是天地之变，阴阳之化，物之罕至者也，怪之可也；而畏之非也。"[③] 意思是发生星星坠落和木头出声等事情以后，大家都很恐惧，其实这没有什么值得害怕的，因为这是由于天地运行变化所导致的现象，因为这些现象发生，所以大家会觉得很奇怪，觉得奇怪可以原谅，但是对这些现象产生恐惧，就不对了。

为了使大家明白这些道理，荀子详细地论述了天道，《荀子·天论》篇云："天行有常，不为尧存，不为桀亡。应之以治则吉，应之以乱则凶。强本而节用，则天不能贫，养备而动时，则天不能病；修道而不贰，则天不能祸。故水旱不能使之饥渴，寒暑不能使之疾，祆怪不能使之凶。本荒而用侈，则天不能使之富；养略而动罕，则天不能使之全；倍道而妄行，则天不能使之吉。故水旱未至而饥，寒暑未薄而疾，祆怪未至而凶。受时与治世同，而殃祸与治世异，不可以怨天，其道然也。故明于天人之分，则可谓至人矣。"[④] 意思是说，自然界有其客观运行规律，不会为了尧而生存，也不会因为夏桀而灭亡。人

---

① 侯外庐：《中国古代思想学说史》，辽宁教育出版社 1998 年版，第 230 页。

② 任继愈：《中国哲学史》（第一册），人民出版社 1979 年版，第 111 页。

③ （清）王先谦：《荀子集解》，中华书局 1988 年版，第 313 页。

④ 同上书，第 306—308 页。

类社会的吉凶祸福，都和人类自己对社会的管理有关，人类把社会治理好了就会呈现吉祥，治理乱了则会出现灾难。人类社会只要做好自己的分内事，上天就不能使人贫穷，也不能使人生病，更不会发生灾祸。无论人类社会是治世还是乱世，都和上天没有关系，因此也不用抱怨上天。

三 “法天”与“制天命而用之”

所谓法天就是要人们效法天道，按照自然规律办事。这一思想准确地反映出了春秋战国时期人们对自然探索的成就。因为天是客观存在的，其运行规律也是客观的不以人的意志为转移，而且人们的生活、生产等还要受到它的制约。事实已经证明，一味地对天屈服、讨好是没有用处的。因此，不如顺应客观规律，按照自然规律办事，这样才会更少地免于自然的惩罚，才会使人们的生命、生活和生产更有保障。

较早明确提出法天思想的当属老子，《老子》二十五章曰：“人法地，地法天，天法道，道法自然。”在人、地、天的关系中，人最终还是要法天的；另外一个道家代表人物庄子对天也有充分的了解和阐述，《庄子·天道》篇曰：“夫明白于天地之德者，此之谓大本大宗，与天和者也。”指出了解天道是最重要的事情，《庄子·在宥》篇曰：“乱天之径，逆物之情，玄天弗成。”指出了按照自然规律办事的重要性。而《庄子·说剑》篇亦曰：“上法园天，以顺三光；下法方地，以顺四时；中和民意，以安四乡。”

除了道家，墨家、儒家和法家也都提出了法天思想。《墨子·法仪》篇曰：“故百工从事，皆有法所度。今大者治天下，其次治大国，而无法所度……然则奚以为治法而可？故曰莫若法天。天之行广而无私，其施厚而不德，其明久而不衰，故圣王法之。既以天为法，动作有为必度于天，天之所欲则为之，天所不欲则止。”墨子认为，治理天下的好办法就是法天，因为天是无私的，是永恒存在的，所以要法天，连圣人都这样做了。法天就要按照天的客观规律来约束自己的行为，使自己的行为符合天的要求。《孟子·滕文公上》引孔子言曰："大哉，尧之为君，惟天为大，惟尧则之。"《易·系辞上》曰："《易》与天地准，故能弥纶天地之道。仰以观于天文，俯以察于地理，是故知幽明之故。"这里体现了儒家的法天思想。而《韩非子·扬权篇》则记载了法家的法天思想："若天若地，是谓累解；若地若天，孰疏孰亲；能象天地，是谓圣人。"由此可见，当时各家各派都对法天有着自己独特的理解，并以不同的方式表达出来。

尤其值得指出的是，到了周代，思想家们不仅在理论上提出法天，并大力宣传他们的主张，使这一思想深入人心，并且实践中也处处都有体现，导师常金仓先生认为："在周代礼仪中法天观念曾得到广泛的应用，例如冬至于圆丘祭天，夏至于方泽祭地，明堂上圆下方，天子冕綖前圆后方，都是效法天圆地方；服制上玄下纁，巾幂玄表纁里，都是效法天玄地黄；天子十二而冠，巡狩以十二年为期，冕十有二旒，服十有二章，飨礼十有二牢，都是效法天地运行周期。"①可见法天观念在当时已经深入人心，在人们的生活及礼仪中都有体现。这种思想的普及，促使当时的思想家能够更进一步地探讨"天道"，并对其有了更深入的了解，从而产生了荀子"制天命而用之"的光辉思想。

荀子认为，天是客观存在的，不以人的意志为转移。但这不等于说人在天的面前就无能为力；反之，人类是能够摆脱对上天的依附的，可以独立思考，也能有效地利用上天。《荀子·天论》说："大天而思之，孰与物畜而制之？从天而颂之，孰与制天命而用之？望时而待之，孰与应时而使之？因物而多之，孰与骋能而化之？"意思是与其一味地崇敬上天企图得到它的恩赐，不如像对待牲畜那样来想办法控制它；跟着上天而歌颂它，不如通过掌握其规律来利用它；等待时间的到来，不如在适当的季节做适宜的事情。

从荀子的话语里可以看出，这显然是把天放在了很低的地位，人类

---

① 常金仓：《二十世纪古史研究反思录》，中国社会科学出版社2005年版，第248页。

甚至可以像对待牲畜那样来对待它。能够提出这样的思想，说明荀子具有超前的眼光和超人的勇气。但这种观念的提出，恰恰是当时人对自然认识进步的体现，正是由于人们更多地了解了自然规律，知道怎么按照自然规律来办事，使人们更能掌握自己的生命、生活和生产，才使人类有资本来和天平起平坐而不是像过去那样仰视上天。

四　“天人合一”

探讨周代对自然认知水平的提高，“天人合一”问题是最具代表性的。虽然当时的思想家还没有明确提出“天人合一”这一概念，但关于天人合一的理论阐述，则毫无疑问已经产生。对此，学术界基本都予以认同，如张岱年先生说：“天人合一的观念可以说起源于西周时代。”他同时还指出“天人合一”思想对古代社会的重要影响：“中国传统哲学，从先秦时代至明清时期，大多数（不是全部）哲学家都宣扬一个基本观点，即‘天人合一’。”[①] “天人合一”思想是我国先哲探讨人与自然关系问题上取得的灿烂成果，这在当时整个世界都是领先和独特的，对今天也有重要的意义，王正平说：“进入20世纪以来，特别是近几十年以来，由于人类面临日益严峻的生态危机，各国思想家、科学家在对‘天人之际’进行哲学反思中，出现明显地向‘东方生态智慧’回归的倾向。”[②]

《尚书·周书·泰誓》曰：“惟天地，万物之母；惟人，万物之灵。”说明周人既认识到自然对人类社会的重要性，又看到人类自身的能动性。这样的认识，使人终于能够挣脱长期以来上天的束缚，认识到人对社会的重要性。《左传·桓公六年》所载虞国大夫季梁曰：“夫民，神之主也。是以圣王先成民而后致力于神。”说明统治者已经认识到人民的重要作用，这种观念较之前代是一个巨大的飞跃。如果人类自身不能摆脱上天的束缚，就不可能冷静地思考人与天的关系，

---

① 张岱年：《“天人合一”思想的剖析》，范淑娅等编：《中国观念史》，中州古籍出版社2005年版，第24、25页。

② 王正平：《环境哲学：环境伦理的跨学科研究》，上海人民出版社2004年版，第68页。

那么“天人合一”的思想观念也就难以形成。

较早记载了“天人合一”思想的是《周易》，该书《乾・文言传》篇曰：“夫大人者，与天地合其德，与日月合其明，与四时合其序，与鬼神合其吉凶。先天而天弗违，后天而奉天时。”意思是说圣人的德行与天地日月相一致，能先于天时的变化而行事，所以能够对自然加以引导，使自然能够顺从；如果是在天时发生变化之后行事，则要适应自然法则，使人能够和自然相互协调。同书《泰・象传》篇则曰：“裁成天地之道，辅相天地之宜。”就是说应该在遵循自然法则的基础上，对自然加以节制调整，使之更加适合人类的需要，这些言论显然包含着人与自然相互和谐的思想。

道家的创始人老子也对“天人合一”进行了阐述，《老子》二十五章曰：“有物混成，先天地生……吾不知其名，故强字之曰道。”四十二章曰：“道生一，一生二，二生三，三生万物。”意思是“道”是万物的起源，世上万物都来源于道，因此，人、地、天都要尊重道，即二十五章所曰“人法地，地法天，天法道，道法自然”。很显然，在老子眼里，整个世界都是在按照道的内在规律发展变化的，人只是自然界中的一分子，因此人的活动也要符合自然规律的要求。

按照老子的理论，人是要尊重自然规律的，这种尊重就是和天保持一致，也就是天人合一，这显然是一种很高的境界。美国学者卡普拉说：“在伟大的宗教传统中，据我看，道家提供了最深刻并且是最完善的生态智慧，它强调在自然的循环过程中，个人和社会的一切现象以及两者潜在的基本一致。”① 李约瑟则认为：“老子是世界上最懂自然的人。”他说：“道家的思想和行为，不外对传统的反抗，对社会的逃避，对自然的热爱与研究……中国如果没有道家，就像大树没有根一样。”②

儒家创始人孔子也有相关的理论。如《论语・阳货》曰：“天何

---

① 佘正荣：《生态智慧论》，中国社会科学出版社 1996 年版，第 12 页。

② ［英］李约瑟：《中国古代科技思想史》，陈立夫等译，江西人民出版社 1999 年版，第 73 页。

言哉？四时行焉，百物生焉，天何言哉？”这个天就是包括四时运行、万物生长在内的自然界。孔子认为，天不用说那么多，人类就该认识它理解它，天之所以为天，就因为其能够按照自己的规律四时运行，生养万物，那么世上万物都该尊敬它，这是不用说的。再如《论语·季氏》所言：“君子有三畏：畏天命，畏大人，畏圣人之言。”说的也是首先要尊重天，然后才是其他。《论语·泰伯》说：“大哉！尧之为君也。巍巍乎，唯天为大，唯尧则之。”尧之所以受到人们的尊重成为天子，就在于他能够以天为法则。

孔子之后的儒家继承了孔子的相关思想，如《礼记·中庸》载子思曰：“惟天地至诚，故能尽其性，能尽其性，则能尽人之性，能尽人之性，则能尽物之性，能尽物之性，则可以赞天地之化育，能赞天地之化育，则可以与天地参矣。”意思是说天性和人性是有密切联系的，能尽天性，就能尽人性，就能达到尽物之性的境界，就能与天地共参。

孟子也继承了孔子的天命观，《孟子》一书多有体现。《万章上》曰：“天不言，以行与事示之而已矣。”这显然和孔子的思想是一致的，也就是说，天虽然不说话，但是其运行中的一些自然现象却表达了它的意思。孟子认为，天是客观存在的，自然规律是不可违背的，《离娄上》说：“顺天者昌；逆天者亡。”因此人们的行为不能违背自然规律，否则就会招来灾祸。那么怎样才能与天保持一致呢？《尽心上》说：“尽其心者，知其性也。知其性，则知天矣。存其心，养其性，所以事天也。”孟子认为，人的心、性和天是统一的，而“事天”之道，就是“存心”“养性”，以待天命。总之，他认为人必须尊重自然，按照自然规律办事，正如《梁惠王上》所说：“不违农时，谷不可胜食也。数罟不入洿池，鱼鳖不可胜食也。斧斤以时入山林，材木不可胜用也。谷与鱼鳖不可胜食，林木不可胜用，是使民养生丧死无憾也。”这正是其“天人合一”思想的体现。

墨家代表人物墨子也主张“天人合一”。墨子认为：“天”是万事万物的主宰，它有意志、有好恶。《墨子·天志上》曰：“然则天亦何欲何恶，天欲义而恶不义。”《天志中》亦云：“天子为善，天能赏之。天子为暴，天能罚之。”明确承认天对人世的主宰。因为天是万事万物的主宰，所以“天”是全知全能、无所不在的。《天志下》云：“今人皆处天下而事天，得罪于天，将无所避逃之者矣。”由于整个天下都是“天”掌管的范围，所以如果得罪了“天”，那就再也无处藏身了。而天对人的行为是能够赏赐和惩罚的。《尚同中》云：“既尚同乎天子，而未上同乎天者，则天灾将犹未止也。故当若天降寒热不节，雪霜雨露不时，五谷不熟，六畜不遂，疾灾戾疫，飘风苦雨，荐臻而至者，此天之降罚也，将以罚下人之不尚同乎天者也。”这是说，赏罚完全看人是否服从了天的意愿，如果顺从了天的意愿，那么就会得赏，否则，惩罚就会接踵而至。在这种情况下，人只有和天保持统一，因为天是公道无私的，正如《墨子·法仪》所言：“莫若法天。天之行广而无私，其施厚而不德，其明久而不衰，故圣王法之。既以天为法，动作有为必度于天，天之所欲则为之，天所不欲则止。”这样就实现了天人合一。

庄子继承和发展了老子的基本观点，《庄子·大宗师》篇曰：“夫道，有情有信，无为无形，可传而不可受，可得而不可见，自本自根，未有天地，自古以固存。神鬼神帝，生天生地；在太极之先而不为高，在六极之下而不为深，先天地生而不为久，长于上古而不为老。”也就是说道是宇宙万物的本原，它是客观存在的。庄子也很重视气，《庄子·知北游》篇说：“通天下一气耳。”庄子认为人与天地自然都是由气构成，而人是自然的一部分，因此人与天是统一的。正如《齐物论》篇所说：“天地与我并生，而万物与我为一。”《山木》篇也说：“人与天一也。”庄子认为，人和自然是统一的，因此人与自然的关系也应该是和谐的，不能因为自己的爱好而破坏自然，《秋水》篇曰：“无以人灭天，无以故灭命。”在《缮性》篇里，庄子进一步表达了他对“天人合一”状态的向往：“古之人，在混芒之中，与一世而得淡漠焉。当是时也，阴阳和静，鬼神不扰，四时得节，万物不伤，群生不夭。人虽有知，无所用之，此之谓至一。”这正是庄子所渴望的一种状态，四季正常运行，天地阴阳和谐，人与自然万物和谐共处。

基于周代思想家对“天人合一”观念的阐述，后世思想家使其得到了更大的发展，成为中国哲学史上的一个重要内容，钱穆先生自豪地说：“天人合一是中国文化对人类最大的贡献。”① 他还指出：“中国人常抱着一个‘天人合一’的大理想，觉得外面一切异样的新鲜的所见所值，都可融会协调，和凝为一。这是中国文化精神最主要的一个特性。”② 周桂钿则认为“天人合一”的含义较多：“天人合一，既包含神秘的神学目的论的内容，也包含人与自然和谐关系的意思，其中也有人应该顺应自然界的养生之道。”他还说：“自然界与人类和谐统一的‘天人合一’正是现代所需要的，应该加以新的解释。”③ 可见，至今为止，很多学者都以中国古代的“天人合一”思想而自豪，他们认为，这种思想对于解决今天人类所面临的生态环境问题大有益处。

但是也有学者对“天人合一”的当今价值持怀疑态度，如方克立认为：“‘天人合一’虽然是处理人与自然关系的正确思想原则，但产生于农业文明时代的中国传统‘天人合一’观，也有着严重的历史局限性，把它现成地拿到今天来运用，指望它能解救人类面临的生态危机，显然是不现实的。”④ 吴宁说：“中国古代‘天人合一’思想虽然闪耀着智慧之光，但在总体上仍有朴素、猜测的性质。由于生产力和科学技术水平的限制，人类与自然的和谐统一是建立在人对自然的崇拜、顺从和迷信的基础上，而没有深入地探索自然本身的复杂结构，没有充分认识自然的规律和属性。”⑤ 肖巍指出：“‘天人合一’

---

① 钱穆：《中国传统思想文化对人类未来可有的贡献》，载《中华文化的过去现在和未来——中华书局成立八十周年纪念论文集》，中华书局 1992 年版，第 39 页。

② 钱穆：《中国文化史导论》，商务印书馆 1994 年版，第 205 页。

③ 周桂钿：《释“天人合一”——兼论传统价值观的现代意义及其现代转换》，《山东社会科学》2002 年第 1 期。

④ 方克立：《“天人合一”与中国古代的生态智慧》，《社会科学战线》2003 年第 4 期。

⑤ 吴宁：《论“天人合一”的生态伦理意蕴及其得失》，《自然辩证法研究》1999 年第 12 期。

在形式（或字面上）或可作环境保护的理解，但实质上（或实践上）并未能阻止中国古代环境状况恶化的趋势，因而指望这样一种观念来拯救工业化造成的环境危机是不可靠的。”①

第二节　周人对自然的探索

虽然周人在思想上事鬼敬神而远之，但在实际生活和生产中，周人是不可能远离自然的，而这样的一种思想，使周人能够更加客观和理智地对待自然，以更加自信的态度去积极探索自然界及其现象，并取得了一定成效。

一　占星术及占星活动

1. 占星术。随着周人对天的盲目崇拜大大降低，周人开始理智地来对待天上的一切，并对其进行了长期的观测和研究，在此基础上，形成了古代的占星术。陈来教授认为：“星占与殷商的天帝观念不同，星占不是一种集中的信仰，而是基于多神信仰的一种术数。占星术所着重的，不是宇宙和历史的某位最高的主宰，而是关注各个具体的星象变化所对应的具体的人事变动。”②《汉书·天文志》论及占星的原理：“凡天文在图籍昭昭可知者，经星常宿中外官凡百一十八名，积数七百八十三星，皆有州国官宫物类之象。其伏见蚤晚，邪正存亡，虚实阔狭，及五星所行，合散犯守，陵历斗食，彗孛飞流，日月薄食，晕适背穴，抱耳虹蜺，迅雷风袄，怪云变气，此皆阴阳之精，其本在地而上发于天者也。政失于此，则变见于彼，犹景之象形，乡之应声。是以明君睹之而寤，饬身正事，思其咎谢，则祸除而福至，自然之符也。”意思是天上的众多星辰对人间的事务各有所司，既能给人类带来福祉，也能给人类带来灾祸，其各种运行失度就为征兆，因

① 肖巍：《“天人合一”并没有改善中国古代环境状况》，《哲学研究》2004 年第 4 期。
② 陈来：《古代思想文化的世界——春秋时代的宗教、伦理与社会思想》，生活·读书·新知三联书店 2002 年版，第 38 页。

此人类能够通过观测其运行现象来推知人间祸福。出现不祥之兆就要进行反省并有所改正，那么就会祸消福至。

2. 占星家。周代占星术兴起的标志之一是当时已经出现了相关的职官，《周礼·春官》记载有占梦、眡祲、大史、冯相氏、保章氏等职官，[①] 其职责都和占星有关。

占梦："掌其岁时观天地之会，辨阴阳之气，以日、月、星、辰占六梦之吉凶。一曰正梦，二曰噩梦，三曰思梦，四曰寤梦，五曰喜梦，六曰惧梦。季冬，聘王梦，献吉梦于王，王拜而受之。"眡祲："掌十辉之法，以观妖祥，辨吉凶。一曰祲，二曰象，三曰鑴，四曰监，五曰闇，六曰瞢，七曰弥，八曰叙，九曰隮，十曰想。"大史："正岁年以序事，颁之于官府及都鄙，颁告朔于邦国……大祭祀，与执事卜日。"冯相氏："掌十有二岁、十有二月、十有二辰、十日、二十有八星之位，辨其叙事，以会天位。冬夏致日，春秋致月，以辨四时之叙。"保章氏："掌天星，以志星辰日月之变动，以观天下之迁，辨其吉凶。以星土辨九州之地，所封封域，皆有分星，以观妖祥。以十有二岁之相，观天下之妖祥。以五云之物，辨吉凶、水旱降丰荒之祲象。以十有二风，察天地之和，命乖别之妖祥。"政府设置专门的职官负责占星，可见对占星的重视。

由于占星术大兴，所以当时出现了很多占星名家，《史记·天官书》曰："昔之传天数者：高辛之前，重、黎；于唐、虞，羲、和；有夏，昆吾；殷商，巫咸；周室，史佚、苌弘；于宋，子韦；郑则裨灶；在齐，甘公；楚，唐眜；赵，尹皋；魏，石申。"《汉书·艺文志》也载："数术者……春秋时鲁有梓慎，郑有裨灶，晋有卜偃，宋有子韦。六国时楚有甘公，魏有石申夫。"可见这些人都是当时著名的占星家。而当时的文献，对他们的占星活动也都有所记载。

3. 占星活动。《国语·晋语四》记载了晋文公重耳即位前和占星家董因的一段对话："公问焉，曰：'吾其济乎？'对曰：'岁在大梁，

---

① （清）孙诒让：《周礼正义》，中华书局 1987 年版。

将集天行。元年始受，实沉之星也。实沉之墟，晋人是居，所以兴也。今君当之，无不济矣。君之行也，岁在大火。大火，阏伯之星也，是谓大辰。辰以成善，后稷是相，唐叔以封……且以辰出而以参入，皆晋祥也。'"

这样的记载在《左传》[1] 中也有更多，充分说明当时占星术的兴盛。下面略举几例加以说明。如襄公九年晋侯问于士弱曰："吾闻之，宋灾，于是乎知有天道。何故？"对曰："古之火正，或食于心，或食于味，以出内火。是故味为鹑火，心为大火。陶唐氏之火正阏伯居商丘，祀大火而火纪时焉。相土因之，故商主大火。商人阅其祸败之衅，必始于火，是以日知其有天道也。"公曰："可必乎？"对曰："在道。国乱无相，不可知也。"晋侯听人说宋国遭到火灾而知道天道，于是问士弱其中缘由，士弱从星宿的原理给他做了一番解释。

再如襄公二十八年载："春，无冰。梓慎曰：'今兹宋、郑其饥乎！岁在星纪，而淫于玄枵。以有时灾，阴不堪阳。蛇乘龙。龙，宋、郑之星也。宋、郑必饥。玄枵，虚中也。枵，秏名也。土虚而民耗，不饥何为？'"说的是襄公二十八年春天没有冰，鲁国大夫梓慎预测郑国和宋国将要发生火灾，原因是本该在星纪的木星却在玄枵，超出了应到位置，这就是不正常的天象。而郑国、宋国都与龙相配，龙乃岁星，所以岁星不正常就会应在郑国和宋国。

还有昭公七年："夏，四月甲辰朔，日有食之。晋侯问于士文伯曰：'谁将当日食？'对曰：'鲁、卫恶之。卫大，鲁小。'公曰：'何故？'对曰：'去卫地如鲁地，于是有灾，鲁实受之。其大咎，其卫君乎！鲁将上卿。'公曰：'诗所谓'彼日而食，于何不臧'者，何也？'"对曰："不善政之谓也。国无政，不用善，则自取谪于日月之灾。故政不可不慎也。务三而已，一曰择人，二曰因民，三曰从时。"该年夏四月出现日食，古人认为天上出现日食地上必有灾祸，于是晋侯问士文伯灾祸会发生在哪个国家。士文伯认为鲁国和卫国将会发生

---

① （清）洪亮吉：《春秋左传诂》，中华书局1987年版。

灾祸，而且卫国的大些鲁国的小些，因为卫国的灾祸应在国君身上，而鲁国的灾祸应在上卿身上。

昭公九年："夏，四月，陈灾。郑禅灶曰：'五年，陈将复封。封五十二年而遂亡。'子产问其故，对曰：'陈，水族也。火，水妃也，而楚所相也。今火出而火陈，逐楚而建陈也。妃以五成，故曰五年。岁五及鹑火，而后陈卒亡，楚克有之，天之道也，故曰五十二年。'"昭公九年陈国发生火灾，禅灶认为陈国属水，而楚国属火。禅灶还指出水火相配以五为数，所以岁星五次过鹑火之后，陈国就要被楚国消灭。

再看昭公十七年："夏，六月甲戌朔，日有食之。祝史请所用币，昭子曰：'日有食之，天子不举，伐鼓于社；诸侯用币于社，伐鼓于朝，礼也。'平子御之，曰：'止也。唯正月朔，慝未作，日有食之，于是乎有伐鼓用币，礼也。其余则否。'太史曰：'在此月也。日过分而未至，三辰有灾，于是乎百官降物，君不举，辟移时，乐奏鼓，祝用币，史用辞。故夏书曰："辰不集于房，瞽奏鼓，啬夫驰，庶人走"，此月朔之谓也。当夏四月，是谓孟夏。'平子弗从。"说的是发生日食时，祝史请示祭祀的规格，昭子主张伐鼓用币。平子反对，他认为只有正月发生日食时方伐鼓用币，其他时间不用。太史则说六月就是正月，主张伐鼓用币，但平子最终还是没有听从。

二 阴阳思想

阴阳思想是古人对自然界长期探索和思考的成果，自诞生以来便被广泛地用于解释自然、社会的变化及法则，对古代的天文、历法、地理、建筑、医学及政治等都产生了重大影响。

对于阴阳思想的起源，《汉书·艺文志》曰："阴阳家者流，盖出于羲和之官，敬顺昊天，历象日月星辰，敬授民时，此其所长也。"意思是阴阳思想可以上溯到羲和，其主要通过观察天象，以日月星辰的变化为征兆，然后指导农时，可见阴阳思想与农业文明密切相连。

李玉洁说："以天象判定农时，是我国早期阴阳学的主要内容。"[①] 至于阴阳思想的源起时间，《汉书·艺文志》所说未必可信，但从其假托羲和，我们可以看出，至少在汉人眼里，阴阳思想很早就产生了。而西周初期已经产生了阴阳观念则是毫无疑问的，大量西周青铜器铭文含有"阴""阳"二字即是最好的证明，葛兆光已经对此做了精辟论证，不再赘述。[②]

除了金文，从传世的西周文献里也能找到关于阴阳的记载，如《诗经·大雅·公刘》篇曰："相其阴阳，观其流泉。"显示出西周时期古人已经开始懂得利用阴阳。另外一部西周文献《周易》则更加全面、集中地讨论了阴阳思想，《庄子·天下》篇曰："《易》以道阴阳"，是对其最为准确的评价。因为《周易》成书较早，因此其关于阴阳的阐述，经常被其后的文献如《左传》和《国语》等频繁引用，并涉及周、晋、郑、卫、秦、陈、齐、鲁等国，使我们从一个侧面看到阴阳思想在周代确实是广泛流传，并对当时社会产生了很大的影响，下面举例予以说明。

《国语·周语上》载："幽王二年，西周三川皆震。伯阳父曰：'周将亡矣！夫天地之气，不失其序；若过其序，民乱之也。阳伏而不能出，阴迫而不能烝，于是有地震。今三川实震，是阳失其所而镇阴也。阳失而在阴，川源必塞；源塞，国必亡。夫水土演而民用也。水土无所演，民乏财用，不亡何待？昔伊、洛竭而夏亡，河竭而商亡。今周德若二代之季矣，其川源又塞，塞必竭。夫国必依山川，山崩川竭，亡之征也。'"从这段话里，我们可以看出，周人对自然的了解已经进一步加深，他们已经意识到一种客观存在即"天地之气"，这种气可分为阴和阳，如果阴阳失调，就会打乱天地之气的运行规律，从而造成灾祸。按照这一理论，伯阳父把当时三川发生地震的原因归结为阴阳失衡，因为阴阳失衡而导致川源阻塞，川源阻塞使天地

---

① 李玉洁：《先秦诸子思想研究》，中州古籍出版社2000年版，第113页。

② 葛兆光：《中国思想史》（第一卷），复旦大学出版社2001年版，第74—75页。

之气难以顺畅运行，其结果就是突然爆发导致地震的发生。在此基础上，伯阳父又把国家盛衰和阴阳结合起来加以论证，从今天的角度来看，其言论已经流露出对生态环境的重视，这倒是很难得的。

《国语·周语下》也有类似记载："夫政象乐，乐从和，和从平。声以和乐，律以平声。金石以动之，丝竹以行之，诗以道之，歌以咏之，匏以宣之，瓦以赞之，革木以节之……于是乎气无滞阴，亦无散阳，阴阳序次，风雨时至。"这里以音律谈阴阳，指出阴阳平衡的重要性。同篇还有"故天无伏阴，地无散阳，水无沉气，火无灾燀，神无间行，民无淫心，时无逆数，物无害生"的记载，反映出周人对阴阳和谐重要性的清醒认识。

《左传·昭公元年》所载晋侯与医和的对话则反映出周人对"气"的进一步认识："天有六气……六气曰阴、阳、风、雨、晦、明也，分为四时，序为五节，过则有灾。"也强调了阴阳调和的重要性；《左传·昭公四年》载："冬无衍阳，夏无伏阴。"则反映出周人对阴阳与季节关系的认识；《国语·越语下》载范蠡语曰："阳至而阴，阴至而阳……因阴阳之恒，顺天地之常。"指出阴阳二者的相互关系，并指出阴阳是永远存在的，只有充分认识和顺应阴阳，才能万事顺利。

由上述可见，阴阳思想在周代已经颇为流行并深入人心，葛兆光说："春秋时代这一观念更加普遍，讨论一种观念的思想史意义，有时也要看它在时间和空间上的有效性。在春秋时代，阴阳观念似乎已经是不言而喻的真理。"① 不仅如此，这种思想还会对后世社会产生深远的影响，这正如陈来所说："从此以后，气成了中国思想说明宇宙万物构成和变化的基本元素，而阴阳则成为中国思想解释万物构成变化的二元原理。在以后的长期历史中，气与阴阳作为宇宙论的范畴和学说，成为中国人的思维特性的基本表达。"②

---

① 葛兆光：《中国思想史》（第一卷），复旦大学出版社2001年版，第75页。

② 陈来：《古代思想文化的世界——春秋时代的宗教、伦理与社会思想》，生活·读书·新知三联书店2002年版，第38页。

既然阴阳失调会导致各种灾难，那么阴阳和谐才能保证万物生长、社会和谐，这也正是阴阳学说里面包含着一定成分的生态思想之体现，杨向奎先生说："阴阳的发现及其无限的发挥在中国社会思潮中有无比的作用……阴阳的发现，早于西方的原子说而优于西方的原子说。到现在为止，在哲学上、在基础科学上，正负、阴阳的概念永不可少，没有它们的存在也就没有宇宙，保持它们之间的平衡，是世界上最重要的'生态平衡'。"[①] 那么，阴阳思想的广为流传及其所产生的影响，在客观上必然会促使人们保持阴阳平衡，顺从自然，从而对生态环境产生一定的保护作用。

三 五行学说

关于"五行"最早的记载见于《尚书·洪范》[②]："惟十有三祀，王访于箕子。王乃言曰：'呜呼，箕子！惟天阴骘下民，相协厥居，我不知其彝伦攸叙。'箕子乃言曰：'我闻在昔，鲧堙洪水，汨陈其五行。帝乃震怒，不畀洪范九畴，彝伦攸斁。鲧则殛死，禹乃嗣兴。天乃锡禹洪范九畴，彝伦攸叙。'"这里记载的是周武王灭商之后，和商朝遗臣箕子的对话，箕子在此提出了"五行"之说，这应是目前为止关于"五行"的最早记载。

按照这条记录，"五行"学说当形成于周初，如杨向奎先生认为："《洪范》五行说，早于春秋，它代表了宗周时代的社会思潮。"[③] 但也有学者持不同的看法，如梁启超先生早在20世纪20年代就撰文指出："春秋战国以前所谓阴阳所谓五行，其语甚希见，其义极平淡……其始盖起于燕齐方士，而其建设之传播之，宜负罪责者三人焉：曰邹衍，曰董仲舒，曰刘向。"[④] 顾颉刚先生也在其后几年发文强

---

① 杨向奎：《宗周社会与礼乐文明》，人民出版社1997年版，第213页。
② （清）皮锡瑞：《今文尚书考证》，中华书局1989年版，第239—242页。
③ 杨向奎：《宗周社会与礼乐文明》，人民出版社1997年版，第215页。
④ 梁启超：《阴阳五行说之来历》，《东方杂志》1923年第10号。

调“五行说起于战国的后期……邹衍是创始五行说的人”[①]。两位大家发表类似的看法，应该是受当时一些社会思潮尤其是疑古思潮的影响，因此才将五行学说形成的时间往后推移。对于梁启超的观点，吕思勉先生在其文章发表的当年即撰文予以了批驳，[②] 使学术界不再拘泥于此说。刘起釪说：“《洪范》原是商代奴隶主政权总结出来的统治经验、统治大法。”[③] 意思是说五行思想应该源于殷商时期，葛兆光则认为：“在比文献明确记载更早的时代里，已经有‘五行’思想。”但他没有指明五行说形成的具体时代，同时他又说：“在鲁昭公时代，这种思想已经很系统、很普遍了。”[④] 由此可见，五行学说大致应该发端于商、周之际，而盛行于春秋战国时期。

关于五行的内容，《尚书·洪范》曰：“五行：一曰水，二曰火，三曰木，四曰金，五曰土。水曰润下，火曰炎上，木曰曲直，金曰从革，土爰稼穑。润下作咸，炎上作苦，曲直作酸，从革作辛，稼穑作甘。”五行就是指金、木、水、火、土五种物质，对于将这五种物质称为“行”的原因，《白虎通·五行》篇做了解释：“言行者，欲言为天行气之义也。”可见五行是基于自然之上的学说，必然和自然界有密切的联系。

五行学说形成以后，对当时社会产生了极大影响，文献对此不乏记载。

《左传·襄公二十七年》载子罕曰：“天生五材，民并用之，废一不可。”杜注曰“五材”就是金、木、水、火、土五种物质。《左传·昭公元年》载医和云：“天有六气，降生五味，发为五色，征为五声，淫生六疾。六气曰阴、阳、风、雨、晦、明也。分为四时，序为五节，过则为灾。”五味就是辛、酸、咸、苦、甘，五色就是白、

---

① 顾颉刚：《五德终始说下的政治和历史》，《清华学报》1930 年第 1 期。

② 吕思勉：《辩梁任公阴阳五行说之来历》，《东方杂志》1923 年第 20 号。

③ 刘起釪：《尚书说略》，《经史说略——十三经说略》，北京燕山出版社 2002 年版，第 57—58 页。

④ 葛兆光：《中国思想史》（第一卷），复旦大学出版社 2001 年版，第 77 页。

青、黑、赤、黄。杜注曰："金味辛、木味酸、水味咸、火味苦、土味甘"，又曰："辛色白、酸色青、咸色黑、苦色赤、甘色黄"，可见当时已经将五行和五味、五色都联系在了一起，从而深入渗透到人们的社会生活。

《左传·昭公二十五年》赵简子言："吉也闻诸先大夫子产曰：'夫礼，天之经也，地之义也，民之行也。'天地之经，而民实则之。则天之明，因地之性，生其六气，用其五行。气为五味，发为五色，章为五声。淫则昏乱，民失其性。"也提到了五行及与其有关的五味、五色、五声等。《左传·昭公二十九年》蔡墨曰："故有五行之官，是谓五官……木正曰勾芒，火正曰祝融，金正曰蓐收，水正曰玄冥，土正曰后土。"则是五行和五神相配的观念。

再如《国语·郑语》所载桓公和史伯的对话："故先王以土与金木水火杂，以成百物。是以和五味以调口，刚四支以卫体，和六律以聪耳，正七体以役心，平八索以成人，建九纪以立纯德，合十数以训百体……夫如是，和之至也。"史伯认为，世上万物皆由这五种物质组成，五行彼此交融渗透，对古代社会、生活、政治等产生重要的影响，更是社会稳定、和谐的重要因素。

总之，西周至春秋时期，经过古人不懈探索和认真思考，人们对天有了新的认识，并能通过一些手段如占星术来掌握天的运行规律及其对人间祸福的影响，这对于人们进一步了解自然，了解客观规律，无疑起到了极为重要的推进作用。同时，阴阳五行思想逐渐形成并得到社会的广泛认可，成为两周时期一种重要的社会思潮，对古人的思想观念、行为方式均产生重大影响，使人们自觉不自觉地按照其所体现的理论来思考、行动。需要指出的是，无论是占星术还是阴阳五行，都有对自然真实反映的成分在内，那么，人们按照其理论来行事，在某些方面也就是按照自然规律来行事，使人们在不自觉中尊重了自然、尊重了客观规律，并和生态环境保持和谐一致。

第三节　两周时期的环境观

人类产生于自然环境中，如果没有自然环境，人类就会失去生存的基础，人类文明也就无从谈起。诞生于自然环境中的人类天生就学会了下意识地利用自然环境。考古发现表明，自从有了人类以来，人类都是选择自然环境优越的地方为居住生活之地，这是人类的生存本能，这种本能代代相传，使每个时期的人类都养成了重视自然环境的习惯。尽管很长一段时期内人类对环境的认识都只是停留在感性阶段，但是这种感性不断地被继承，到了西周春秋时期终于上升到了理性阶段并产生了相关的理论知识，形成了早期朴素的环境观。这种观念主要表现在对环境的重视、对自然环境诸要素相互关系的认识等方面。

一　立国建都选址体现出来的环境观

周人很早就懂得选择优越的自然环境为生存之地，《诗经·大雅·公刘》篇曰："笃公刘，逝彼百泉，瞻彼溥原。乃陟南冈，乃觏于京。京师之野，于时处处，于时庐旅，于时言言，于时语语……笃公刘，既溥既长，既景乃冈，相其阴阳。观其流泉，其军三单。度其隰原，彻田为粮，度其夕阳，豳居允荒。笃公刘，于豳斯馆。涉渭为乱，取厉取锻。止基乃理，爰众爰有。夹其皇涧，溯其过涧。止旅乃密，芮鞫之即。"说的是公刘在选择周人居住的场所，他选择的地方有清澈的泉水，有广阔的平原，于是周人在这里修建新的居所，并根据河流的走向和山岗的位置来确定居住之所，之后在这里施工兴建住房，发展农业，使周族逐渐发展起来。

后来周族遭到异族的侵扰，为了躲避祸乱，古公亶父率领周族迁徙，并选择了自然环境优越的周原为新的居住之地。《诗经·大雅·绵》记载："民之初生，自土沮漆。古公亶父，陶复陶穴，未有家室。古公亶父，来朝走马。率西水浒，至于岐下。爰及姜女，聿来胥宇。

周原朊朊，堇荼如饴。爰始爰谋，爰契我龟，曰止曰时，筑室于兹。乃慰乃止，乃左乃右，乃疆乃理，乃宣乃亩。自西徂东，周爰执事。乃召司空，乃召司徒，俾立室家。其绳则直，缩版以载，作庙翼翼。捄之陾陾，度之薨薨，筑之登登，削屡冯冯。百堵皆兴，鼛鼓弗胜。乃立皋门，皋门有伉。乃立应门，应门将将。乃立冢土，戎丑攸行。”从这段话里我们可以看出来，周原是一个土地肥沃、植被繁茂的地方，于是古公亶父决定率族人在这里居住发展。他派人划定疆界，治理农田，发展农业，并派专职人员负责营建新址，修筑起了高大的城墙，使西戎等异族难以侵扰。

正是由于良好的自然环境促进了周族迅速的发展和强大，后世在营建都邑时更加重视对自然环境的选择，直到文王和武王时期，始终保持这一传统。《诗经·大雅·文王有声》载：“文王受命，有此武功。既伐于崇，作邑于丰。文王烝哉！筑城伊淢，作丰伊匹。匪棘其欲，遹追来孝。王后烝哉！……考卜维王，宅是镐京。维龟正之，武王成之。武王烝哉！丰水有芑，武王岂不仕？诒厥孙谋，以燕翼子。武王烝哉！”记载的是文王营建丰、镐时也是经过一番占卜，决定在水美土肥的丰、镐之地修建规模很大的城市。西周建立后，周公营建成周洛邑，也是经过占卜，最后选择了地理位置优越的地方建成了洛邑，这在《尚书·洛诰》里有记载：“我卜河朔黎水，我乃卜涧水东、瀍水西，惟洛食；我又卜瀍水东，亦惟洛食。”

周王朝的这一传统，在其所分封的各个诸侯国也得到了很好的继承，如《国语·郑语》记载郑国的始封之君郑桓公姬友看到西周的统治即将崩溃，为了保全他的封国和人民，决定使自己的封国离开险境，于是向周太史伯请教。史伯建议桓公将郑迁到“济、洛、河、颍之间乎！……若前华后河，右洛左济，主芣、騩而食溱、洧，修典刑以守之，是可以少固”。因为这里拥有优越的生态环境，对于国家的稳定、巩固和发展非常有利。郑桓公听后大加赞赏，“于是卒言王，东徙其民雒东，而虢、郐果献十邑，竟国之”。将自己的家眷、财产、国民等都迁徙到洛水以东的虢、郐两国一带。两年后，郑桓公死于犬戎之乱，但是郑国却因为东迁而保存下来，并且依靠优越的生态环境迅速发展起来，成为春秋初期的小霸。再如卫国，据《诗经·鄘风·定之方中》载："定之方中，作于楚宫。揆之以日，作于楚室。树之榛栗，椅桐梓漆，爰伐琴瑟。升彼虚矣，以望楚矣。望楚于堂，景山于京。降观于桑，卜云其吉，终然允臧。"说的是卫国旧都被狄人攻破之后，卫人在齐国帮助下复国，卫文公在修建新都楚丘宫时，经过观测选择了地理位置优越的楚丘，并种植了榛树、栗树、桐树和漆树等树木，营造出了良好的生态环境。

这样的事例还见于《左传·成公六年》："晋人谋去故绛，诸大夫皆曰：'必居郇瑕氏之地，沃饶而近盐，国利君乐，不可失也'……（韩献子）对曰：'不可。郇瑕氏土薄水浅，其恶易觏。易觏则民愁，民愁则垫隘，于是乎有沉溺重膇之疾。不如新田，土厚水深，居之不疾，有汾、浍以流其恶，且民从教，十世之利也。夫山泽林盐，国之宝也。国饶，则民骄佚；近宝，公室乃贫，不可谓乐。'公悦，从之。"① 晋国打算迁都，很多大臣都建议把新都定在郇瑕氏之地，但是遭到韩献子的反对，其理由就是郇瑕氏土薄水浅，自然环境状况较差。于是他建议把新都定在新田，新田土肥水美，山林湖泽资源丰富，生态环境优越，适合作为国都。韩献子的意见得到了国君的赞同，于是晋国最终将国都迁到了新田。

由此可见，两周时期，从周王朝到诸侯国，都十分重视国都地址的自然环境状况，史念海说："自然环境作为形成都城的一个因素，是有其重要的意义的。每一个王朝或政权在选择都城的所在地时，是不能不考虑到这方面的因素的。"② 统治者在选择立国建都的地址时不仅进行了观测或者占卜，而且最终无一例外都选择了自然环境优越的地方，可见当时已经具备了良好的环境观。

---

① （清）洪亮吉：《春秋左传诂》，中华书局1987年版，第452—453页。

② 史念海：《中国古都和文化》，中华书局1998年版，第190页。

二 重视自然环境的理论

在古代社会，对于任何国家来说国都都是重要的政治、经济、文化等中心，有的时候国都甚至就代表一个国家，国都没有了，国家也就没有了。这使得古代统治者十分重视国都的建设，他们不断地探讨营建国都的各项条件，并形成了较为成熟的理论，如《管子·乘马》篇曰："凡立国都，非于大山之下，必于广川之上，高毋近旱而水用足，下毋近水而沟防省。因天材，就地利，故城郭不必中规矩，道路不必中准绳。"这段话说得很明白，营建国都时，要么在山下，要么在广阔的平原之上，要临近水源和其他资源，为国都提供生活生产的保证。

《管子·度地》篇管仲回答桓公的话语更具体地表达了上述观念："夷吾之所闻：能为霸王者，盖天子圣人也。故圣人之处国者，必于不倾之地。而择地形之肥饶者，乡山，左右经水若泽，内为落渠之寫，因大川而注焉。乃以其天材，地之所生利，养其人以育六畜。"

可见，古人在选择立国建都之地时，已经能够充分考虑到自然环境中的诸多因素，以保证其统治。《商君书·徕民》篇曰："地方百里者，山陵处什一，薮泽处什一，谿谷流水处什一，都邑蹊道处什一，恶田处什二，良田处什四。以此食作夫五万，其山陵、薮泽、谿谷可以给其材，都邑、蹊道足以处其民，先王制土分民之律也。"这段话对合理的自然环境构成因素进行了一番详细的分析，在最后还说是先王之律，说明重视自然环境确是有悠久的传统。

统治者之所以这么关心国都的选址，就在于国都位置的好坏关系到国家的存亡，《国语·周语下》曰："夫天地成而聚于高，归物于下。疏为川谷，以导其气；陂塘污庳，以钟其美。是故聚不阤崩，而物有所归；气不沉滞，而亦不散越。是以民生有财用，而死有所葬。然则无夭、昏、札、瘥之忧，而无饥、寒、乏、匮之患，故上下能相固，以待不虞，古之圣王唯此之慎。昔共工弃此道也，虞于湛乐，淫失其身，欲壅防百川，堕高堙庳，以害天下。皇天弗福，庶民弗助，祸乱并兴，共工用灭……其后伯禹念前之非度，釐改制量，象物天地，比类百则，仪之于民，而度之于群生，共之从孙四岳佐之，高高下下，疏川导滞，钟水丰物，封崇九山，决汩九川，陂障九泽，丰殖九薮，汩越九原，宅居九隩，合通四海。”

这段话的意思是说自然环境有其客观规律，人们必须遵循规律办事，如果违背了自然规律破坏了自然环境，必定会带来灾祸，所以古之圣王“惟此之慎”，以稳定统治。共工因为没有按照自然规律办事，破坏了自然环境，导致祸乱并起，难以统治维持，最终遭到覆灭的命运。大禹则吸取了他的教训，尊重自然规律，营造了一个良好的生态环境，所以取得了成功。

正是由于周人已经认识到选择合适的自然环境立国建都的重要性，因此，当时已经有专门的官员负责相关的事务，如《周礼·大司徒》记载大司徒之职：“以土宜之法，辨十有二土之名物，以相民宅而知其利害，以阜人民，以蕃鸟兽，以毓草木，以任土事。”大司徒的职责之一便是根据土地的成分，来断定其是否适合农作物以及林木的生长，保证人民能够拥有丰富的自然资源。同样的记载还见于《逸周书·程典解》：“慎地必为之图，以举其物，物其善恶。度其高下，利其陂沟，爱其农时，修其等列，务其土实。”不仅要识别土壤的质量，还要将其绘制成图，标明该地区的高地上下、河流山坡，使人们有所了解，然后决定是将其作为农田还是其他用途。

三 营造良好环境的观念

立国建都时对自然环境的选择传统使周人十分重视营造良好的生态环境，如前引《诗经·鄘风·定之方中》曰：“作于楚室。树之榛栗，椅桐梓漆，爰伐琴瑟。”意思就是在楚丘宫周围种上很多树木，以营造良好的自然环境。周代甚至以制度的形式来促进良好生态环境的营造，如《国语·周语中》曰：“周制有之曰：‘列树以表道，立鄙食以守路，国有郊牧，疆有寓望，薮有圃草，囿有林池，所以御灾也。其余无非谷土，民无悬耜，野无奥草'”，就是通过制度的形式，规定在道路的两旁都要栽种树木，国郊有牧场，薮泽之中要有草，苑囿之中要有林木水池。这样的制度，是每个诸侯国都要遵从的，如果做得不好，就要受到批判，同篇就有指责陈国的文字：“道路若塞，野场若弃，泽不陂障，川无舟梁，是废先王之教也。”意思是陈国道路不畅通，牧场废弃，川泽治理的不好，违背了先王的教化。

可见，营造良好的自然环境，在当时是深入人心的。人们树立了营造良好生态环境的意识，对于生态环境治理不好的现象要加以批评，对于自然界发生的自然灾害，周代社会也会以十分正规的礼仪表示哀悼，《国语・晋语五》记载：“夫国主山川，故川涸山崩，君为之降服、出次，乘缦、不举，策于上帝，国三日哭，以礼焉。”说的就是这个意思。而礼对于周代社会的重要性是众所周知的，以隆重的礼仪来表达对自然灾难的悼念，更足以说明社会对自然环境重要性的认识确实很有深度。

对自然环境的关注促进了当时社会对自然环境各组成要素的探索，周人对于自然环境各个组成部分及其相互关系也有了较为明确的认识。《国语・周语下》载太子晋对周灵王曰：“晋闻古之长民者，不堕山，不崇薮，不防川，不窦泽。夫山，土之聚也；薮，物之归也；川，气之导也；泽，水之钟也。夫天地成而聚于高，归物于下。疏为川谷，以导其气；陂塘污庳，以钟其美。是故聚不阤崩，而物有所归；气不沉滞，而亦不散越。”其意是古人对自然环境十分尊重，对山川泽薮都十分爱护，并指出了山川泽薮的特性以及自然界构成的特征，说明周人对自然环境的组成部分及运行规律认识十分深刻。

除此之外，还有大量的记载反映出周人对自然环境的关注和了解，如《国语・晋语九》曰：“高山峻原，不生草木，松柏之地，其土不肥。”说明了树木草丛的生存环境；《左传・襄公二十九年》载郑行人子羽言：“松柏之下，其草不殖。”说的是同样的道理；而《大戴礼记・四代》则载孔子言曰：“平原大薮，瞻其草之高丰茂者，必有怪鸟兽居之。且草可财也，如艾而夷之，其地必宜五谷。高山多林，必有怪虎豹蕃孕焉；深渊大川必有蛟龙焉。”意思是树大草丰的地方，一定会有野兽生长。草长势很好的地方，土地必定肥沃，适合种植庄稼；《史记·孔子世家》亦载孔子语：“丘闻之也，刳胎杀夭则麒麟不至郊，竭泽涸渔则蛟龙不合阴阳，覆巢毁卵则凤皇不翔。”意思是说，如果杀害动物的幼子，动物就会远离人类，如果把水抽干了去捕鱼，那么水里面就不会生长鱼类，如果把鸟巢摧毁了，鸟也会飞走不再回来；再如《荀子·致士》篇：“川渊深而鱼鳖归之，山林茂而禽兽归之……川渊者，龙鱼之居也；山林者，鸟兽之居也；国家者，士民之居也。川渊枯则龙鱼去之，山林险则鸟兽去之，国家失政则士民去之。”不仅分析了各种动物与自然环境的关系，还用来比喻国家和人民的关系；还有《荀子·劝学》篇：“草木畴生，禽兽群焉，物各从其类也。是故质的张而弓矢至焉，林木茂而斧斤至焉，树成荫而众鸟息焉……积土成山，风雨兴焉；积水成渊，蛟龙生焉。”其中提到的“物各从其类也”深刻地揭示了自然界各组成要素之间的关系，说明到了战国时期，周人对自然界各组成部分之间的关系有了广泛而清楚的认识，如《战国策·赵四》记载谅毅曰：“臣闻之：‘有覆巢毁卵，而凤皇不翔；刳胎焚夭，而骐驎不至。’”所表达的即是相同的思想。正是由于有这样的认识，他们才能明白保持自然界内部正常运行的重要性，从而会提出来相关的保护思想。

综上所述，两周时期，随着人类社会的发展进步，周人对自然环境的认识更加客观和深刻。在自然面前，人类不再是束手无策任凭摆布，而是以积极的态度去探索各种自然现象发生的真正原因，并从中寻求对策。在不断的探索中，周人对自然环境对于人类社会的重要性认识得到了进一步升华。这种升华，对于人类正确认识和处理自身与自然环境的关系，无疑是有极大意义的。这对于当时社会种种思潮的形成，对于相关制度政策的制定，都会产生重大的影响。这种影响，同时也会波及人类社会的发展和进步，并推动整个社会对人与自然关系的继续探索并产生新的成果，在这样的社会背景下，产生大量的保护生态环境的思想，也就不足为怪了。

第四章　两周时期保护生态环境的思想

两周时期社会生产力的进步促进了社会经济的繁荣，为两周时期社会文明的发展和进步提供了坚实的物质基础。而人口的增加，城市的繁荣，频繁发生的战争等因素，又在很大程度上导致了当时生态环境的变化，这种变化甚至在一定程度上影响了两周时期的社会发展，使开明的政治家、思想家意识到对人类赖以生存的生态环境加以保护的重要意义。而经过从西周到春秋战国时期对自然界的长期探索，周人对自然界的认识更加客观和清晰，更加明白人类自身和生态环境的密切关系，在这样的背景下，众多思想家都阐发了其保护生态环境的主张，而这些主张的出现，也恰好说明当时社会确实出现了生态环境问题，这正如葛兆光所说的那样："一种有活力的思想，又必须能够对社会各种问题给予深刻的诊断，虽然它不能真的成为手术刀解剖社会肌体，挖掉社会的病灶，但可以提出可供选择的、有针对性的批评，通过尖锐的批评使人们思考。"[①] 事实的确如此，面对日益呈现的生态环境问题，当时的众多思想家、政治家都进行了大力的批判，并提出了保护生态环境的主张，尤其是诸子百家，几乎都提出了相关的主张，使保护生态环境的思想在东周时期蔚然成风。

---

① 葛兆光：《中国思想史》（第二卷），复旦大学出版社 2001 年版，第 28 页。

第一节　道家的生态智慧

自然无为是道家的核心思想之一，这种观念虽然没有直接提出保护生态环境的主张，但其中却蕴含着丰富的生态环境保护内容。正如美籍华人冯沪祥所说："道家哲学最重视顺应自然，并强调大道生命能融贯万物，无所不在。所以肯定物物相同、彼是相因，进而强调人们应扩大心胸，以冥同大道，与万物浑然合一。这些均充满了极为丰富的环保思想，堪称中国哲学内极为明确而完备的环保哲学。"[①] 无论是道家的创始人老子还是道家的杰出代表庄子，思想中都蕴含着保护生态环境的内容。

一　老子的生态智慧[②]

老子的生态环境保护思想首先体现在其对自然法则的探讨上，即《第二十五章》所说："有物混成，先天地生……吾不知其名字之曰道……道大，天大，地大，王大……人法地，地法天，天法道，道法自然。"世界的起源是道，而道也要遵从自然，可见自然在老子心中的地位之高。既然如此重视自然，老子定会对自然进行深入的探讨。在此基础上，老子对自然环境的各构成因素进行了研究，从而对自然环境中万物的规律也有所认识。

其次，在于对万物生长规律及性质的探讨。《第六十四章》曰："合抱之木，生于毫末；九层之台，起于累土。"说明了事物的生长规律。《第七十六章》曰："万物草木生之柔脆，其死枯槁。"反映了其对生态植物生命较为脆弱有着清醒的认识，也反映了老子对其十分同情的心态。《第三十六章》曰："鱼不可脱于渊。"表现出老子对生态环境各构成因素的关注，正是因为这种关切之情，老子对其相互依赖

① 冯沪祥：《人、自然与文化》，人民文学出版社 1996 年版，第 238 页。

② 此部分引文皆出自朱谦之《老子校释》，中华书局 1984 年版。

关系有着全面的认识。

第三，反对各种破坏生态环境的行为。由对生态环境中万物的关切之情，发展到对它们的爱护之意。《第八十一章》曰："天之道，利而不害。"体现了老子对万物的爱护之情，想方设法来保护它们，利于它们的生长，而不做有害它们的事情。因此，老子希望顺应自然，让万物自由地生长，即使是因为必要而利用它们，也要"损有余而补不足"，反对"损不足以奉有余"掠夺生态资源的行为。

第四，对战争破坏生态环境的谴责。老子生活的时代，战争频繁，不断爆发的战争不仅给人民带来深重灾难，也严重地破坏了生态环境，正如老子在《第三十章》里所说："师之所处，荆棘生焉。大军之后，必有凶年。"战争破坏了生态环境，导致荆棘丛生，生态环境的破坏，又导致灾荒的产生，二者是密切相连的。生活在战争时代的人们，对战争都有着直接的认识和体会，但是唯有老子能够关注到战争对生态环境的破坏，并予以强烈的谴责，渴望以道治国，保护生态环境，《第三十章》"以道作人主者，不以兵强天下"。《第四十六章》"天下有道，却走马以粪；天下无道，戎马生于郊"。

二　庄子对生态环境的关注①

庄子继承和发展了老子"道生万物"的基本观点，《庄子·大宗师》曰："夫道，有情有信，无为无形，可传而不可受，可得而不可见，自本自根，未有天地，自古以固存；神鬼神帝，生天生地；在太极之先而不为高，在六极之下而不为深，先天地生而不为久，长于上古而不为老。"道是宇宙万物产生的本原，是客观的，是先于天地而存在的。

庄子也很重视"气"，《庄子·知北游》篇说："通天下一气耳。"认为人与天地自然都是由气构成，而人是自然的一部分，因此人与天是统一的。所以在《庄子·齐物论》里他提出了"天地与我并生，

① 此部分引文皆出自（清）王先谦：《庄子集解》，中华书局1987年版。

而万物与我为一”的著名论点，《庄子·山木》篇更是提出“人与天一也”的观点，认为天地万物都是平等的，是和谐统一的，充分反映了庄子在天人关系探讨方面达到的高度。对此，著名学者钱穆给予了很高的评价，他说：“故就庄子思想言之，人亦在天之中，而同时天亦在人之中。以之较儒墨两家，若庄周始是把人的地位降低了，因其开始把人的地位与其他万物拉平在一线上，作同等之观察与衡量也。然若从另一角度言，亦可谓至庄周而始把人的地位更提高了，因照庄周意，天即在人生界之中，更不在人生界之上也。故就庄周思想体系言，固不见有人与物之高下判别，乃亦无天与人之高下划分。”①

因为人和自然是统一的，所以要保持人与自然的和谐，就要尊重自然、顺从自然，《庄子·秋水》篇说：“无以人灭天，无以故灭命。”突出强调人不要为了自身的利益而人为地改造自然、破坏自然。但这种理想在庄子生活的时代是不可能实现的，经济的发展和战争的破坏都使他所生活时代的生态环境遭受严重毁坏，理想和现实的矛盾使庄子十分向往远古社会人与自然和谐统一的生活。在《庄子·马蹄》篇里，他为我们描绘了他理想中的生态环境：“夫至德之世……万物群生，连属其乡；禽兽成群，草木遂长。是故禽兽可系羁而游，乌鹊之巢可攀援而窥……夫至德之世，同与禽兽居，族与万物并。”《庄子·缮性》篇也说：“古之人在混芒之中，与一世而得淡漠焉。当是时也，阴阳和静，鬼神不扰，四时得节，万物不伤，群生不夭，人虽有知，无所用之，此之谓至一。”这种人与自然和谐共处，相安无事的社会状况，正是他所渴求的。在这样的社会里，人与自然各得其乐，人不去破坏生态环境，生态环境就为人提供一个悠然自得的生活场所。

由于自然万物都按照自身规律存在并发展变化着，且它不以人的意志为转移，因此，人类要善待自然，不能好大喜功，破坏自然，《庄子·在宥》篇曰：“乱天之经，逆物之情，玄天弗成。”意思就是

① 钱穆：《庄老通辨》，生活·读书·新知三联书店2002年版，第106—107页。

说要尊重自然规律，按照规律办事，同篇还说："黄帝立为天子十九年，令行天下，闻广成子在于空同之上，故往见之，曰：'我闻吾子达于至道，敢问至道之精。吾欲取天地之精，以佐五谷，以养民人；吾又欲官阴阳，以遂群生。为之奈何？'广成子曰：'而所欲问者，物之质也；而所欲官者，物之残也。自而治天下，云气不待族而雨，草木不待黄而落，日月之光益以荒矣。'"

黄帝为了给人民带来益处，急于向自然索取，遭到了广成子的批评。这充分反映了庄子对待自然之温和态度，其思想也得到了国外学者的赞扬，英国科学家尼德海姆说："当今人类所了解的有关土壤保护、自然保护的知识和人类所拥有的一切关于自然和应用科学之间的正确关系的经验，都包含在《庄子》的这个章节（即《庄子·在宥》篇）中，这一章，和庄子所写的其他文字一样，看起来是如此深刻、如此富有预见性。"①

第二节　儒家的生态环境保护思想

作为当时百家学派的杰出代表，儒家学说更多体现在对社会的关注上。然而，人类社会与生态环境的关系密不可分，因此，儒家在关注人类社会的同时，也必然会关注生态环境，这在孔子、孟子和荀子的思想中均有体现。

一　孔子的自然情结②

作为自然界的一分子，孔子十分热爱大自然，并时时以能和大自然融为一体为人生快事。《庄子·知北游》记载孔子言曰："山林与！皋壤与！使我欣欣然而乐与！"看到茂密的树林并能进去一游，在孔子看来是一件非常快乐的事。《论语·先进》记载了孔子和几个学生

① 鲁枢元：《自然与人文》，学林出版社2006年版，第600页。
② 本部分引文均出自（清）刘宝楠：《论语正义》，中华书局1990年版。

谈论人生快事，（曾皙）曰："'莫春者，春服既成，冠者五六人，童子六七人，浴乎沂，风乎舞雩，咏而归'。夫子喟然叹曰：'吾与点也。'"曾皙所说的快事就是和自然融为一体，在大自然中尽情享受轻风吹拂，无比快乐！孔子对此非常赞赏，恰恰反映了孔子对自然的钟爱！

由钟爱自然而爱及自然中生存的万物，孔子表达了对生态资源的关切之情，《荀子·哀公》记载："鲁哀公问舜冠于孔子，孔子不对。三问，不对。哀公曰：'寡人问舜冠于子，何以不言也？'孔子对曰：'古之王者，有务而拘领者矣，其政好生而恶杀焉，是以凤在列树，麟在郊野，乌鹊之巢可附而窥也。君不此问而问舜冠，所以不对也。'"

不仅自己深深关切着自然界的万物生灵，孔子还希望别人也像自己一样来关爱它们。他认为，生态环境是一个有机的整体，其中的任何一部分都是不能破坏的，否则，就会引起生态环境的变化。正如《史记·孔子世家》载孔子曰："丘闻之也，刳胎杀夭则麒麟不至郊，竭泽涸渔则蛟龙不合阴阳，覆巢毁卵则凤皇不翔。何则？君子讳伤其类也。夫鸟兽之于不义也尚知辟之，而况乎丘哉！"

正因为这样，孔子十分痛恨滥捕滥伐、伤害林木鸟兽的行为。《礼记·祭义》载曾子曰："树木以时伐焉，禽兽以时杀焉。夫子曰：'断一树，杀一兽，不以其时，非孝也。'"在必须要向自然界索取的时候，也要尊重自然规律，把对生态环境的破坏减小到最低程度，否则就是不孝的行为。大家都知道孝在古代社会对于人在社会立足的重要性，孔子以此为约束，来达到保护生态环境的目的，可见，生态环境在孔子心中的分量有多么重。

二　孟子的环境主张[①]

孟子继承了孔子的天命观，承认了"天"即自然的存在，并且认

---

① 本部分引文皆出自焦循：《孟子正义》，中华书局1987年版。

识到天是不可抗拒的。《孟子·离娄上》说："顺天者存，逆天者亡。"要求人们的行为必须顺从自然，而不能违背自然，如果违背了自然，就是自取灭亡。

虽然天命不可违，但是天是有规律可循的，《孟子·万章上》说："天不言，以行与事示之而已矣。"就是说，天把它的喜好，通过一些自然现象表露出来，使人们能够觉察到，以和天保持一致。为了便于人们认识天，孟子赋予了它道德属性，《孟子·离娄上》说："是故诚者，天之道也。思诚者，人之道也。"天具有诚实的道德品质，追求诚实则是人的努力方向。天之道是"诚"，诚是善的，因此天道是善。而"思诚"则是"人之道"，所谓"思诚"，就是人善性的表现。所以，人的性善就是天道的表现，人性就和天道互为体现。

《孟子·尽心上》说："尽其心者，知其性也。知其性，则知天矣。存其心，养其性，所以事天也。"在孟子看来，人的心、性和天是统一的，所以他说："知其性，则知天矣。"而"事天"之道，就是"存心""养性"；以待天命，就是人对天的态度，即尊重大自然，按照自然规律办事。这一理论在孟子思想中的具体体现就是《孟子·梁惠王上》所说："不违农时，谷不可胜食也。数罟不入洿池，鱼鳖不可胜食也。斧斤以时入山林，材木不可胜用也。谷与鱼鳖不可胜食，材木不可胜用，是使民养生丧死无憾也。养生丧死无憾，王道之始也。五亩之宅，树之以桑，五十者可以衣帛矣。鸡豚狗彘之畜，无失其时，七十者可以食肉矣。百亩之田，勿夺其时，数口之家可以无饥矣。"如果离开了自然界，则万物的生长难以维持，正如《孟子·告子上》曰："故苟得其养，无物不长；苟失其养，无物不消。"

三　荀子的生态环境思想[①]

相比起孔子与孟子，荀子对自然界的探索更加深入，成就也最大。荀子认为，自然界是客观存在的，其运行变化与人的意志没有任

① 本部分引文皆出自（清）王先谦：《荀子集解》，中华书局1988年版。

何关系，《荀子·天论》篇曰："天不为人之恶寒也辍冬，地不为人之恶辽远也辍广，君子不为小人匈匈也辍行。天有常道矣，地有常数矣。"天不会因为人厌恶寒冷而停止冬天，地不会因为人厌恶遥远而变小，天和地都有其客观的运行规律。

自然界的万物都按照自身的规律存在和发展着，人和其他动植物的生长都离不开自然界，因此人不仅要尊重自然规律，而且不能违背自然规律，《荀子·天论》篇说："列星随旋，日月递炤，四时代御，阴阳大化，风雨博施，万物各得其和以生，各得其养以成，不见其事而见其功，夫是之谓神。皆知其所以成，莫知其无形，夫是之谓天。"正是由于日月的交替运行，产生了四季，产生了阴阳，并形成了风雨等，它们相互作用，滋养了自然界的万物。

荀子认为，既然天生万物，万物都有其自身的特性，只要人类遵从自然规律，自然所赐予的食物就足够人类社会食用，做衣服的原料也足够人类穿衣服用。《荀子·富国》篇曰："今是土之生五谷也，人善治之则亩数盆，一岁而再获之，然后瓜桃枣李一本数以盆鼓，然后荤菜百蔬以泽量，然后六畜禽兽一而剸车，鼋鼍、鱼鳖、鳅鳣以时别，一而成群，然后飞鸟凫雁若烟海，然后昆虫万物主其间，可以相食养者不可胜数也。夫天地之生万物也，固有余足以食人矣；麻葛、茧丝、鸟兽之羽毛齿革也，固有余足以衣人矣。"就是教人要按照自然规律办事，那么粮食、蔬菜会足够吃，飞禽鸟兽也会足够多，充足的食物将会不可胜数。

但是如果不按照自然规律行事，那么情况就截然不同了，《荀子·富国》篇言："伐其本，竭其源，而并之其末，然而主相不知恶也，则其倾覆灭亡可立而待也。"意思是如果过度砍伐树木，就会使林木资源匮乏，其后果甚至可以导致国家的灭亡。可见，荀子对保护生态环境的重要性认识有多么的深刻。

那么如何才能保证拥有良好的生态环境呢？《荀子·王制》曰："圣王之制也，草木荣华滋硕之时则斧斤不入山林，不夭其生，不绝其长也；鼋鼍、鱼鳖、鳅鳣孕别之时，罔罟毒药不入泽，不夭其生，不绝其长也；春耕、夏耘、秋收、冬藏四者不失时，故五谷不绝而百姓有余食也；污池、渊沼、川泽谨其时禁，故鱼鳖优多而百姓有余用也；斩伐养长不失其时，故山林不童而百姓有余材也。”在这里，荀子提出了具体的保护生态环境的主张，就是要求人们在树木正在生长的季节不要进行砍伐，使其不至于灭绝；在鱼类等水生动物怀孕的时候不要捕捉它们更不要用毒药杀它们，以保证其存活；按照自然规律，春耕、夏耘、秋收、冬藏各守其时，保证有足够的粮食；湖泊川泽规定禁令，以保证水里的鱼鳖生长繁殖；对树木的砍伐种植也要符合其生长规律，保证大家有足够的木材。

如果能够尊重自然规律，保护生态环境，那么，社会上就不会出现物质匮乏的状况，《荀子·富国》篇说道：“上得天时，下得地利，中得人和，则财货浑浑如泉涌，汸汸如河海，暴暴如丘山。”就是这个意思。

第三节　《墨子》的生态环保意蕴

墨子学说在战国时期与儒家学说并为“显学”，显赫一时，影响广泛。墨子思想不仅对当时社会产生了重大影响，同时对后世社会也产生了深远影响。自战国之后，历代不乏研究墨子学说的学者。改革开放以来，国内对于墨家学说的研究，更是呈现了如火如荼的大好局面，宋立民说：“我国的墨学研究呈现出一派繁荣景象。短短的20多年，就已经出版论著70余部，论文500余篇。”① 同时，墨子思想在国际学术界也日益成为研究热点，“国际墨学研讨会已召开四届，墨家学说已经在世界上产生了广泛的影响，墨家思想的研究前途似锦”②。如此良好的社会背景，为深入研究和发扬墨子思想提供了良好的学术环境。然而美中不足的是，目前国内外学术界对墨子思想的研

① 宋立民：《当代墨家思想研究述评》，《社会科学战线》2003年第3期。

② 同上。

究主要集中在政治、哲学、经济、科学、逻辑、美学、军事等方面，而对于其思想体系中的生态环境保护内容，却研究甚少，正如王建荣所说："墨家思想中的明显具有环保思想的主张尚未引起人们的重视。"[①] 事实上，墨子思想中蕴含着丰富的生态环保内容，任俊华等人说："我们从墨家节用、节葬、非乐、非攻的言论中，可以挖掘出保护自然，保护生态的现实原则。"[②] 李永铭也认为："墨子的环境思想是中国古代环境思想的一个重要里程碑。"[③] 墨子的环境保护思想，主要见于《墨子》一书。[④]

一　对人与自然关系的深刻见解

作为墨家学派的创始人，墨子与其他各派一样，也顺应当时社会的思潮，对天人关系进行了深入细致的研究，并取得了一定成果。如墨子指出："天"是世间万事万物的主宰，而且是全知全能、无所不在，人都处于上天的管理之中。《墨子·天志下》说："今人皆处天下而事天，得罪于天，将无所以避逃之者矣。"由于整个世界都处于"天"所掌管的范围之内，因此天是不能得罪的，如果得罪了"天"，天要惩罚人类，人类就无处藏身。为了免遭天的惩罚，人们要遵从上天的旨意而不能违背，在此墨子表现出了明显的人属于自然界这一思想。同时，由于天是世间万物的主宰，因而天对人的行为能够给予赏赐和惩罚，从普通百姓到统治者概莫能外，正如《墨子·天志中》所说："天子为善，天能赏之；天子为暴，天能罚之。"

墨子认为天是有意志的，因此上天会对人类的不同行为产生相应的感情，如果天生气了，就会惩罚人类。为了避免遭到惩罚，人必须尊敬上天，只有尊重了上天，上天才会善待人类，如此一来就实现了天人关系的和谐，这一思想在《墨子·天志上》中有详细的论述：

---

① 王建荣：《试论墨子学说与环保之关系》，《运城高等专科学校学报》2002年第4期。
② 任俊华、周俊武：《节用而非攻：墨家生态伦理智慧观》，《湖湘论坛》2003年第1期。
③ 李永铭：《墨子环境思想与现代社会发展》，《职大学报》2007年第1期。
④ 本节引文皆出自（清）孙诒让：《墨子间诂》，中华书局2011年版。

“然而天下之士君子之于天也，忽然不知以相儆戒，此我所以知天下士君子知小而不知大也。然则天亦何欲何恶？天欲义而恶不义。然则率天下之百姓以从事于义，则我乃为天之所欲也。我为天之所欲，天亦为我所欲。”这种思想在今天看来当然有其历史局限性，但却充分表达了远在战国时期墨子对天人关系的重视，这是难能可贵的。

墨子还探讨了尊重自然的原因，他指出人类来自自然，生活于自然界之中，人类在自然界所享有的一切，都是自然界对人类的恩赐。《墨子·天志中》指出：“且吾知所以知天之爱民之厚者有矣，曰：以磨为日月星辰，以昭道之；制为四时春秋冬夏，以纪纲之；雷降雪霜雨露，以长遂五谷麻丝，使民得而财利之；列为山川谿谷，播赋百事，以临司民之善否；为王公侯伯，使之赏贤而罚暴；贼金木鸟兽，从事乎五谷麻丝，以为民衣食之财。”

因此，人类必须尊重自然，正确对待自身在自然界所拥有的一切，并合理有度地利用自然资源。实现人与自然的和谐，保证人类的幸福生活，这是人类社会的追求，但要想永远拥有如此幸福的生活，就必须尊重自然，否则就会遭到自然的惩罚，《墨子·尚同中》“夫既尚同乎天子，而未上同乎天者，则天灾将犹未止也。故当若天降寒热不节，雪霜雨露不时，五谷不熟，六畜不遂，疾灾戾疫，飘风苦雨，荐臻而至者，此天之降罚也，将以罚下人之不尚同乎天者也。”这里所描述的自然灾害，都是因为人类不尊重自然，没有遵从自然规律行事而导致的。因此，对于人类来说，生活在大自然之中，服从自然是首要任务，而服从统治者则是次要的。如果统治者做了违背自然规律的事情大家依然服从他，其结果是大家都去破坏自然规律，那么人类社会就会遭到大自然的惩罚。自然界对人的赏罚完全建立在人是否服从自然的基础之上，如果顺从自然界，就会得到自然界的奖赏，否则，就会遭到大自然的惩罚。

那么怎么才能躲避自然界的惩罚呢？墨子指出，必须保持人与自然的一致，因为天是永久存在的，又是公道无私的，只有长期保持人与自然的和谐，才能避免自然的惩罚。《墨子·法仪》言道：“故曰莫若法天。天之行广而无私，其施厚而不德，其明久而不衰，故圣王法之。既以天为法，动作有为必度于天，天之所欲则为之，天所不欲则止。”只有尊重自然，按照自然规律行事，才能实现天人和谐，才能避免天对人的惩罚，保证人类社会持续存在发展。

总之，墨子虽然十分强调服从自然的重要性，正如《墨子·天志中》所指出那样：“天之意，不可不顺也。”也就是要求人类顺从大自然，但并不是一味强调人类对自然界的无条件服从，而是要尊重自然，不做有违自然规律的事情，以保证人类免受大自然的惩罚。

二　反对过度掠夺自然资源的思想

在对自然界了解的基础上，墨子意识到自然资源的有限性及人类对自然使用的无限性，对自然资源过度的开发和使用，已经导致当时社会出现不同程度的生态环境问题，墨子对这些问题也表现出了其担忧。如《墨子·公输》中墨子详细对比了楚国与宋国的生态状况：“荆之地，方五千里，宋之地，方五百里，此犹文轩之与敝舆也；荆有云梦，犀兕麋鹿满之，江汉之鱼鳖鼋鼍为天下富，宋所为无雉兔狐狸者也，此犹粱肉之与糠糟也；荆有长松、文梓、楩楠、豫章，宋无长木，此犹锦绣之与短褐也。”相比之下，楚国的生态环境状况尚为乐观，而宋国的生态环境状况则令人担忧，表现出墨子预见性的思想。

当时社会生态环境的恶化，一方面与战国时期频繁发生的大规模战争有关，另一方面与当时社会人口的增加、对自然资源的需求增加却又不加限制，人类毫无限度地掠夺生态资源有关。社会的发展导致一些不良风气的出现，如当时盛行的厚葬风气，就是对自然资源的极大浪费，《墨子·节葬下》说：“王公大人有丧者，曰棺椁必重，葬埋必厚，衣衾必多，文绣必繁，丘陇必巨。存乎匹夫贱人死者，殆竭家室。乎诸侯死者，虚车府，然后金玉珠玑比乎身，纶组节约，车马藏乎圹，又必多为屋幕、鼎鼓、几梴、壶滥、戈剑、羽旄、齿革，寝而埋之。”从厚重的棺椁到大量的陪葬品，再到高大的坟墓，无不奢侈豪华，极尽浪费，耗费了大量资源，令人痛心疾首。

墨子大力抨击了当时厚葬的风气，极力主张节葬、节用，反对整个社会的奢靡之风，主张减少对自然资源的掠夺，以保护有限的自然资源。《墨子・节用中》道："古者圣王制为节用之法……曰：'凡足以奉给民用，则止。'诸加费不加于民利者，圣王弗为。古者圣王制为饮食之法，曰：'足以充虚继气，强股肱，耳目聪明，则止。'不极五味之调、芬香之和，不致远国珍怪异物。"就是要求人们效法先王，能满足最基本的生存需要，没有必要过度奢侈浪费。《墨子・节用中》亦云："古者圣王制为节葬之法，曰：'衣三领，足以朽肉，棺三寸，足以朽骸，掘穴深不通于泉。'"为了增加其说服力，墨子在此假托先王，指出先王的节俭，提倡大家学习他们的做法，以反对当时社会的不良风气。

三　对战争破坏生态环境的认识和批判

墨子之所以着重探讨天人关系，不仅是为了探索大自然的奥秘，其更深层次的用意在于通过探讨自然，将自然界与现实社会紧密联系起来。《墨子・天志中》说："天之意，不欲大国之攻小国也，大家之乱小家也。"这句话就是针对当时频繁发生的战争所说，战争给人类社会带来了极大的灾难，同时也严重地破坏了生态环境，因此，墨子认为天是反对战争的。但当时各个诸侯国却置天意于不顾，频繁发动战争。《墨子・非攻下》说："今王公大人、天下之诸侯则不然，将必皆差论其爪牙之士，皆列其舟车之卒伍，于此为坚甲利兵，以往攻伐无罪之国。入其国家边境，芟刈其禾稼，斩其树木，堕其城郭，以湮其沟池，攘杀其牲牷，燔溃其祖庙。"在战争中，旺盛的禾苗庄稼被毁坏，郁郁葱葱的树木被砍伐，各种动物被捕杀，好好的沟池被填塞，完整的城郭被攻破，祖庙等建筑被烧掉，生态环境遭到严重破坏。

墨子对战争的认识是深刻的，战争发生时会破坏生态环境，这是人们都能看到的。而墨子则认识到在战争之前，人们为了备战也会对生态环境进行一番有意的破坏。墨子对此进行了大力批判。如《墨子·号令》篇："去郭百步，墙垣、树木小大尽伐除之。外空井尽窒之，无令可得汲也。外空窒尽发之，木尽伐之。诸可以攻城者尽内城中，令其人各有以记之。事以，各以其记取之。事为之券，书其枚数。当遂材木不能尽内，即烧之，无令客得而用之。"在战争即将来临之前，战争双方出于防御以及打击敌人的需要，往往对自己所处的生态环境都要破坏，那么对于敌国的生态环境更不会轻易放过。

更为可贵的是，墨子还深刻剖析了战争对生态环境的间接破坏，《墨子·非攻中》道："今师徒唯毋兴起，冬行恐寒，夏行恐暑，此不可以冬夏为者也。春则废民耕稼树艺，秋则废民获敛。今唯毋废一时，则百姓饥寒冻馁而死者，不可胜数。今尝计军上，竹箭、羽旄、幄幕、甲盾、拨劫，往而靡弊腑冷不反者，不可胜数；又与茅戟戈剑乘车，其列住碎折靡弊而不反者，不可胜数；与其牛马肥而往、瘠而反，往死亡而不反者，不可胜数。"为了准备战争，农民耽误了农事，导致庄稼歉收，人们饿死冻死无数。为了制作兵器，又浪费大量的社会资源，很多资源都损耗于战争之中。

因此，墨子极力反对战争，提倡其"兼爱""非攻"等主张，这些思想的产生，就是源于对生态环境的认识，源于战争对生态环境所造成的破坏的认识。墨子进而指出，这些破坏生态环境的战争严重违背了天意，是要受到上天严厉惩罚的。要想避免惩罚，就必须停止战争，只有这样才能减轻战争对生态环境的破坏。这些思想对于保护日益恶化的生态环境，无疑具有重要的意义。

第四节　《管子》的生态环境保护内容

《管子》[1] 成书于战国稷下学派之手，《汉书·艺文志》将其列为道家，隋唐以后的《经籍志》则把它归入法家，也有学者因之成书于

---

① 本节引文皆出自黎翔凤：《管子校注》，中华书局2004年版。

众多派别学者之手，内容涉及古代政治、经济、军事、哲学、法律、农业、文学等诸方面而将其归为杂家。其内容广泛，因此必定会包含当时学者对人与自然关系探讨的成果。

一　对人与自然关系的探讨

《管子》在对天人关系的探讨中充分吸取了各家学派的精华部分并有所发展。如《管子·形势》篇曰："天不变其常，地不易其则，春秋冬夏不更其节，古今一也。"《管子·形势解》篇亦云："天覆万物，制寒暑，行日月，次星辰，天之常也。治之以理，终而复始。"意思是说大自然是客观存在的，并且有其运行规律，而大自然的运行和人有着密切的关系，同篇还说："故天不失其常，则寒暑得其时，日月星辰得其序……地不易其则，故万物生焉。"既然自然规律是客观存在并且是不可违背的，那么人类就要尊重自然，按照自然规律行事，这样人类社会才能正常发展，如《管子·形势》篇曰："得天之道，其事若自然。"《管子·形势解》也道："明主上不逆天，下不圹地，故天予之时，地生之财。"

好的统治者上不违逆上天，下不使土地荒废，这是自然规律的要求。反之，如果不懂得自然规律，违背了自然规律，那么后果是非常严重的，如《管子·四时》篇所载："不知四时，乃失国之基"，《形势》篇亦曰："失天之道，虽立不安"，还有《形势解》篇："乱主上逆天道，下绝地理，故天不予时，地不生财。"由此可见，人与自然的关系十分密切，《管子·形势解》"其功顺天者，天助之。其功逆天者，天违之"。尊重自然规律、按照自然规律办事对于国家存亡、社会发展非常重要。而《管子》对此已经有了十分清醒的认识，从而也奠定了其生态保护思想的基础。

二　尊重自然的思想

首先体现在建国立都时对生态环境的重视，如《管子·乘马》篇道："凡立国都，非于大山之下，必于广川之上，高毋近旱而水用足，下毋近水而沟防省。”《管子·度地》篇也说：“故圣人之处国者，必于不倾之地。而择地形之肥饶者，乡山，左右经水若泽，内为落渠之寫，因大川而注焉。乃以其天材，地之所生利，养其人以育六畜。”可见，对生态环境的重要性认识多么深刻。

其次体现在对生态环境在维护统治、保证社会发展方面的作用的认识，如《管子·侈靡》篇云：“山不童而用赡，泽不弊而养足。”《管子·轻重甲》篇曰：“为人君而不能谨守其山林菹泽草莱，不可以立为天下王……山林菹泽草莱者，薪蒸之所出，牺牲之所起也。”所以《管子》大力提倡保护生态环境，反对君王破坏生态环境的做法，并加以批判，如《管子·国准》篇说：“童山竭泽者，君智不足也。”认为君王破坏生态环境的行为是十分荒唐的。

再次，体现在对农业生态环境的充分认识，如《管子·山国轨》篇对适合不同生物生长的土壤做了明确分类：“有莞蒲之壤，有竹箭檀柘之壤，有汜下渐泽之壤，有水潦鱼鳖之壤。”具备了这样的认识，就可以有针对性地利用生态环境，使其最大限度地发挥作用，如《管子·地员》所载：“五粟之土，若在陵在山，在隫在衍，其阴其阳，尽宜桐柞，莫不秀长。其榆其柳，其檿其桑，其柘其栎，其槐其杨，群木蕃滋，数大条直以长。其泽则多鱼。牧则宜牛羊。其地其樊，俱宜竹箭，藻龟楢檀，五臭生之。”而对那些不适合作物生长的土壤，也想法利用，《度地》篇提道：“地有不生草者，必为之囊。大者为之堤，小者为之防，夹水四道，禾稼不伤。岁埤增之，树以荆棘，以固其地，杂之以柏杨，以备决水。”

《管子》认为，万物都有自己的生长周期，《管子·权修》篇指出：“地之生财有时。”所以，要尊重它们的生长规律并合理利用，以保证自然为人类提供持续不断的资源。正如《管子·八观》篇所载：“山林虽广，草木虽美，禁发必有时。国虽充盈，金玉虽多，宫室必有度。江海虽广，池泽虽博，鱼鳖虽多，网罟必有正。”《管子·立政》篇也说：“夫财之所出，以时禁发焉，使民足于宫室之用。”另外，还提出了种种具体的措施，《管子·问》篇云：“工尹伐材用，毋于三时，群材乃植。”《管子·禁藏》篇曰：“当春三月……毋杀畜生，毋拊卵，毋伐木，毋夭英，毋拊竿，所以息百长也。”这是把对动植物的杀伐限制在一定的时间内，规定在它们的生长期内不准杀伐，以保护其生长；同时禁止杀伐幼小的动植物，如《管子·四时》篇规定：“无杀麛夭，毋塞华绝芋……令禁罝设禽兽，毋杀飞鸟。”再如《管子·五行》篇：“不疠雏鷇，不夭麑夭。”可以看出，《管子》的作者们对前代的生态环境保护思想理解得十分透彻，继承得十分完整，总结得十分完善。

三 节约自然资源的思想

人是自然资源的最大消费者，合理利用生态资源，是保护生态环境、保证可持续发展的必要条件，因此《管子》极力主张消费有度。《禁藏》篇曰：“宫室足以避燥湿，食饮足以和血气，衣服足以适寒温，礼仪足以别贵贱，游虞足以发欢欣，棺椁足以朽骨，衣衾足以朽肉，坟墓足以道记。”《立政》篇也道：“度爵而制服，量禄而用财。饮食有量，衣服有制，宫室有度，六畜人徒有数，舟车陈器有禁。修生则有轩冕、服位、谷禄、田宅之分，死则有棺椁、绞衾、圹垄之度。”《五辅》篇亦云：“节饮食，撙衣服，则财用足。”这些记载都是有感于当时社会的奢靡风气而提出的主张。

在提倡节约的同时，《管子》还大力批判了奢侈的风气。如《管子·小匡》篇曰：“昔先君襄公，高台广池，湛乐饮酒，田猎毕弋，不听国政。”就是以齐襄公的奢侈浪费为例子予以批判，而《管子·揆度》篇则曰：“诸侯之子将委质者，皆以双武（虎）之皮，卿大夫豹饰，列大夫豹幨。大夫散其邑粟与其财物，以市武豹之皮。故山林之人刺其猛兽。”指出了当时社会奢侈风气产生的根源在于上层分子，因此建议首先从上层社会做起，遏止浪费，减轻对生态资源的掠夺。如果不遏制这种风气而任由发展，结果将会导致国家的衰弱，《管子·权修》篇曰：“地辟而国贫者，舟舆饰，台榭广也……地之生财有时，民之用力有倦，而人君之欲无穷。”再如《管子·八观》篇：

“困仓寡而台榭繁者，其藏不足以共其费。”说的都是这样的道理。不仅如此，《管子》认为这样下去还会导致国家的灭亡，如《管子·七臣七主》篇：“台榭相望者，亡国之庑也。驰车充国者，追寇之马也。”虽然《管子》提倡节俭在很大程度上是出于政治上的考虑，但是在客观上起到了保护生态环境的作用。

四　保护生态环境的措施

为了从根本上保护生态环境，《管子》提出设置专门机构、制定法令以保护生态环境的主张。《管子·小匡》篇曰：“市立三乡，工立三族，泽立三虞，山立三衡。”这里的“虞”“衡”都是当时负责山林川泽保护的官员，他们的职责如《管子·五行》篇所记：“出国衡，顺山林，禁民斩木。”《管子·立政》篇也说：“修火宪，敬山泽林薮积草。夫财之所出，以时禁发焉。使民于宫室之用，薪蒸之所积，虞师之事也。”有了这些专职官员，生态环境必然会得到有效的保护。同时，还颁布法令，以法令的威严来震慑破坏生态环境的行为，如《管子·七臣七主》载曰：“四禁者何也？春无杀伐，无割大陵，倮大衍，伐大木，斩大山，行大火，诛大臣，收谷赋。夏无遏水，达名川，塞大谷，动土功，射鸟兽。秋毋赦过释罪缓刑。冬无赋爵赏禄，伤伐五藏。”《管子·轻重己》篇也载：“发号出令曰：‘毋聚大众，毋行大火，毋断大木，诛大臣，毋斩大山，毋戮大衍。灭三大而国有害也’天子之夏禁也。”如果这些还不够威慑，那么《管子·地数》篇所规定的处罚足以让人望而止步：“苟山之见荣者，谨封而为禁。有动封山者，罪死而不赦。有犯令者，左足入，左足断，右足入，右足断。然则其与犯之远矣。”专职的官员再加上如此严谨、残酷的律令，对保持一个良好的生态环境势必能起到积极有效的作用。

在大力倡导保护生态环境的同时，《管子》还不遗余力地批判了破坏生态环境的行为。如《管子·国准》篇：“‘有虞之王，枯泽童山。夏后之王，烧增薮，焚沛泽，不益民之利。殷人之王，诸侯无牛马之牢，不利其器。周人之王，官能以备物。五家之数殊，而用一也’。桓公曰：‘然则五家之数，籍何者为善也?’管子对曰：‘烧山林，破增薮，焚沛泽，禽兽众也。童山竭泽者，君智不足也。’”通过对历史上焚烧山林等事件的讨论，得出破坏生态环境是一种愚蠢行为的结论。所以在《管子·海王》篇里对桓公有害于生态的想法一一予以了否定：“桓公问于管子曰：‘吾欲籍于台雉，何如?’管子对曰：‘此毁成也。’‘吾欲籍于树木。’管子对曰：‘此伐生也’‘吾欲籍于六畜’，管子对曰：‘此杀生也’。”

可见，《管子》书中的生态环境保护思想内容十分丰富，其全面性远远超过了当时的儒家、道家和墨家。究其原因，大概在于该书是战国时期各派思想家的集大成之作，其思想内容不会局限于某一派别，因而比任何一派别更加庞杂和丰富。

第五节　《吕氏春秋》的生态环境保护思想

《吕氏春秋》[①] 成书于秦统一六国前夕，是战国末期一部全面、系统的学术总结性著作，由吕不韦的三千门客集体编写而成。据《史记·吕不韦列传》记载，秦王政即位初年，“吕不韦乃使其客人人著所闻，集论以为‘八览’‘六论’‘十二纪’，二十余万言，以为备天地万物古今之事，号曰《吕氏春秋》”。“人人著所闻”的结果是这部书内容十分丰富和庞杂。徐复观说：“《吕氏春秋》，是对先秦经典及诸子百家的大综合”。经他统计，该书“引《诗》者十五，引《逸诗》者一。引《书》者十……引《易》者四。述《春秋》者一……孔子者二十四。墨子者六，孔墨并称者八。又多次提到孔墨的许多弟子。提到老子者四。孔老并称者一。提到庄子者二，列子者二，詹何者三，子华子者五，田骈者二”[②]。可见该书包含了儒、道、墨、法、

① 本节引文皆出自王利器：《吕氏春秋注疏》，巴蜀书社 2002 年版。
② 徐复观：《两汉思想史》（第二卷），华东师范大学出版社 2001 年版，第 1—2 页。

阴阳等诸家思想，因此有学者说它“反映了战国末期各流派在学术上百川归海的历史趋势”。同时，“此书能积极、客观地对待先秦时代的文化遗产，公开申明超越学派门户成见，采集诸家之长，显示了对诸子百家兼容并蓄的宽广胸怀”①。

目前学术界对《吕氏春秋》的研究，主要集中在政治、文化、哲学等方面，对其丰富的生态环境思想却鲜有论及，但是该书却蕴含了丰富的生态环境保护思想，值得探索和研究。

一 关于天人关系的阐述

《吕氏春秋》的生态环境保护思想首先体现在其对“天人关系”这一古老命题的继承和发扬上。《序意》篇说：“凡《十二纪》者，所以纪治乱存亡也，所以知寿夭吉凶也。上揆之天，下验之地，中审之人，若此则是非可不可无所遁矣。”可见作者编写该书的一个重要指导思想就是在探讨人与自然关系的基础上寻求人类社会与个体生命生存发展的规律和对策。在天人关系上，《吕氏春秋》首先肯定了人由天生，即人来自自然界。《本生》篇曰：“始生之者天也，养成之者人也。”《大乐》篇亦曰：“始生人者天也。”人由天生，这是春秋以来思想家的共识，这种观点在该书中自然也有体现。在此基础上又有所发挥，《大乐》篇道：“太一出两仪，两仪出阴阳。阴阳变化，一下一上，合而成章。”东汉高诱注云：“两仪，天地也。出，生也。”意思是天地由太一所生，天地通过阴阳上下交合生出万物，人也是由阴阳所生，《知分》篇曰：“凡人物者，阴阳之化也。阴阳者，造乎天而成者也。”这里有明显的儒、道天道观的痕迹，而其阴阳生万物的观点，则是具有创新意义的思想。

按照《吕氏春秋》的理论，天地万物包括人类在内都是由阴阳之气化生，而阴阳之气源于“太一”，整个世界是一个有着内在联系的

---

① 李学勤主编：《中华文化通志》，吕文郁：《春秋战国文化志》，上海人民出版社1998年版，第182页。

统一整体。正如《情欲》篇所言："人与天地也同，万物之形虽异，其情一体也。"既然万物都存在于一个统一的整体中，那么它们之间必然要互相联系、互相作用，《应同》篇则详细论述："类固相召，气同则合，声比则应。鼓宫而宫动，鼓角而角动。平地注水，水流湿；均薪施火，火就燥。山云草莽，水云鱼鳞，旱云烟火，雨云水波，无不皆类其所生以示人。故以龙致雨，以形逐影。师之所处，必生棘楚。祸福之所自来，众人以为命，安知其所。夫覆巢毁卵，则凤凰不至；刳兽食胎，则麒麟不来；干泽涸渔，则龟龙不往。"还有《谕大》篇："山大则有虎豹熊螇蛆，水大则有蛟龙鼋鼍鳣鲔。"再如《功名》篇："水泉深则鱼鳖归之，树木盛则飞鸟归之，庶草茂则禽兽归之。"

不仅如此，《吕氏春秋》的编写者还认识到了万物的生长、衰落规律，《义赏》篇说："春气至则草木产，秋气至则草木落。"正是对其规律有深入的认识，才能提出相应的林木保护思想，比如规定只能在适当的季节砍伐树木等。

这些似曾相识的文字论述了事物存在和发展的外在条件和内在依据，揭示了事物之间的因果关系，说明万物的存在都需要相关的客观环境，所以必须尊重客观环境及其运行规律，《孟春纪》说："无变天之道，无绝地之理，无乱人之纪。"《仲秋纪》也说："凡举事无逆天数，必须其时"，都是要求人尊重自然规律，按照自然规律办事。要尊重客观环境，首先必须要了解自然环境及其运行规律，认识自然规律的方法正如《当赏》篇所说："民以四时寒暑日月星辰之行知天。"人类通过四时、季节变化和日月星辰的运行来了解自然，只有充分了解生存环境的特性，才能了解其中万物的生长、衰落规律，才能采取相应的对策。

二　以时为令，保护和利用生态资源

正是基于对自然界及其运行规律的充分认识，《吕氏春秋》根据每一个月份的节候情况、生物生长规律等，阐述了非常具体的生态环境保护思想。

《孟春纪》：“乃修祭典，命祀山林川泽，牺牲无用牝。禁止伐木，无覆巢，无杀孩虫胎夭飞鸟，无麛无卵，无聚大众，无置城郭，掩骼霾髊。”

《仲春纪》：“无竭川泽，无漉陂池，无焚山林。”

《季春纪》：“田猎罼弋，罝罘罗网，喂兽之药，无出九门。是月也，命野虞，无伐桑柘。”

《孟夏纪》：“是月也，继长增高，无有坏隳。无起土功，无发大众，无伐大树……是月也，驱兽无害五谷。无大田猎，农乃升麦。”

《仲夏纪》：“令民无刈蓝以染，无烧炭，毋暴布。”

《季夏纪》：“令渔师伐蛟取鼍，升龟取鼋。乃命虞人入材苇……是月也，树木方盛，乃命虞人入山行木，无或斩伐。不可以兴土功，不可以合诸侯，不可以起兵动众，无举大事，以摇荡于气。”

《仲秋纪》：“可以筑城郭，建都邑，穿窦窌，修囷仓。”

《孟冬纪》：“命司徒，循行积聚，无有不敛；坿城郭，戒门闾，修楗闭，慎关籥，固封玺。备边境，完要塞，谨关梁，塞蹊径，饬丧纪，辨衣裳，审棺椁之厚薄，营丘垄之小大高卑薄厚之度，贵贱之等级……是月也，乃命水虞渔师收水泉池泽之赋，无或敢侵削众庶兆民，以为天子取怨于下，其有若此者，行罪无赦。”

《仲冬纪》：“山林薮泽，有能取疏食田猎禽兽者，野虞教导之……日短至，则伐林木，取竹箭。”

在这里，按照自然规律及动植物的生长规律，对每个月应该做和不应该做的事都做了具体的阐述，可见对自然界的了解已经上升到了一个新的高度。

三　对违背自然规律所产生后果的阐述

既然自然有其客观规律，那么人们的生产生活就要以其为准绳。如果人们的行为不符合自然规律，就有可能造成严重的后果，从而引发生态问题，对此，书中也做了大量的论述。

《孟春纪》："孟春行夏令，则风雨不时，草木早槁，国乃有恐。行秋令，则民大疫，疾风暴雨数至，藜莠蓬蒿并兴。行冬令，则水潦为败，霜雪大挚。首种不入。"

《仲春纪》："仲春行秋令，则其国大水，寒气总至，寇戎来征。行冬令，则阳气不胜，麦乃不熟，民多相掠。行夏令，则国乃大旱，暖气早来，虫螟为害。"

《季春纪》："季春行冬令，则寒气时发，草木皆肃，国有大恐。行夏令，则民多疾疫，时雨不降，山陵不收。行秋令，则天多沈阴，淫雨早降，兵革并起。"

《孟夏纪》："孟夏行秋令，则苦雨数来，五谷不滋，四鄙入保。行冬令，则草木早枯，后乃大水，败其城郭。行春令，则虫蝗为败，暴风来格，秀草不实。"

《仲夏纪》："仲夏行冬令，则雹霰伤谷，道路不通，暴兵来至。行春令，则五谷晚熟，百螣时起，其国乃饥。行秋令，则草木零落，果实早成，民殃于疫。"

《季夏纪》："季夏行春令，则谷实解落，国多风咳，人乃迁徙。行秋令，则丘隰水潦，禾稼不熟，乃多女灾。行冬令，则寒气不时，鹰隼早鸷，四鄙入保。"

《孟秋纪》："孟秋行冬令，则阴气大胜，介虫败谷，戎兵乃来。行春令，则其国乃旱，阳气复还，五谷不实。行夏令，则多火灾，寒热不节，民多疟疾。"

《仲秋纪》："仲秋行春令，则秋雨不降，草木生荣，国乃有大恐。行夏令，则其国旱，蛰虫不藏，五谷复生。行冬令，则风

> 灾数起，收雷先行，草木早死。”
>
> 《季秋纪》：“季秋行夏令，则其国大水，冬藏殃败，民多鼽窒。行冬令，则国多盗贼，边境不宁，土地分裂。行春令，则暖风来至，民气解堕，师旅必兴。”
>
> 《孟冬纪》：“孟冬行春令，则冻闭不密，地气发泄，民多流亡。行夏令，则国多暴风，方冬不寒，蛰虫复出。行秋令，则雪霜不时，小兵时起，土地侵削。”
>
> 《仲冬纪》：“仲冬行夏令，则其国乃旱，气雾冥冥，雷乃发声。行秋令，则天时雨汁，瓜瓠不成，国有大兵。行春令，则虫螟为败，水泉减竭，民多疾疠。”
>
> 《季冬纪》：“季冬行秋令，则白露蚤降，介虫为妖，四邻入保。行春令，则胎夭多伤，国多固疾，命之曰逆。行夏令，则水潦败国，时雪不降，冰冻消释。”

仔细分析以上资料，其中心内容就是要求人们的各种活动都必须顺应自然规律而不能违背自然规律。如果违背了自然规律，就会产生如上述文字所谈到的各种不良现象。这反映出当时思想家对于违背自然规律的活动可能导致的生态环境破坏，已经有了如此细致入微、面面俱到的认识，足以说明战国后期人们对生态环境的重视。

四　正确对待自然资源的思想

《吕氏春秋》认为人和自然界中的万物一样，都来于自然，都属于自然。因此，人与自然应该保持友好的关系，和睦相处，相安无事，《观表》篇说：“凡居于天地之间、六合之内者，其务为相安利也。”既然万物都是平等的，就要平等对待，要爱惜、保护自然界中的其他生命，在此基础上，提出了保护它们的主张，具体体现就是对春秋以来“以时禁发”和“取之有度”等生态保护思想的继承。《上农》篇曰：“然后制四时之禁：山不敢伐材下木，泽人不敢灰僇，缳网罝罦不敢出于门，罛罟不敢入于渊，泽非舟虞，不敢缘名，为害其时也。”通过这些禁令，保证山林、鱼虫、鸟兽等生态资源的生长发育；《义赏》篇则云：“竭泽而渔，岂不获得？而明年无鱼。焚薮而田，岂不获得？而明年无兽。”竭泽而渔、焚薮而田确实满足了人们的一时之需，但是明年就不能享受这些资源了，使人们明白取之有度的重要性。这些思想显然是继承了前代思想而来的。

同时，《吕氏春秋》还对当时的社会不良风气如大肆营造、厚葬等活动所导致的生态资源浪费进行了批判。《听言》篇曰：“今天下弥衰，圣王之道废绝，世主多盛其欢乐，大其钟鼓，侈其台榭苑囿，以夺人财，轻用民死，以行其忿。”《骄恣》篇：“齐宣王为大室，大益百亩，堂上三百户，以齐之大，具之三年而未能成。”这些大规模的营建活动不仅造成了生态资源的大量浪费，还导致了整个社会生态资源的失衡，并引发了严重的社会问题。对于厚葬，书中也进行了描述，《安死》篇云：“世之为丘垄也，其高大若山，其树之若林，其设阙庭、为宫室、造宾阼也若都邑。”《节丧》篇道：“国弥大，家弥富，葬弥厚。含珠鳞施，夫玩好货宝，锺鼎壶滥，舆马衣被戈剑，不可胜其数。诸养生之具，无不从者。题凑之室，棺椁数袭，积石积炭，以环其外。”如果厚葬之风遍及整个社会，将会导致更多的生态资源被挥霍浪费，长此下去，必然会造成生态资源枯竭，并最终形成严重的生态问题。对此，战国末期的思想家耳闻目睹，不能不忧心忡忡。

更为难能可贵的是，当时的思想家并没有走向极端，没有为了保护生态资源而过激地限制人类的行为，只是希望人们要保持清醒的头脑，正如《贵当》篇所说：“田猎驰骋，弋射走狗，贤者非不为也，为之而智曰得焉。”人生在世，有很多生活方式，贤者也可以去打猎射鸟，但与普通人所不同的是，贤者在从事这些活动的时候能够心怀自然，适可而止，不会太过度。

第六节　“以时禁发”“取之有度”思想

除了上述诸子百家，两周时期还有很多政治家、思想家以不同的方式表达了其对生态资源和自然环境的关注，并提出了相关的保护主张，归纳起来，大致体现在“以时禁发”“取之有度”等方面。

一　“以时禁发”的思想

“以时禁发”就是要求人们根据动植物生长的时令有计划地捕杀动物、砍伐林木，为人类的生存和生活提供资源。两周时期的思想家意识到，自然界的生物都有其特定的生长规律和周期，如果违背了其周期或打断其规律，就会导致动植物不生长或者减少甚至灭绝。《韩非子·功名》篇曰：“非天时，虽十尧不能冬生一穗……故得天时则不务而自生。”就是最为简明也最为准确的解释。周人意识到，人类社会要发展必须要利用生态资源，而生态资源又有其生长规律，因此，唯有根据其生长规律，予以合理使用，才能保证其生长并满足人们的需求。

最具代表性的记载就是《国语·鲁语上》中“里革断宣公罟”的故事：“宣公夏滥于泗渊，里革断其罟而弃之，曰：‘古者大寒降，土蛰发，水虞于是乎讲罛罶，取名鱼，登川禽，而尝之寝庙，行诸国，助宣气也。鸟兽孕，水虫成，兽虞于是乎禁罝罗，矠鱼鳖以为夏犒，助生阜也。鸟兽成，水虫孕，水虞于是乎禁罝罜䍡，设阱鄂，以实庙庖，畜功用也。且夫山不槎蘖，泽不伐夭，鱼禁鲲鲕，兽长麑夭，鸟翼鷇卵，虫舍蚳蝝，蕃庶物也，古之训也。今鱼方别孕，不教鱼长，又行网罟，贪无艺也。’”[①] 这段话说的是鲁宣公夏季到泗渊捕鱼，由于不符合鱼的生长规律，他的行为不仅遭到了里革的阻拦，渔网也被割断并丢弃到一边，还遭到了里革的训斥。作为国君的宣公不

① 《国语》，上海古籍出版社 1998 年版，第 178 页。

仅没有怪罪里革，反而对他赞赏有加："吾过而里革匡我，不亦善乎！是良罟也，为我得法。使有司藏之，使吾无忘谂。"① 宣公之所以不恼反赞，就是因为里革给他讲了一番道理，说捕鱼打猎都要在合适的季节，生长期的动植物禁止砍伐捕杀，以使其能够生长。宣公听了恍然大悟，不仅不怪，还把那张被割的破渔网收藏起来，以为警示。

可以看出当时的思想家对于生物资源的生长规律已经有着非常深刻的认识，由于他们充分认识到生长期对于动植物的重要性，才产生了在其生长期禁止捕杀砍伐的保护思想，以保证整个生态环境的良性循环。"里革断宣公罟"所体现的时禁思想不只是一例个案，当时类似这样的思想还有很多，比如《左传》：桓公四年"春正月，公狩于郎，书时，礼也"。桓公在正月狩猎，适合时宜，所以说他"礼也"；襄公四年：公曰"修民事，田以时"。也是要求田猎要在适合的季节进行；文公六年"闰月不告朔，非礼也。闰以正时，时以作事，事以厚生，生民之道，于是乎在矣。不告闰朔，弃时政也，何以为民?"这段话从另外一个角度体现了当时的"以时"思想。再如《礼记·祭仪》曾子曰："树木以时伐焉，禽兽以时杀焉。夫子曰：'断一树，杀一兽，不以其时，非孝也。'"在这里，孔子甚至用社会伦理道德来推行他的生态环境保护思想。《淮南子·主术训》曰："故先王之法……豺未祭兽，罝罦不得布于野；獭未祭鱼，网罟不得入于水；鹰隼未挚，罗网不得张于溪谷；草木未落，斤斧不得入山林；昆虫未蛰，不得以火烧田。"应该是对两周时期"以时禁发"思想的记载。

战国时期，受人口、营建、消费、战争等因素的影响，出现了生态环境问题，有的地区甚至资源匮乏，使当时的思想家、政治家更认识到"以时禁发"的必要性，纷纷提出了其"以时禁发"的主张。《管子·八观》篇曰："山林虽广，草木虽美，禁发必有时。"意思是山林草木再多，也禁不住人们的滥伐滥砍，所以必须按照其时令来加以限制，《逸周书·文传解》云："山林非时不升斤斧，以成草木之

① 《国语》，上海古籍出版社1998年版，第180页。

长；川泽非时不入网罟，以成鱼鳖之长；不麛不卵，以成鸟兽之长。畋渔以时，童不夭胎，马不驰骛，土不失宜。”而说得最为透彻的则是《荀子·王制》：“圣王之制也，草木荣华滋硕之时则斧斤不入山林，不夭其生，不绝其长也；鼋鼍、鱼鳖、鳅鳣孕别之时，罔罟毒药不入泽，不夭其生，不绝其长也；春耕、夏耘、秋收、冬藏四者不失时，故五谷不绝而百姓有余食也；污池、渊沼、川泽谨其时禁，故鱼鳖优多而百姓有余用也；斩伐养长不失其时，故山林不童而百姓有余材也……修火宪，养山林薮泽草木鱼鳖百索，以时禁发，使国家足用而财物不屈，虞师之事也。”同篇还有“山林泽梁以时禁发”“故养长时则六畜育，杀生时则草木殖，政令时则百姓一，贤良服。”的记载，《荀子·王霸》也有“百工将时斩伐”的记载；《孟子·梁惠王上》则说：“不违农时，谷不可胜食也；数罟不入洿池，鱼鳖不可胜食也；斧斤以时入山林，材木不可胜用也。”

从上述引文可以看到，当时的思想家已经充分认识到树木、野生动物、鱼类等自然资源都有其生长规律，因此，在它们的生长期对其加以保护是很有必要的。只有这样，才能保证人类有充足的生态资源，保证人类社会的正常发展。尤其需要指出的是，当时的思想家还清楚地掌握了树木、野生动物等的准确生长时期，并提出了相关的保护思想。

《管子·问》篇道：“工尹伐材用，毋于三时（指春夏秋），群材乃植。”意思是不要在春、夏、秋三个季节砍伐树木，同书《禁藏》篇亦云：“当春三月……毋杀畜生，毋拊卵，毋伐木，毋夭英，毋拊竿，所以息百长也。”春天，正是万物萌发的季节，因此，在三月份要禁止砍伐树木、捕杀幼卵等；《逸周书·大聚解》则曰：“春三月山林不登斧，以成草木之长；夏三月川泽不入网罟，以成鱼鳖之长……夫然，则有生而不失其宜，万物不失其性，人不失其事，天不失其时，以成万财。”意思也是在三月份不要砍伐树木，不要捕鱼，以保证其生长；《礼记·王制》曰：“獭祭鱼，然后虞人入泽梁；豺祭兽，然后田猎；鸠化为鹰，然后设尉罗；草木零落，然后入山林。

昆虫未蛰，不以火田。”这里规定了捕鱼打猎、砍伐树木、以火焚田的季节，就是为了保护野生动物、鱼类等能够得到正常的生长。

为了确保“以时禁发”，使大家都能够在适当的节令获取生态资源，当时的思想家甚至提出制定严厉的制裁措施，《荀子·君道》曰：“先时者杀无赦，不逮时者杀无赦。”可见当时的思想家的确认识到“以时禁发”对于保护生态资源的重要性。

二 “取之有度”的主张

虽然两周时期的思想家提出了“以时禁发”的思想以保护动植物资源，但是在适合砍伐、捕猎的季节不加限制地获取也会导致生态资源匮乏，于是他们又提出“取之有度”的主张。取之有度就是在砍伐树木、捕捉猎物时要有限度，不能一网打尽、不留余地。因为动植物资源的生长需要一个过程，有的过程甚至是长期的，这就导致一定时期内的生态资源的数量是有限的。如果过度开采渔猎，必定会导致资源缺乏，其后果正如《国语·周语下》单穆公所说那样：“若夫山林匮竭，林麓散亡，薮泽肆既，民力凋尽，田畴荒芜，资用乏匮，君子将险哀之不暇，而何易乐之有焉?”所以必须节约使用生态资源。

老子认为对待生态资源最好的办法是取多补少，老子曰：“天之道，损有余而补不足。”[①] 这是最合理的利用生态资源的方法，也是最理想的。孔子也反对过度渔猎，《论语·述而》曰：“子钓而不网，弋不射宿。”要求不要用网捕鱼，因为那样就会不论大小，一网打尽，不利于生态的平衡。

“取之有度”的思想受到当时思想家广泛认同，《淮南子·人间训》载雍季与晋文公语曰：“焚林而猎，愈多得兽，后必无兽。”要想以后还有野兽享用，绝对不能焚林而猎；《礼记·王制》曰：“不麛，不卵，不杀胎，不殀夭，不覆巢。”意思是不杀小动物，不杀怀孕的动物，不把鸟巢摧毁了来捉鸟，同书《曲礼下》曰：“国君春田

① 朱谦之：《老子校释》，中华书局1984年版，第299页。

不围泽，大夫不掩群，士不取麛卵。”建议打猎时要网开一面，不猎杀成群的猎物，不捕获怀孕的动物，同书《王制》亦曰：“天子不合围，诸侯不掩群。”也是建议不要把野生动物赶尽杀绝，要留有余地；《逸周书・文传解》曰：“无杀夭胎，无伐不成材。”意思是不杀小的和怀孕的动物，不砍伐没有长成材的树木；《管子・八观》则曰：“国虽充盈，金玉虽多，宫室必有度。江海虽广，池泽虽博，鱼鳖虽多，网罟必有正……非私草木，爱鱼鳖也，恶废民于生谷也……山林虽近，草木虽美，宫室必有度。”只有做到了取之有度，合理利用，才能保证生态资源的正常循环，保证人们拥有足够的生态资源，正如《管子・侈靡》所言：“山不同而用掞，泽不弊而养足。”

当时的思想家不仅提出“取之有度”的主张以保护动植物资源，还进一步将“度”的范围扩大，以从根源上尽量消弭对生态资源的无限度攫取。如《国语・楚语上》记载：“灵王为章华之台，与伍举升焉，曰：‘台美夫！’对曰：‘臣闻国君服宠以为美，安民以为乐，听德以为聪，致远以为明。不闻其以土木之崇高、彤镂为美，而以金石匏竹之昌大、嚣庶为乐；不闻其以观大、视侈、淫色以为明，而以察清浊为聪。先君庄王为匏居之台，高不过望国氛，大不过容宴豆，木不妨守备。’”[①] 同篇还载“故先王之为台榭也，榭不过讲军实，台不过望氛祥。故榭度于大卒之居，台度于临观之高。其所不夺穑地，其为不匮财用，其事不烦官业，其日不废时务。瘠硗之地，于是乎为之；城守之木，于是乎用之；官僚之暇，于是乎临之；四时之隙，于是乎成之”。[②] 这些文字记载的是伍举劝说楚灵王在营建宫殿台榭时要有限度，要合理地利用材料，不浪费自然资源。

类似的记载还见于《国语・越语下》范蠡谏勾践：“王其且驰骋弋猎，无至禽荒，宫中之乐，无至酒荒。”范蠡劝说勾践在打猎时要有限度，不能把禽兽猎杀完了而导致野生动物匮乏。这样的事情在齐

① 《国语》，上海古籍出版社 1998 年版，第 541—542 页。

② 同上书，第 545 页。

国也有，史载婴子劝谏齐景公曰："婴闻之，古者先君之干福也，政必合乎民，行必顺乎神；节宫室，不敢大斩伐，以无偪山林；节饮食，无多畋渔，以无偪川泽；祝宗用事，辞罪而不敢有所求也。"而反对他"大宫室，多斩伐，以偪山林；羡饮食，多畋渔，以偪川泽"①。也是劝说齐景公修建宫室时不要大肆砍伐树木而导致林木匮乏，要节制饮食不要无限制地捕猎，在祭祀时要简单一些，不要用那么多的动物作为祭品，都是为了保证生态资源不要遭受无节制的攫取和破坏。

周代思想家之所以提出"取之有度"的思想，目的就在于限制人类对动植物资源的肆意夺取而不加爱惜。他们明白，如果资源匮乏了将会直接导致社会秩序的混乱乃至于统治的崩溃。《荀子·富国》篇曰："伐其本，竭其源，而并之其末，然而主相不知恶也，则其倾覆灭亡可立而待也。"如果不加以限制，而任凭砍伐捕杀，自然资源将很快耗尽，这将会导致国家的灭亡。可见取之有度对于社会的重要性。在这种社会背景下，毫无节制地使用自然资源必定会遭到先进思想家的批判，《管子·国准》篇说："童山竭泽者，君智不足也。"意思是说那些把山上的树木砍伐光了把水里的鱼捞完了的君主，其思想认识都是有缺陷的，稍微有点常识的统治者，都不会不加限度地攫取动植物资源，导致资源匮乏。

综上所述，两周时期的"以时禁发""取之有度"等生态保护思想，由于符合当时人们迫切需要了解自然的潮流并且正确地表达了人与自然的关系，所以受到当时社会的普遍重视。而随着经济发展、人口的激增，整个社会在加剧破坏生态环境的同时，也日益感到了生态环境对于人类自身生存和发展的重要性，觉察到生态环境的严重破坏影响到了社会秩序的稳定，进而会影响到统治者的统治。因此，"以时禁发""取之有度"的生态环境保护思想带有明显的针对性和紧迫感。他们不再仅仅停留在单纯的生态保护层面，而是适应社会发展的

① 吴则虞：《晏子春秋集释》，中华书局1962年版，第201页。

需要，将其和人类社会紧紧结合在一起进行讨论，因而具有更为广泛的影响力，也更容易引起整个社会对生态环境问题的重视。

第七节　出土古简所蕴含的生态环境思想

在生态环境史的研究中，传世文献依旧是众多学者的首选。但是除了传世文献，还有很多可供研究的资料，如当前已经考古出土的大量竹简中就有很多关于生态环境的记载。早在1998年陈伟武就撰写了题为《从简帛文献看古代生态意识》的论文，对一些竹简上所记载的生态环境内容进行了阐述。[①] 细究出土古简之记载，对于环境史的研究将大有帮助。

一　有助于研究领域的拓宽和思维模式的改变

在环境史研究中，学者们垂青传世文献的原因大概有两点：一是目前从事生态环境史研究的学者大多为历史学者和历史地理学者，他们对传世文献了然于胸，容易从中筛选出有关生态环境的史料；二是中国古代的传世文献极为丰富且其中有大量关于生态环境方面的记载，就目前而言，这些资料足够学者们研究很长时间，使其无暇他顾。这从很多学者的论述中就可以看出来，李耕夫说："在《周礼》、《国语》、《易经》、《中庸》、《孟子》、《荀子》、《管子》、《淮南子》、《吕氏春秋》以及公元6世纪贾思勰的《齐民要术》和北宋沈括的《梦溪笔谈》等著作中，都有关于生态意识方面的记述。"[②] 他在这里所列举的均为传世文献，之后的学者们在研究中也大抵如此。直到21世纪，传世文献依旧是学者们的首选，王子今认为："《禹贡》和《逸周书·王会解》等文献都记录了生态史料。除了对生态环境状况

---

① 陈伟武：《从简帛文献看古代生态意识》，《简帛研究》（第三辑），广西教育出版社1998年版，第134—140页。

② 李耕夫：《中国古代的生态意识学说》，《学习与探索》1987年第4期。

的记述以及对生态环境演变的回顾外，有的古籍遗存也反映了当时人的生态观。《吕氏春秋》、《礼记》、《淮南子》等文献中，都有值得注意的相关内容。”[1] 王利华也说：“对于生态环境史研究来说，传世文献仍然是最重要的史料宝藏，其中的许多内容具有非常高的环境史资料价值。”[2]

值得注意的是，传世文献虽然汗牛充栋，但是其本身也存在一些问题，钞晓鸿指出：“中国文献典籍非常丰富，展现了我国环境史研究的独特魅力和广阔前景……其中关于环境的记录或隐或现于各种典籍之中，且质量参差不齐，有的含有作者的主观臆测与倾向，有的存在错谬与疏漏。在环境史研究中，既需要广泛阅读查找，又需要审慎鉴别分析，然后才能根据文献是否适用研究对象而决定是否加以利用。”[3] 很多传世文献带有一定的主观性和倾向性，特别是很多重要的传世文献由于流传不畅，数经周折，已经失真，存在年代、内容等辨伪问题，这些都给后世学者使用它们时造成很多麻烦。尤为重要的是，这种传统的研究方法，还在很大程度上限制了生态环境史的研究领域，使很多学者忽视了对出土文献的考察和利用。相比较传世文献而言，出土文献就不存在上述局限性，因为它们都是最原始的资料，没有经过后世人为的加工和篡改，其内容是相当客观和丰富的，其记载是可信的，而且它们还能印证文献的记载。如果能将目光和精力转向出土文献，必将为生态环境史的研究开辟出更为广阔的领域。对此，学者们已经有所认识，苏秉琦先生说：“重建人类与自然的协调关系，中国有这方面的完整材料。”他特别肯定了出土文献的价值：“我们有能力用考古学材料来回答这一问题，这将有利于世界各国重建人类与自然的协调关系。”[4] 钱益汇也认为：“（出土文献）为历史

---

① 王子今：《中国生态史学的进步及其意义——以秦汉生态史研究为中心的考察》，《历史研究》2003 年第 1 期。

② 王利华：《论题：上古生态环境史研究与传世文献的利用》，《历史教学问题》2007 年第 5 期。

③ 钞晓鸿：《文献与环境史研究——“中国环境史”笔谈之六》，《历史研究》2010 年第 1 期。

④ 苏秉琦：《中国文明起源新探》，辽宁人民出版社 2009 年版，第 181 页。

研究提供更多的新材料和社会历史文化信息，进一步拓展了研究范畴，在历史研究中发挥着更为显著的作用。”①

上述两位学者所说令人信服，但其所言却非新论。早在近百年之前，国学大师王国维的著名论断“古来新学问起，大都由于新发见”，至今振聋发聩，发人深省。学术史上，每一次“新材料”（即出土材料）的发现都毫无例外地拓宽、加深了中国学术研究的广度和深度，这已是学界共识。王国维先生早就指出：“中国纸上之学问赖于地下之学问者，固不自今日始矣。”② 他还进一步指出了地下出土材料的价值：“吾辈生于今日，幸于纸上之材料外，更得地下之新材料。由此种材料，我辈固得据以补正纸上之材料，亦得证明古书之某部分全为实录，即百家不雅训之言，亦不无表示一面之事实。”③ 王国维先生之远见卓识对于我们治学而言，有着深远的指导意义，正如著名学者李学勤先生所说：“几十年的学术史说明，我们在古史领域中的进步，就是依靠历史学同考古学的结合，传世文献与考古发现的互证。今后对上古时期社会、经济和思想观念的探索，还是要沿着这个方向走下去。”④ 尤其是在生态环境史的研究中，我们更要改变传统思维模式，跳出固有框架，坚持出土文献与传世文献相结合这一方向，认真研究、积极利用出土文献，从而更加完善生态环境史的研究。

二　出土古简所记载的人与自然的关系

人类诞生于自然界，必定和自然界有着千丝万缕的联系，从人类诞生的那一天起，人类就开始探索其和自然界的关系。经过长期的探索，先秦时期思想家对人与自然关系的探索取得了极大的成就，对此，传世文献记载丰富，令人叹服。而已经出土的诸多古简上，也有

---

① 钱益汇：《论考古学与历史研究》，《南开学报》2006 年第 4 期。

② 王国维：《最近二三十年中中国新发见之学问》，傅杰编《王国维论学集》，中国社会科学出版社 1997 年版，第 207 页。

③ 王国维：《古史新证》，傅杰编《王国维论学集》，中国社会科学出版社 1997 年版，第 38—39 页。

④ 李学勤：《“二重证据法”与古史研究》，《清华大学学报》2007 年第 5 期。

很多相关记载，这些记载与传世文献的记载相互印证，使我国古代在天人关系探索上所取得的成就更具说服力。而弥足珍贵的是古简上所载部分内容则是传世文献未见记载，使其更具研究价值。

1. 对自然规律之重要性的认识

《战国楚竹书》曰："知天之道，知地之利，思民不疾。"[①] 意思是明白了自然之道，懂得了土地的便利，人民就不会困惑。《郭店楚简》中相关记载更是十分丰富，《语丛一》曰："智（知）天所为，智（知）人所为，然句（后）智（知）道。"[②] 意思是只有了解了自然的运行规律，知道了人类该做些什么，才算是知"道"了，这个"道"就是人类和自然相处的法则。古人认为，自然法则是客观存在的，人类的活动要以此为基础。《语丛三》"天型（刑）成，人与勿（物）斯理"[③]。天的法则形成了，人与物的关系就能理顺。正因为这样，人类在和自然相处的时候，必须遵循自然规律；同书《尊德义》篇指出："禹之行水，水之道也"。说的是大禹治水之所以能够成功，就在于他遵循了水的本性，按照水的特性采取了相应的策略。同理，"句（后）稷之埶（艺）地也，地之道也。"[④] 说后稷种地也是懂得土地的特性，按照土地的具体情况种植相应的庄稼，于是成为擅长稼穑并主管种地的官员。

2. 对自然界各构成要素相互关系的认识

经过长期的探索和研究，古人对于自然界中各种物质的相互关系有了更加清楚的认识。《郭店楚简校释·语丛四》记载："利木阴者，不折亓（其）枝，利亓（其）渚者，不赛（塞）亓（其）溪。"反映了古人对树荫与树枝、流水与源头关系的认识。《战国楚竹书》则有一段详细的论述："币帛于山川，毋乃不可。夫山，石以为膚，木以为民，女（如）天不雨，石将焦，木将死，亓（其）欲雨或甚于

① 马承源：《战国楚竹书（四）》，上海古籍出版社2004年版，第289页。
② 刘钊：《郭店楚简校释》，福建人民出版社2005年版，第190页。
③ 同上书，第214页。
④ 同上书，第126页。

我。夫川，水以为膚，鱼以为民，女（如）天不雨，水将沽（涸），鱼将死，亓（其）欲雨或甚于我。”[①] 在这里，古人不仅对山与石木、川泽与水和鱼彼此的依附关系进行了描述，而且对雨水之于石木、鱼的重要性更是做了客观的论断。如果没有了水，石头将变焦，树木将会枯死，鱼也会渴死。更为难得的是，在这里将人的需求与自然物的需求做了对比，认为自然比人类更需要水。能有这样的认识，充分说明古人对自然的重要性有着成熟的认识，只有这些物质存在了，人类才能有所依赖，才能生活、生产，否则，人类将会无所依赖，正所谓“皮之不存毛将焉附！”这种成熟的生态理念，对于我们今天而言，依旧具有重要的启迪意义。

3. 对人类自身能动性及人与自然关系的认识

随着社会生产力的提高，人类征服自然的能力也不断加强，使人类对自身的能动性有了进一步的认识，这体现在西周以来天道观的不断深化和升华。《尚书·周书·泰誓》曰：“惟天地，万物之母；惟人，万物之灵。”这段话既反映了周人关于自然对人类重要性的认识，也反映出人类对自身能动性的觉悟。在这样的社会背景下，人类终于开始怀疑长期以来自己俯首称臣的上天，认识到自身的作用，逐渐从上天的束缚下解脱出来。《左传·桓公六年》所载虞国大夫季梁的言语很有代表性：“夫民，神之主也。是以圣王先成民而后致力于神。”这种观念较之前代是一个巨大的进步。如果没有人类对上天依附的分离，人也就无从认识自己，更不可能探讨自身和天的关系。春秋末年，天道和人道的各自存在终于被思想家认识到。《左传·昭公十八年》郑国执政子产所说：“天道远，人道迩。”就是一个大胆的看法。“天道”“人道”第一次作为两个对应的概念出现，反映出人的地位较之前代大大提高。

上述文献的记载，使我们看到当时人们开始能够摆脱上天的控制，按照人道来行事，这对于人们进一步解放思想，深入探讨天人关系，无疑具有重要的意义。而同一时期的出土古简，更是不乏这样的记载，以

① 马承源：《战国楚竹书（二）》，上海古籍出版社 2002 年版，第 208—209 页。

《郭店楚简》为例，其《语丛一》篇明确指出："夫（天）生百勿（物），人为贵。"[①] 指出了人类在自然界中的崇高地位，这是我们首先要认识到的，跟其他自然界的生物相比，人类因为有思想而最为尊贵，也只有人类能认识并正确处理其和自然界的关系，正如《穷达以时》篇所言："察天人之分，而智（知）所行矣。"[②] 只有认识到人类自身的能动性，才能摆脱对上天的盲目服从，才能客观地认识自然界，才能合理地利用自然资源，在利用自然资源的同时对其加以保护。

三　出土古简所蕴含的生态禁忌

早期社会存在诸多的禁忌，使原始人对许多动植物都怀有敬畏、崇拜的心理，不敢轻易地伤害它们，因此生态环境在不自觉中得到了保护。随着人与自然界关系的日益密切和对这种关系的清醒认识，禁忌对人类的影响进一步扩大并发挥更加重要的作用，甚至成为大家公认的社会准则。在这种社会准则的要求下，人们捕杀动物、砍伐植物的行为都不再是随意的，而是要受到许多严格的限制，违反者将会受到惩罚。在出土古简中，这样的记载比比皆是，现从以下几个方面予以讨论。

1. 动植物禁忌

由于禁忌的存在，古人对宰杀动物以及植树、伐树的时间作了详细的规定，《睡虎地秦简》曰："戌午不可杀牛"[③] 对宰杀牲畜的时间加以限制，在一定程度上防止了对牲畜的随意宰杀。《九店楚简》则提出了田猎的季节："申、栖（酉）、戌、亥、子、丑、寅、卯、辰、巳、午、未，是胃（谓）外易（阳）日……以田猎，获。"[④] 意思是在这些时间里去田猎，才能有所收获。对植物树木的禁忌更多，《九店楚简》说："午不可以树。"[⑤] 意思是午时不可以种树，因为午时属

① 刘钊：《郭店楚简校释》，福建人民出版社 2005 年版，第 184 页。
② 同上书，第 169 页。
③ 王子今：《睡虎地秦简〈日书〉甲种疏证》，湖北教育出版社 2002 年版，第 203 页。
④ 湖北省文物考古所、北京大学中文系：《九店楚简》，中华书局 2000 年版，第 48 页。
⑤ 同上书，第 50 页。

火，此时种树，日后必被焚。《睡虎地秦简》里也有“未不可以澍木，木长，澍者死。”[①] 的记载，也是说未时种树会招致灾祸。如此一来，人们在植树造林的时候便会在适宜其生长的季节，反而更好地保证了其存活。对种树的季节都有规定，对伐树的禁忌就更多了，《睡虎地秦简》记载：“毋以木（未）斩大木，必有大英（殃）”[②] 意思是限制在未时砍伐大树，如果有人违背，就会有大灾难，《天水放马滩秦简》也有同样的记载：“戊己不可伐大桑，中灾，长女死亡。”[③]“□未癸亥酉申寅，五月中，不可出山谷，以材木及伐空桑。”[④] 这些禁忌，在当时的社会毫无疑问是具有相当影响力的。正是出于对可能发生的灾祸的恐惧，人们不敢随意植树伐树，确保了植物的存活及生长。

2. 工程营建禁忌

对古人而言，土木营建等都是很大的工程，如果不在合适的季节进行，势必影响农业生产的正常进行和人类日常生活的秩序，所以很多文献如《左传》每每记载那些违背季节时令进行的工程，总是说其“不时也”，表达了对这种行为的批判。而出土古简对此记载也很多且更为具体，并指出了“不时”营建的严重后果。《睡虎地秦简》说：“五月六月不可兴土攻，十一月十二月不可兴土攻，必或死。”[⑤] 指出在这几个月不能进行大的土木工程，违者必死。而《天水放马滩秦简》也有同样的记载：“己酉不可为室，凶，不死必亡。”“壬癸不可为室不居，其人逃亡。”[⑥] 说的都是同样的建造房子的禁忌，如果不在合适的月份建造房子，势必会带来家破人亡的惨剧。类似这样的禁忌，在出土古简上十分常见，《睡虎地秦简》与《天水放马滩秦简》中的《日书》记载非常之多，可见当时的禁忌颇多，在这么多禁忌的

---

① 王子今：《睡虎地秦简〈日书〉甲种疏证》，湖北教育出版社 2002 年版，第 245 页。
② 同上书，第 231 页。
③ 甘肃省文物考古研究所：《天水放马滩秦简》，中华书局 2009 年版，第 93 页。
④ 同上书，第 102 页。
⑤ 王子今：《睡虎地秦简〈日书〉甲种疏证》，湖北教育出版社 2002 年版，第 221 页。
⑥ 甘肃省文物考古研究所：《天水放马滩秦简》，中华书局 2009 年版，第 93 页。

约束下，古人肯定会无意识地具备生态环境保护意识，在不自觉中保护了生态环境。

除此之外，古代竹简的记载还能帮助我们大致了解古人的生活环境，如《睡虎地秦墓竹简·封诊式》记载："一宇二内，各有户，内室皆瓦盖，木大具，门桑十木。"[①] 不仅使我们看到了当时人们所居住房屋的结构、材料，还使我们看到了其生活环境，这里记载的这户人家院子里还种着十棵桑树。由此我们可以推想其他各家住户的情况，不难想象当时人们应该生活在绿树成荫的美好环境中。

综上所述，出土古简本身所具有的很多特点如均为原始记录、史料价值极高等，使其对于生态环境史的研究作用十分重要，它不仅拓宽了环境史的研究领域，还促进了研究思维模式的改变。同时，出土古简本身所具有的生态环境保护意识和内容，更为我们研究古代生态环境史提供了原始的、具有重要价值的资料，如果我们能够广泛深入地对其相关内容进行挖掘、研究，势必能够大大完善生态环境史的研究。

① 睡虎地秦墓竹简整理小组：《睡虎地秦墓竹简》，文物出版社 1978 年版，第 249 页。

第五章　两周时期的生态环境保护

两周时期，随着古人对生态环境对于人类社会重要性认识的不断深化，以及当时社会所凸显的生态环境问题，促使当时社会对生态环境的关注并非只是停留在理论层面，而是已经以各种形式不自觉地开始了对生态环境的保护。比如设置生态环境保护的机构和官员、颁布法令等。除了这些政府行为，还有一些社会因素，其自身也具有保护生态环境的作用，如礼仪等。这些因素共同发挥作用，在一定程度上加强了对两周时期生态环境的保护。

第一节　生态环境保护职官的设置

设立职官负责生态环境保护在我国可谓历史悠久。考之古籍，远在尧舜时期就开始设置“虞”以负责山林鸟兽的管理。对此，古代文献记载颇多，如《尚书·尧典》曰：“帝曰：‘畴若予上下草木鸟兽？’佥曰：‘益哉。’帝曰：‘俞，咨，益，汝作朕虞。’”意思是舜询问谁能管理山林鸟兽，大家推荐了益，于是舜任命益为“虞”，以管理草木鸟兽；再如《史记·五帝本纪》载：“于是以益为朕虞。”马融注曰：“虞，掌山泽之官名。”再如《汉书·地理志》曰：“（益）为舜朕虞，养育草木鸟兽。”显然，益所担任的“虞”这一职务确实是负责管理山林川泽、飞鸟走兽的，不论是出于何种目的设立此职，其对于生态环境，在客观上无疑是能起到一定保护作用的。因此李丙寅据此认为“虞”是世界上最早的生态保护机构,[①] 这种看法是有一定道理的。

如果有人认为尧舜时期尚处于传说时代，其记载不足为信的话，那么两周时期已经设置职官负责生态环境保护工作则是毫无疑问的。美国学者埃克霍姆对中国古代的生态环境进行了研究，他认为随着社会生产力的发展，中国古代的生态环境承受着巨大的压力，他说：“几世纪以来，迫切需要永无止境的农田，终于导致华北平原大部分地区成为无林地带。这种趋势在周朝872年之久的统治时期（公元前1127—公元前255年）被部分地制止了；这一黄金时代产生了肯定是世界上最早的‘山林局’，并重视了森林的保持。”[②] 他所说的“山林局”就是周代的生态环境保护机构，他之所以将其称为“山林局”，大概是由于他不知道应该来如何称呼周代所设立的肩负保护生态环境使命的职官。周代典籍里所记载的肩负生态环境保护职能的官员很多，如“山虞”“泽虞”“林衡”“川衡”“迹人”等，都是生态环境保护官员。

一 《周礼》所记载的职官[③]

《周礼》所记载的负责管理和保护环境的官吏很多，《天官》曰太宰：“以九职任万民：一曰三农，生九谷；二曰园圃，毓草木；三曰虞衡，作山泽之材；四曰薮牧，养蕃鸟兽。”这里所说的园圃、虞衡、薮牧从其职责看应该都属生态环境官员。而《地官》则记载了“山虞”“泽虞”“林衡”“川衡”“迹人”等，职责就是保护山林川泽。现将《周礼》所载职官及其职责详列如下。

1.《天官》记载的官员

宫正：“春秋以木铎修火禁。”

---

① 李丙寅：《略论先秦时期的环境保护》，《史学月刊》1990年第1期。

② ［美］E. P. 埃克霍姆：《土地在丧失——环境压力和世界粮食前景》，黄重生译，科学出版社1982年版，第27页。

③ 本部分引文皆出自（清）孙诒让：《周礼正义》，中华书局1987年版。

兽人："掌罟田兽，辨其名物。冬献狼，夏献麋，春秋献兽物。时田，则守罟。及弊田，令禽注于虞中。"

渔人："掌以时渔为梁。春献王鲔，辨鱼物，为鲜薨，以共王膳羞。"

2.《地官》记载的官员

山虞："掌山林之政令，物为之厉而为之守禁。仲冬斩阳木，仲夏斩阴木。凡服耜，斩季材，以时入之。令万民时斩材，有期日。凡邦工入山林而抡材，不禁。春秋之斩木不入禁，凡窃木者，有刑罚。若祭山林，则为主，而修除且跸。若大田猎，则莱山田之野，及弊田，植虞旗于中，致禽而珥焉。"

泽虞："掌国泽之政令，为之厉禁，使其地之人守其财物，以时入之于玉府，颁其余于万民。凡祭祀、宾客，共泽物之奠。丧纪，共其苇蒲之事。若大田猎，则莱泽野，及弊田，植虞旌以属禽。"

林衡："掌巡林麓之禁令，而平其守，以时计林麓而赏罚之。若斩木材，则受法于山虞，而掌其政令。"

川衡："掌巡川泽之禁令，而平其守，以时舍其守，犯禁者执而诛罚之。祭祀、宾客，共川奠。"

迹人："掌邦田之地政，为之厉禁而守之。凡田猎者受令焉。禁麛卵者与其毒矢射者。"

丱人："掌金玉锡石之地，而为之厉禁以守之。若以时取之，则物其地，图而授之。巡其禁令。"

3.《夏官》所记载的官员

司爟："掌行火之政令，四时变国火，以救时疾。季春出火，民咸从之；季秋内火，民亦如之。时则施火令。凡祭祀，则祭爟。凡国失火，野焚莱，则有刑罚焉。”

司险：“掌九州之图，以周知其山林川泽之阻，而达其道路。设国之五沟五涂，而树之林，以为阻固，皆有守禁，而达其道路。”

4.《秋官》所记载的官员

野庐氏：“掌达国道路，至于四畿。比国郊及野之道路、宿息、井、树。若有宾客，则令守涂地之人聚柝之，有相翔者则诛之。”

雍氏：“掌沟渎浍池之禁，凡害于国稼者。春令为阱擭沟渎之利于民者，秋令塞阱杜擭。禁山之为苑、泽之沈者。”

司烜氏：“以木铎修火禁于国中。军旅，修火禁。”

柞氏：“掌攻草木及林麓。夏日至，令刊阳木而火之；冬日至，令剥阴木而水之。若欲其化也，则春秋变其水火。凡攻木者，掌其政令。”

从这些官员的职责来看，毫无疑问均含有生态环境保护的职责。从山林到薮泽，从飞禽到野兽等，都要加以管理和保护。这些生态环境保护机构在当时较为完备和健全，《周礼》对其编制也有记载：

山虞：“每大山中士四人，下士八人，府二人，史四人，胥八人，徒八十人；中山下士六人，史二人，胥六人，徒六十人；小山下士二人，史一人，徒二十人。”

泽虞：“每大泽大薮中士四人，下士八人，府二人，史四人，胥八人，徒八十人；中泽中薮如中川之衡；小泽小薮如小川之衡。”

林衡：“每大林麓下士十有二人，史四人，胥十有二人，徒百有二十人；中林麓如中山之虞；小林麓如小山之虞。”

川衡："每大川下士十有二人，史四人，胥十有二人，徒百有二十人；中川下士六人，史二人，胥六人，徒六十人；小川下士二人，史一人，徒二十人。"

宫正："上士二人，中士四人，下士八人，府二人，史四人，胥四人，徒四十人。"

兽人："中士四人，下士八人，府二人，史四人，胥四人，徒四十人。"

渔人："中士二人，下士四人，府二人，史四人，胥三十人，徒三百人。"

野庐氏："下士六人，胥十有二人，徒百有二十人。"

司烜氏："下士六人，徒十有二人。"

雍氏："下士二人，徒八人。"

司险："中士二人，下士四人，史二人，徒四十人。"

司爟："下士二人，徒六人。"

根据张亚初等人的考证，"山虞""泽虞""林衡""川衡"确为西周已有的职官。[①] 这说明《周礼》所载环境保护职官应该可信。按照记载，这些机构的工作人员将近上千人，可想而知，有这么多国家工作人员在行使保护生态环境的职能，生态环境必然能够得到很好的保护。

二 其他文献记载的官员

《周礼》是关于古代职官的文献，其中关于生态环境保护官员的记载最为集中也在情理之中。除了《周礼》，还有很多周代文献也都记载了相关官员如"虞""衡"等，这些记载与《周礼》互相印证，从而使周代生态环境保护官员的设置更为可信。

《国语·齐语》载管子在齐国执政时："市立三乡，泽立三虞，山

---

① 张亚初、刘雨：《西周金文官制研究》，中华书局1986年版，第120页。

立三衡。”《管子·小匡》中有相似记载：“市立三乡，工立三族，泽立三虞，山立三衡。”这里所记载的“虞”“衡”都是具有环保职能的职官；《管子·五行》则记载：“出国衡，顺山林，禁民斩木，所以爱草木也。然则水解而冻释，草木区萌，赎蛰虫，卵菱，春辟勿时，苗足本，不疠雏鷇，不夭麑麇。”更加详细地叙述了衡的职责，使其生态环境保护职责更加明确。

《左传·昭公二十年》所载晏婴和齐侯的对话中曰：“山林之木，衡鹿守之。泽之萑蒲，舟鲛守之。薮之薪蒸，虞候守之。”这里提到的环保官员有“衡鹿”“舟鲛”“虞候”，其职责是管理和保护山林、鱼类等；《左传·哀公十四年》载：“十四年，春，西狩于大野。叔孙氏之车子鉏商获麟，以为不祥，以赐虞人。仲尼观之，曰：‘麟也。’然后取之。”

到了战国时期，这些职官的称呼发生了一些变化，但其保护生态环境的职责却依然如旧。《荀子·王制》曰：“修火宪，养山林薮泽草木鱼鳖百索，以时禁发，使国家足用而财物不屈，虞师之事也。”注云：“虞师，《周礼》山虞、泽虞也。”《管子·立政》亦曰：“修火宪，敬山泽林薮积草。夫财之所出，以时禁发焉。使民于宫室之用，薪蒸之所积，虞师之事也。”而《礼记·王制》则曰：“獭祭鱼，然后虞人入泽梁。”同书《月令》亦曰：“（季夏之月）树木方盛，乃命虞人入山行木，毋有斩伐。”《大戴礼记·夏小正》云：“虞人入梁。虞人，官也。”这里的虞人也就是西周时期的“山虞”和“泽虞”，而《礼记·月令》中则将原来的“泽虞”称为“水虞”，将“山虞”称为“野虞”，如《礼记·月令》说：“季春之月……命野虞毋伐桑柘。仲冬之月……山林薮泽，有能取蔬食，田猎禽兽者，野虞教道之。”

除此之外，战国时期还出现了许多新的生态管理官员，这些官员在《礼记·月令》和《吕氏春秋·十二纪》中均见记载。因为两章所记内容大致相同，因此这里只列举《礼记·月令》中的相关内容，《吕氏春秋·十二纪》的记载就不做重复讨论。

《礼记·月令》记载的生态环境保护官员还有司空、渔师、泽人、野虞、四监等：

司空："时雨将降，下水上腾，循行国邑，周视原野，修利堤防，道达沟渎，开通道路，毋有障塞。田猎，罝罘、罗网、毕翳、餧兽之药毋出九门。"

"命渔师伐蛟、取鼍、登龟、取鼋。命泽人纳材苇。是月也，命四监大合百县之秩刍，以养牺牲。"（郑注：四监，主山林川泽之官）

"乃命水虞、渔师收水泉池泽之赋。"

"命野虞毋伐桑柘。"

"命渔师始渔。天子亲往，乃尝鱼，先荐寝庙。冰方盛，水泽腹坚，命取冰，冰以入……乃命四监收秩薪柴，以共郊庙及百祀之薪燎。"

从其具体职责看，显然都和生态环境保护有关。

由上述可见，两周时期确实已经设立了保护生态环境的职官，这是毋庸置疑的事实。这些职官及其机构的设置，一方面说明当时的统治者已经意识到保护生态环境的重要性，其认识虽然还不是现代意义的生态环境保护，但我们不能否认其所具有的生态环境保护意义及功能。正是认识到生态环境对于人类生产和生活的重要性，意识到生态环境的好坏关系到社会秩序的稳定和统治者的安危，才使统治者设置官员，对生态环境进行有效的管理和保护；另一方面，则说明两周时期生态环境确实出现了问题，并且从西周到东周呈现不断恶化的趋势。生态环境的恶化不仅影响了人们的生活，而且影响到社会的稳定并危及统治者的统治。因此，才使他们继承前代的传统，设置大量的生态环境保护官员，对生态环境进行大力保护。

第二节　保护生态环境的禁令及措施

一　保护生态环境的禁令

禁令是指统治者为了保护生态环境而颁布的限时、限量捕杀动物、砍伐林木等的相关命令。由于这些禁令是由政府颁布的，因此相比较仅仅从理论上进行呼吁的思想主张，它在保护生态环境方面自然具有很大的强制性和时效性，在很大程度上能够弥补生态思想只能影响人们的意识而不能决定人们之行为的不足。生态环境保护是一项实践性很强的工作，如果只从思想上重视而没有行为上的身体力行，保护生态环境实际上就只能成为一句空话。同时，生态环境保护的推行不是通过一个人、一个团体的努力就能实现的，它需要整个社会成员的共同努力才能实现。所以，生态环境保护禁令的颁布，对于最大程度切实地限制人们的行为，从根本上保护生态环境，具有十分重要的作用。

据文献记载，中国古代的生态禁令在大禹时期就存在了，《逸周书·大聚解》曰："旦闻禹之禁，春三月山林不登斧，以成草木之长；夏三月川泽不入网罟，以成鱼鳖之长。"这里借周公旦之语，说大禹时期就有相关禁令以保护生态环境。于是有的学者据此认为生态环境保护禁令远在夏代已经形成，这种看法颇为片面。因为生态环境保护的思想观念是伴随着生态环境问题的出现而产生的，所以生态环境保护的禁令也必定产生于生态环境问题产生之后。任何一种制度、一项政策都是有针对性的，它只能出现在事实之后。根据本书前面所述，中国古代生态环境问题在西周春秋时期始初露端倪，所以夏代根本不可能出现生态环境保护的禁令。所谓的"禹之禁"说法，不过是后人为了增加相关法令的神圣和权威而附会大禹的，事实上这是子虚乌有的事情。

需要指出的是，尽管《逸周书》是研究先秦史的重要文献，但是其中只有少数几篇是西周史料如《克殷解》《商誓解》《世俘解》《度邑解》《作雒解》等，剩余诸篇多为战国时人所撰写。《大聚解》等也是战国时期的作品，反映的应该是战国时期学者的思想。文中语言之所以假托前代圣贤，就是想借圣贤的神圣权威使禁令更具合理性，这是战国时期的思想家惯用的一种方法。如《荀子·王制》中谈到保护生态环境的措施时，也是首先冠以先王："圣王之制也，草木荣华滋硕之时则斧斤不入山林，不夭其生，不绝其长也；鼋鼍、鱼鳖、鳅鳣孕别之时，罔罟毒药不入泽，不夭其生，不绝其长也；春耕、夏耘、秋收、冬藏四者不失时，故五谷不绝而百姓有余食也，污池、渊沼、川泽谨其时禁，故鱼鳖优多而百姓有余用也；斩伐养长不失其时，故山林不童而百姓有余材也。”这段生态环境保护理论，原本是荀子本人非常有见地的思想，但为了使其更能使人信服，于是就假借先王。因此，我们不能根据这些记载来判定生态禁令产生的确切时间。

西周时期的禁令，我们难以考证，而东周时期的禁令，在一些文献有记载。如《左传·昭公六年》载：“楚公子弃疾如晋……禁刍牧采樵，不入田，不樵树，不采艺，不抽屋，不强匄。誓曰：‘有犯命者，君子废，小人降。’”说的是楚公子弃疾到晋国，命令属下不得胡乱砍伐树木，不毁坏房子，如果违反命令，将会受到不同程度的惩罚。有了这样的禁令，应该会有效遏制破坏生态环境的事情发生。如果违背了禁令，则会受到惩罚，如《左传·昭公十六年》记载：“九月，大雩，旱也。郑大旱，使屠击、祝款、竖柎有事于桑山。斩其木，不雨。子产曰：‘有事于山，艺山林也；而斩其木，其罪大矣。’夺之官邑。”说的是郑国发生旱灾，执政子产派几位官员到桑山求雨，他们出于祭祀需要而砍伐了山上的树木，结果被罢免了官职。从子产说他们“其罪大矣”的话中可以看出这几个官员砍伐树木的行为应该是触犯了郑国的禁令，所以受到了惩罚，成为中国古代最早的因为破坏生态环境而被免职的官员。

战国时期，生态环境破坏较为严重，因此相关禁令更多。《周礼·地官》规定：“凡窃木者有刑罚。”违反了禁令而偷伐树木者，要受到法律的惩罚；再如《管子·轻重己》篇曰：“发号出令曰：‘毋聚大众，毋行大火，毋断大木，诛大臣，毋斩大山，毋戮大衍。灭三大而国有害也。’天子之夏禁也……‘毋行大火，毋斩大山，毋塞大水，毋犯天之隆。’天子之冬禁也。”同书《四时》篇曰：“五政曰：无杀麑夭，毋蹇华绝芋……五政曰：令禁罝设禽兽，毋杀飞鸟。”

把自己的生态环境保护思想以国君的名义变成国家的法令，推行、贯彻起来必然畅通无阻。有鉴于此，战国时期的思想家在推行自己的生态环保主张时，往往把它和政治联系起来，以引起统治者的重视。而事实也告诉我们，这在当时确实是一种行之有效的办法，典型的例子如商鞅就是在得到秦国统治者的重用后，使其接受了他的主张，从而使法家思想在秦国大行其道。

因为这些政令是生态环境保护思想的体现，所以其内容也是十分周到细致的，如《管子·七臣七主》篇曰："四禁者何也？春无杀伐，无割大陵，倮大衍，伐大木，斩大山，行大火，诛大臣，收谷赋。夏无遏水，达名川，塞大谷，动土功，射鸟兽。秋毋赦过释罪缓刑。冬无赋爵赏禄，伤伐五藏。"再如《吕氏春秋·上农》篇道："然后制四时之禁：山不敢伐材下木，泽人不敢灰僇，缳网罝罦不敢出于门，罛罟不敢入于渊，泽非舟虞，不敢缘名，为害其时也。"这些禁令的内容，正是思想家们深思熟虑后思想的体现。这些思想以禁令的形式付诸实践，对于保护生态环境，必然能够起到积极有效的作用。

二　改善生态环境的措施

在颁布禁令，限制破坏生态环境的同时，周代统治者还想方设法改善生态环境。在改善生态环境方面所做的主要工作就是植树造林，因为植树造林对于改良生态环境意义重大，所以这项工作有专门的官员负责。《周礼·地官》载大司徒："以天下土地之图，周知九周之地域、广轮之数，辨其山林川泽丘陵坟衍原隰之名物"，就是根据这五种地势来确定适宜生长的植物，即"土宜之法"，相当于我们今天的择地种树，这在今天也是一种经营山林、植树造林的合理思想。因此两周时期的植树造林，充分体现了因地制宜的特点，如《周礼·春官》记载，"冢人掌公墓之地……以爵等为丘封之度与其树数"，说的是冢人负责在墓地植树；再如《周礼·秋官》曰："野庐氏掌达国道路，至于四畿。比国郊及野之道路、宿息、井、树"，即野庐氏负责在公路、驿井等地植树；还有《周礼·地官》规定，遂人的使命是“五鄙为县，五县为遂，皆有地域，沟树之”；《周礼·夏官》载掌固：“掌修城郭、沟池、树渠之固……凡国都之竟有沟树之固，郊亦如之”，这是在河堤、护城河等地造林的记载。

由于森林资源破坏严重，战国时期的植树造林甚至带有一定的强制性，据《周礼·地官》记载，载师负有“凡宅不毛者，有里布”的职责，就是对家里不种树者课以重税，而闾师则“凡庶民……不树者无椁”。老百姓不种树者，死后不能使用椁，这在看重丧葬礼仪的中国古代，无疑是一种相当严厉的处罚。《周礼·夏官》之“司险”，其职责之一就是种树，“掌九州之图，以周知其山林川泽之阻，而达其道路。设国之五沟五涂，而树之林，以为阻固，皆有守禁，而达其道路”。设立专门官员负责种树，也是周代的一项制度，正如《国语·周语中》所说：“周制有之曰：‘列树以表道，立鄙食以守路。国有郊牧，疆有寓望，薮有圃草，囿有林池，所以御灾也。’”

可见，两周时期在保护和改善生态环境方面的确是做了大量工作并且取得了一些成效。但是仅仅颁布禁令是远远不够的，因为它还需要在执行中得到推行后，才能真正起到作用。法令的推行要靠人们的自觉，这需要整个社会成员具有相应的素质为保证。在生态问题日益严重的战国时期，人们是否普遍具有较强的生态环保意识已经不得而知，因为我们没有关于这方面的任何记载，所以现在所说只能是根据相关资料进行的推测。从相关资料来看，在生态问题严重的战国时期，人们并不普遍具备相应的生态意识，所以一代又一代的思想家才会为之不断地著书立说、大声疾呼，以唤醒人们的生态意识。但是思想毕竟不具备应有的约束力，人们可以接受它也可以不接受它。而在生态问题日益严重的时期，尽最大可能对人们破坏生态环境的行为进行必要的限制又是势在必行的，所以，生态环境保护法律的制定，成为十分迫切的一件事情。

第三节　生态环境保护法律的颁布

生态环境保护机构、官员的设置以及生态禁令的颁布，在一定程度上起到了保护生态环境的作用。但是在生态环境问题日益凸显的情况下，仅凭管理或者规定来限制人们破坏生态环境的行为明显不足，而生态环境的日益恶化又迫使统治者必须采取更加有效的办法来最大程度地限制人们对生态环境的破坏，在这种情况下，生态环境保护法律终于形成。虽然生态环境保护法律出现在战国时期，但生态环境保护法律的形成绝不是一蹴而就的，它必定有一个漫长的发展、演进过程，对这个过程进行一番回顾和探索很有必要。透过它，一来我们可以对两周时期的生态环境保护思想再进行一次梳理，使之更加清晰；二来也可以使我们回顾一下中国古代的法制进程，对生态环境法的成因以及特点有更加明确的认识。

在此需要着重强调的是，生态环境保护法律的形成，还与春秋战国时期激烈的社会变革有关，这正如导师姜建设教授所说那样："春秋战国时代的剧烈变革，为封建法制的发展开辟了道路，在经历了春秋末年那场艰难的公开化历程之后，法的调节领域开始向外拓展，渐渐伸向民事领域，这才为环境立法提供了可能性。"① 他这里所说的"公开化历程"指的是春秋末年新兴地主阶级为公布成文法而进行的斗争，《左传》昭公六年说"郑人铸刑书"，指的是郑国执政子产把刑书铸在铁鼎上公布于众，他的做法遭到了守旧派的激烈反对，叔向指责说公布法律将导致"民知有辟，则不忌于上""民知争端矣，则弃礼而征于书"；昭公二十九年，"晋赵鞅、荀寅……铸刑鼎，著范宣子所为刑书焉"，再次将法律公开，这次的反对者是孔子，他说："晋其亡乎？失其度矣……今弃是度也而为刑鼎，民在鼎矣，何以尊贵？"

---

① 姜建设：《古代中国的环境法：从朴素的法理到严格的实践》，《郑州大学学报》1996 年第 6 期。

显然是在为维护旧贵族利益作最后的努力。战国时期，旧贵族势力衰弱，为法律的公开扫除了障碍，法律公布成为一项十分普遍的现象。《商君书·定分》说商鞅在秦国制定《秦律》，“使天下之吏民无不知法者”，《韩非子·难三》则说“法者，编著之图籍，设之于官府，而布之于百姓者也”。可见，战国时期，法律公布已经成为一种惯例，它不仅大大推动了我国古代法制化的进程，也有助于古代法律的不断补充和完善。正是在这样的条件下，生态环境保护法律的出台才有了可能。

随着生态环境的日益恶化，思想家们要求停止破坏生态环境的呼声也不断高涨，社会也迫切需要有一个契机能将思想家们的理论付诸实践。事实证明，能够真正担当此任的正是法家。我们都知道，法家在战国初期就纷纷活跃在各诸侯国的政治舞台，其时各个诸侯国竞相进行的改革就是在法家主导下进行的，法家也由此奠定了他们在战国政坛上的独特地位。也正是因为他们在战国政治上的重要地位，法家才有可能把他们的思想转化成为政府行为，使他们的思想得到充分的实践。对生态环境保护法制化作出卓越贡献的，当首推商鞅。商鞅是战国时期法家的重要代表人物，也是一位杰出的政治家、改革家。商鞅原名公孙鞅，是卫国的庶公子，故又称作卫鞅。他先是投奔魏国，因不得志转而投奔秦国，并得到秦孝公的重用。后因军功受封于商地，所以又叫商鞅或者商君。他在秦孝公支持下进行的改革，对秦国的政治、经济、军事以及文化等都产生了深远的影响。而认真研究其思想内容后，我们就会发现，和其他学派一样，商鞅的思想中也含有明显的生态环境保护内容。如《商君书·画策》曰：“昔者昊英之世，以伐木杀兽，人民少而木兽多。黄帝之世，不麛不卵，官无供备之，民死不得用椁。事不同，皆王者，时异矣。”意思是说，对生态资源的利用要因时而变，在生态资源充足的情况下，可合理地利用；如果生态资源紧张了，就要节约使用，以保持生态平衡。

如果说上述内容还停留在思想阶段，那么《史记·李斯列传》所说：“商君之法，刑弃灰于道者。”则显然已经进入了实践。无独有偶，《韩非子·内储说上》记载："殷之法，刑弃灰于街者。"有人据此认为生态环境保护法律最早应该出现在商代，这是不正确的，因为商代还没有出现生态问题，也不可能出现相关法律。《盐铁论·刑德篇》载桑弘羊言也认为"商君刑弃灰于道"。李斯本人也是法家，他对于同是法家的商鞅必定不会陌生，所以他所说的话可信度应该是很高的。我们可以断定"刑弃灰于道者"是"商君之法"。但是，对于商鞅为何"刑弃灰于道者"说法很多。[①] 无论这句话怎样解释，谁也无法否认它所蕴涵的生态环境保护内容。所以导师姜建设教授说："古代中国的环境法规最早出现可能是在商鞅变法时期，是商鞅把环境问题提到立法工作的议事日程上。"[②] 因此，在生态环境保护法制化的过程中，商鞅功不可没。相比较战国早期其他各国的变法，商鞅在秦国的变法是最彻底和最有成效的，所以他的生态环境法规也得到了很好的贯彻和执行，其具体表现就是当东方各国都已经出现严重的生态问题时，秦国的生态环境状况仍然良好，这一切恰好被到秦国去的荀子看见，《荀子·强国》篇这样描述秦国的生态环境状况："山林川谷美，天材之利多。"

由于商鞅制定的生态环境保护法规卓有成效，其他各国纷纷效仿，从而加速了战国时期生态环境保护法制化的进程。在生态问题十分严重的齐国，明确制定了严格的生态环境法规，以保护生态环境。如《管子·地数》篇说："苟山之见荣者，谨封而为禁。有动封山者，罪死而不赦。有犯令者，左足入，左足断，右足入，右足断。然则其与犯之远矣。"这条法规比起商鞅的相关法规，更加具体详细，使人因为惧怕法律的惩罚而不敢再随意破坏生态环境。

真正标志着生态环境保护法律形成的，是在湖北睡虎地发现的秦简上的法律条文。如《睡虎地秦墓竹简·田律》里面关于生态环境保护的法律规定："春二月，毋敢伐材木山林及雍（壅）隄水。不夏

---

① 张子侠：《商鞅为何"刑弃灰于道者"》，《淮北煤炭师院学报》1994 年第 2 期。

② 姜建设：《古代中国的环境法：从朴素的法理到严格的实践》，《郑州大学学报》1996 年第 6 期。

月，毋敢夜草为灰，取生荔、麛卵鷇，毋□□□□□□毒鱼鳖，置穽罔（网），到七月而纵之。唯不幸死而伐绾（棺）享（椁）者，是不用时。邑之近皂及它禁苑者，麛时毋敢将犬以之田。百姓犬入禁苑中而不追兽及捕兽者，毋敢杀；其追兽及捕兽者，杀之。"[①] 意思是在二月禁止砍伐树木，不到夏天不能焚烧草为灰，不能杀幼鸟及怀孕的动物。

这是我国迄今为止可以看到的关于生态环境保护的最早法律条文，相比起今天的生态环境保护法而言，其内容自然十分简单，但就当时的社会而言，能够颁布这样的法令，已经具有划时代的意义。这条律令里面分别规定了允许和禁止砍伐树木、捕捉猎物的时间，这些规定，同之前的生态禁忌有或多或少的联系，但更为客观、科学，更适合生物自身生长的规律。更为难得的是，里面对于由于死亡埋葬而需要伐木制作棺材的规定特别宽松，没有时间的限制，可以随时砍伐，使我们看到了古代法律非常人性化的一面。

《睡虎地秦墓竹简·法律答问》还有这样的规定："者（诸）侯客来者，以火炎其衡厄（轭）。炎之可（何）？当者（诸）侯不治骚马，骚马虫皆丽衡厄（轭）鞅韅辕靷，是以炎之。"[②] 意思是说，其他诸侯国的使者进入秦国国境时，一定要在国境用火熏他们所乘坐马车的衡轭等部位，目的是防止依附在这些部件之上的寄生虫进入秦国，以保证秦国的环境卫生。可见古人在保护生态环境方面考虑之周到甚至超乎了我们的想象，我们还有什么理由怀疑古代确实存在生态环境保护的思想意识呢？通过这些法律法规，我们才能更加清楚古代社会对于保护生态环境工作的重视，因为其已经不再停留在思想意识层面，而是上升到了法律层面。环境法律的制定，说明了政府对于环境保护的重视，有了法律的规定和约束，定能更加有效地保护生态环境。

---

① 睡虎地秦墓竹简整理小组：《睡虎地秦墓竹简》，文物出版社 1978 年版，第 26 页。
② 同上书，第 227—228 页。

第四节　礼仪制度的生态环境保护功能

自周公制礼作乐，礼仪就在中国古代社会发挥着重要作用，对古代社会产生了广泛而深远的影响。作为中国传统文化的重要组成部分，礼文化的相关研究历来倍受学者青睐，然至今鲜有学者对其生态环境保护功能进行研究。所有文化都不是孤立存在的，都存在于社会整体之中，生态文化和礼仪文化之间的联系已被一些学者发现，王子今指出《礼记》的某些内容“反映了当时人的生态观”①。

一　礼仪所具备的生态环境保护功能之基础

礼从其产生就被赋予了至高无上的地位，具备了难以替代的社会功能。杨天宇教授说：“中国古代社会，从奴隶制社会到封建制社会，都是实行礼制的社会……礼学思想已经成为国家统治思想的重要组成部分，它已渗透到人们日常生活的各个领域，成为指导人们思想和言行的准则，以及伦理道德的规范。”② 彭林教授则指出：“礼是统治秩序”，“礼是国家典制”，“礼是社会一切活动的准则”。③ 由于礼仪在古代社会的崇高地位和重要作用，因此从其产生便一直是古代社会关注的重点，导师常金仓先生说：“自西周末年特别是东周以来，关于礼的论述就成了社会的中心议题。”④

在传世的周代文献中，关于礼对国家、社会重要性的记载很多，如《礼记》中有大量文字讨论礼的重要性。《礼运》篇曰：“是故礼者，君之大柄也。”意思是说礼对于国君就像权柄一样，是必须牢牢把持的，同篇还进一步阐述了礼对于社会的重要性，“礼仪以为纪，以正君臣，以笃父子，以睦兄弟，以和夫妇，以设制度，以立田里，

---

① 王子今：《中国生态史学的进步及其意义》，《历史研究》2003 年第 1 期。

② 杨天宇：《仪礼译注》，上海古籍出版社 1994 年版，第 23 页。

③ 彭林：《中国古代礼仪文明》，中华书局 2004 年版，第 4—7 页。

④ 常金仓：《周代礼俗研究》，黑龙江人民出版社 2004 年版，第 1 页。

以贤勇知，以功为己”。君臣、父子、兄弟、夫妇等关系是社会伦理的基础，如果这些关系得不到确立，其他的一切也就无从谈起了；《曲礼上》篇则更为详细地讨论了礼对于古代社会的重要性：“道德仁义，非礼不成；教训正俗，非礼不备；分争辨讼，非礼不决；君臣上下，父子兄弟，非礼不定；宦、学事师，非礼不亲；班朝、治军，涖官、行法，非礼威严不行；祷祠、祭祀，供给鬼神，非礼不诚不庄。”礼使道德仁义得以确立，使上朝、治军、执法更加威严，使祭祀拜典更加庄诚，使社会风俗更加醇正，百姓的纠纷要靠礼来解决，社会关系的确定离不开礼，师生关系由礼来促进。可见礼在古代社会无处不在，因此《祭统》篇曰：“凡治人之道，莫急于礼。”指出治理民众最关键的是礼。

《左传》也有大量的相关言论。隐公十一年载：“礼，经国家，定社稷，序民人，利后嗣者也。”治理国家，安定社稷，维护统治秩序，都离不开礼；僖公十一年载：“礼，国之干也。”礼对于国家是最重要的，是国家的基础，有了礼，政治才能昌盛，如襄公二十一年曰：“礼，政之兴也。”礼对于国家、政治这么重要，自然也是国君应该放在首位的，昭公十五年曰：“礼，王之大经也。”昭公二十五年载：“夫礼，天之经也，地之义也，民之行也。”意思都是说礼乃天之常道、地之正理，体现了天地之间的规则、道理，其正确性是不容置疑的。同样记载还可见于《国语·晋语四》：“礼，国之纪也。”《管子·牧民》：“国有四维……一曰礼，二曰义，三曰廉，四曰耻。”等等，类似记载在古代文献中俯拾皆是，举不胜举。究其用意，都在于强调礼是维护国家稳定、社会秩序正常运行最为重要的因素。礼就是全社会的规范，是任何一个社会成员都必须遵守的，为此，统治者精心制订了繁杂的礼仪，让全体社会成员学习并遵守。尽管到了战国时期礼坏乐崩，但当时的一些思想家仍然在反复强调礼的重要性，荀子就是其中的代表人物，《荀子》书中不乏关于礼的讨论。如《修身》篇：“故人无礼则不生，事无礼则不成，国家无礼则不宁。”《君道》篇：“隆礼至法则国有常。”《天论》篇：“故人之命在天，国之命在礼。”可见礼始终在被大力提倡，在这样的社会背景下，礼的推行毫无疑问具备极好的社会基础，其贯彻执行也就变得非常容易了。

二 礼仪实现生态环境保护功能的途径

首先是其强制性。礼仪本身具有极为明显的强制性，统治者绞尽脑汁制定出这些等级分明、内容繁杂的礼仪之目的，首先就是为了确保其统治秩序，他们最担心的就是这些礼仪得不到顺利推行，所以《礼记·礼运》篇说：“故先王患礼之不达于下也。”如果礼仪得不到实施，他们的一切努力就会付之东流。为了维护统治秩序，统治者必然要利用手中把持的权力，采取强制措施，大力推行礼仪制度，从而使礼仪本身具备明显的强制性。既然是国家以政府权力强制推行，不执行或者违反的后果就很严重了。如《礼记·王制》记载，按礼的规定，诸侯要定期朝见天子，这叫“述职”，如果不去定期觐见天子，就是违反了礼仪，将会受到严厉的惩罚。“一不朝则贬其爵，再不朝则削其地，三不朝则六师移之。”［（清）朱彬：《礼记训纂》］为了维持礼仪的贯彻执行，统治者甚至不惜动用军队，那么以法律、行政等手段保证礼仪的实施，就更为平常了。

礼仪不仅不能违反，而且也绝对不能随意改变。改变礼仪就等同于篡夺国君手中的权力，天子对变革礼仪的行为是绝不容忍并严惩不贷的，《礼记·王制》曰：“变礼易乐者为不从，不从者君流。革制度衣服者为畔，畔者君讨。”变革了礼仪就是对君王的不服从，就是对君王的挑衅，这些行为，是不可能饶恕的！在王权的强制和震慑下，大家只能战战兢兢、规规矩矩地按照礼仪的规定行事，而不敢轻易违反，于是礼仪便得到了很好的贯彻和实施。

其次是其教化性。礼仪的一个典型功能就是教化，《礼记·乐记》说：“是故先王之制礼乐也，非以极口腹耳目之欲也，将以教民平好恶而反人道之正也。”礼从其制定之日起，便是全社会的行为准则，要求全社会的人们要学习它，了解它，服从它，按照其规定去指导、约束自己的行为。只有这样，才能顺利实现对人民的统治，正如《晏子春秋·内篇·谏上》所说“夫礼者，民之纪。纪乱则民失，纪乱失民危道也……礼者，所以御民也”。让百姓成为顺民，不是一朝一夕能完成的，必须不断施以教化，日积月累，在潜移默化之中改变人们的思想行为，《礼记·经解》曰：“故礼之教化也微，其止邪也于未形，使人日徙善远罪而不自知也。”就是此意。所以，礼仪本身具有很强的教化功能。

《周礼·地官司徒》则详细记载了“大司徒”以礼教化的职责：“一曰以祀礼教敬，则民不苟；二曰以阳礼教让，则民不争；三曰以阴礼教亲，则民不怨；四曰以乐礼教和，则民不乖；五曰以仪辨等，则民不越；六曰以俗教安，则民不愉；七曰以刑教中，则民不虣；八曰以誓教恤，则民不怠；九曰以度教节，则民知足；十曰以世事教能，则民不失职；十有一曰以贤制爵，则民慎德；十有二曰以庸制禄，则民兴功。”教化职责如此细致，足见当时对礼仪教化功能的重视。

在这样的社会环境下，全体社会成员都必须认真学习礼仪，熟悉礼仪，遵守其规定。如果有人违反了礼仪，就是打破了社会的稳定，这是社会所不允许的，导师常金仓先生说：“假如某个社会成员经常无视这些法则，那么他就被社会视为顺应不良或离经叛道，社会就会因为他破坏了生活的秩序对他施加压力。”[①] 身处这样的社会环境，要么是因不懂礼仪或违反礼仪而遭社会谴责、抛弃，要么就学习礼仪，遵从礼仪，其教化功能便得以实现。正如布朗所言：“仪式使人的情感和情绪得以规范的表达，从而维持着这些情感的活力和活动。反过来，也正是这些情感对人的行为加以控制和影响，使正常的社会生活得以存在和维持。”[②]

再次是设立职官。礼仪所具备的强制性和教化性使其生态环境保护功能得以实现，而生态环境保护官员的设置，则使礼仪的生态环境

① 常金仓：《周代礼俗研究》，黑龙江人民出版社 2004 年版，第 3 页。

② ［英］A. R. 拉德克里夫—布朗：《社会人类学方法》，夏建中译，山东人民出版社 1988 年版，第 179—180 页。

保护功能走向极致。周代礼书里记载了很多生态环境保护官员，最典型的就是《周礼·地官》所载“虞”“衡”等职官。山虞：“掌山林之政令，物为之厉而为之守禁。仲冬斩阳木，仲夏斩阴木。凡服耜，斩季材，以时入之。令万民时斩材，有期日。凡邦工入山林而抡材，不禁。春秋之斩木不入禁，凡窃木者，有刑罚。”林衡：“掌巡林麓之禁令，而平其守，以时计林麓而赏罚之。若斩木材，则受法于山虞，而掌其政令。”迹人：“掌邦田之地政，为之厉禁而守之。凡田猎者受令焉。禁麛卵者与其毒矢射者。”

虽然当时没有环保局，但显而可见这些官员的职责就是保护生态环境。山虞、林衡等负责管理山林，使百姓在合适的季节采伐树木，并严厉惩治那些偷伐树木者；迹人等则管理田猎捕鱼，禁止猎捕幼小动物，并不准用毒箭射杀动物，违者重罚。类似这些肩负生态环境保护职责的官员，《周礼》中还有很多记载，前文已有叙述，此不赘述。大量生态环境保护官员的设置，使礼仪的生态环境保护功能之发挥得到了极为有效的保证。

三　礼与自然的和谐统一

周代思想家已经认识到自然规律是不可抗拒的，人类社会要想存在就必须“因阴阳之大顺”，即服从客观规律，尊重自然法则。治理国家要顺应天意，行使多种国家职能的礼仪更要符合天意，对此，《礼记》有很多记载。《礼器》篇曰：“礼也者，合于天时，设于地财，顺于鬼神，合于人心，理万物者也。”《丧服四制》：“凡礼之大体，体天地，法四时，则阴阳，顺人情，故谓之礼。”《礼运》：“夫礼，先王以承天之道……礼必本于天，动而之地，列而之事，变而从时。”上述文字都旨在说明礼是参照自然规律而制定的，因此能够治理万物，使其保持平衡。相似的言论在《左传》里也有很多。《文公十五年》：“礼以顺天，天之道也。”《成公十六年》：“礼以顺时。”《昭公二十五年》：“夫礼，天之经也，地之义也，民之行也。”说的都是礼与天地、四时的密切关系，表达了礼与自然和谐统一的思想。

可见，古人制定礼仪是以自然法则作为基础的，正如彭林教授所言："儒家认为礼就是天道在人类社会的运用，儒家在礼的设计上，处处依仿自然，使之与天道相符，由此取得形而上的根据。"[①] 由于礼遵循了自然规律，自然界的四时变化、阴阳互动，在礼中都有体现，所以人们必须严格遵守它。只有这样，一切社会活动才能符合自然法则的要求，才能保证人和自然关系的和谐。

由于符合客观规律，因此礼仪能经得起实践的检验，礼治时代它是整个社会的准则，礼坏乐崩的战国时期它依然被思想家大力提倡。如《荀子·礼论》曰："凡礼……天地以合，日月以明，四时以序，星辰以行，江河以流，万物以昌，好恶以节，喜怒以当，以为下则顺，以为上则明，万物变而不乱……天下从之者治，不从者乱；从之者安，不从者危；从之者存，不从者亡。"说明礼对于处理人与自然关系、维护社会稳定的重要作用。周代之后的古代中国，历代王朝都在继承前代礼仪的基础上，制定了本朝的礼仪制度，使西周礼仪的很多功能，包括保护生态环境的功能，得以继承和发展，继续发挥着作用。

四　礼仪包含的生态环境保护内容

《荀子·礼论》篇曰："礼起于何也？……先王恶其乱也，故制礼仪以分之，以养人之欲，给人之求，使欲必不穷乎物，物必不屈于欲，两者相持而长，是礼之所起也。"大意是说制定礼仪之目的在于节制人的欲望，将其控制在自然资源的承受范围内。同类言论还见于《礼记·礼器》："是故先王之制礼也以节事，修乐以道志。"而《史记·滑稽列传》也说："礼以节人。"可见礼仪在很大程度上是为了防止人类不加控制、肆意攫取自然资源却无所收敛而制定的。因此很多礼仪本身就蕴含有生态环境保护内容，使礼仪的生态环境保护功能更加完备。

---

① 彭林：《中国古代礼仪文明》，中华书局2004年版，第5页。

阴法鲁指出："礼书说，周代的制度为四时田猎：春蒐、夏苗、秋狝、冬狩。田猎有一定的礼规，不按礼法狩猎是暴殄天物。礼法规定，田猎不捕幼兽，不采鸟卵，不杀有孕之兽，不伤未长成的小兽，不破坏鸟巢。另外围猎捕杀要围而不合，留有余地，不能一网打尽，斩草除根。这些礼法对于保护野生动物资源，维持自然界生态平衡是有积极意义的。"①

事实正是如此，相关内容在古代礼书里十分丰富，如《礼记·王制》："无事而不田曰不敬，田不以礼曰暴天物。天子不合围，诸侯不掩群。"《礼记·曲礼下》："国君春田不围泽，大夫不掩群，士不取麛卵。"说的都是对待自然资源要有所节制和保留，决不能为了一时需要而一网打尽，以保证人类对生态资源的持续使用。同时，古人还认识到生态资源的生长规律，提出在使用生态资源的时候必须遵循其规律，《礼记·王制》曰："獭祭鱼，然后虞人入泽梁；豺祭兽，然后田猎；鸠化为鹰，然后设罻罗；草木零落，然后入山林。昆虫未蛰，不以火田，不麛，不卵，不杀胎，不殀夭，不覆巢……五谷不时，果实未孰，不粥于市；木不中伐，不粥于市；禽兽鱼鳖不中杀，不粥于市。"只有按照动植物的生长周期去打猎、砍伐、采摘，才能保证生态资源的取之不竭，才能保证人类有足够的生态资源，使人类社会能够持续发展。

总之，在礼制社会，由于礼仪具有丰富的社会功能，其具有至高无上的地位。而协调人类与自然界的关系，使二者和谐相处，也是礼仪的基本功能之一。礼在古代社会的特殊地位，使其生态环境保护功能得到了较好的发挥，从而在客观上有效地保护了生态环境。

---

① 阴法鲁、许树安主编：《中国古代文化史》（2），北京大学出版社 1991 年版，第 63 页。

结　语

本书旨在探讨两周时期的生态环境与社会文明之间的相互关系。其实这是一个问题的两个方面，说它是一个问题，因为这两个方面归根结底都是探讨人类社会的发展问题；说是两个方面，因为本书主要探讨了两周时期的生态环境问题以及相关的社会文明等问题。当前学术界探讨古代生态环境问题的论著越来越多，但是真正把生态环境与社会尤其是人类的活动结合起来予以论述的并不多，这样往往不能更深层次地分析古代社会文明与生态环境的相互关系。如果仅仅停留在对一些表象的阐述这一层面，就很难更深层次地了解这些表象的成因，也不能准确地揭示人类自身对生态环境变化的作用到底有多大，也就很难唤起我们的环境保护意识，这就使得学术研究的社会意义大打折扣。学术研究不能闭门造车，更不能将其成果束之高阁而无所用途，学术的生命力在于创新，学术的推进力在于致用。唯其如此，学术研究方能长盛不衰。

两周时期距离我们今天十分遥远，当时的生态环境状况自然难以看到，我们今日的生态环境问题在很大程度上似乎也与周代没有什么关系。但是，我们今天的生态环境状况毫无疑问是从前代社会继承下来的，前人的活动，给我们留下了一个生态环境，从这一方面来说，古代的生态环境与今天并不是没有一点联系。而我们自己的活动，对前人给我们留下来的生态环境又会产生很大的影响，尤其是在我们大力建设社会经济的今天，更是加紧了对生态环境的利用和破坏，那我们又会给子孙后代留下来一个生态环境。从这方面来说，这又是关系到子孙后代的事情，或者说是关系到人类未来的大事。因此，研究古代的生态环境，还是十分必要的。

两周时期是我国古代社会发展过程中社会变化十分剧烈的一个时期，这一时期的政治变化剧烈众所周知，给我们的启发也是极为深刻的。但是我们还要看到，这一时期的生态环境变化也是极为明显的。而生态环境在这一时期的显著变化是随着周代社会的发展变化而产生的。两周时期，社会生产力迅速发展的一个标志就是农业的发展，而农业的发展必然会对生态环境产生很大的影响。因为当时农业的发展并不是通过提高单位面积产量而获得的，主要是通过开垦更多的荒地获得更多的耕地而表现出来的，那么，开垦的荒地越多，必然对生态环境的影响越大，这中间的必然联系是绝对不能忽略的。农业迅速发展的原因除了生产工具的改良和生产技术的进步，还有一个更为重要的原因即政策导向，春秋战国时期，列国争霸，战争不已。在当时的社会条件下，支撑战争的一个重要因素就是物质尤其是粮食，没有粮食作为保障，军队是难以维持作战的，基于这个原因，当时各国统治者无不大力倡导农战政策，大力发展农业以支撑战争。这也是当时农业迅速发展的一个重要原因。

农业发展了，粮食增多了，社会才能养活更多的人口，而农业生产本身的发展也需要更多人口作为劳动力。在这样的社会条件下，人口增殖成为大家关心的问题，作为一般百姓而言，其对人口尤其是男性的关注毫无疑问是想获得更多的劳动力为农业生产提供保障。而对于统治者来说，除了这个原因，还有更深层次的原因，一则人民是其统治的基础，人口越多，其统治的基础越大；二则人民是军队的来源，人民越多，其军队数量才能越大，才能在激烈的争霸战争中战胜敌人或者自保，才不至于被敌国消灭。种种因素导致人口迅速增加，那么每增加一个人口，就等于增加了一份影响生态环境的因子。人口越多，其需要的耕地就会相应增多，就会加大对荒地的开垦，扩大破坏生态环境的范围；人口越多，对自然资源的需求就越大，人类日常生活要烧火做饭，两周时期的燃料只有木头而已，因此人们要砍柴作为燃料。同时，人类的住房也要使用木料，人口越多，所建的房子就会越多，而当时建房的主要原料就是木头。因此，随着人口的增加，人类砍伐树木的范围越来越广，周期越来越短，那么破坏自然是越来越大。

人口的增加，使得当时发动更大规模的战争成为可能。从西周到春秋再到战国，战争的规模越来越大，持续的时间越来越长，次数越来越多。频繁发生的战争必然会对生态环境造成严重的破坏，无论古今中外，莫不如此。战争对社会造成的破坏，不仅仅表现在生态环境方面，其破坏是多方面的。

生产力发展的一个表现就是物质丰富，从西周到东周，随着社会生产力的发展，社会物质也日渐丰富。物质的丰富刺激了人类的消费欲望，因此，从西周到东周，整个社会尤其是上层社会日趋奢侈，为了满足奢侈生活的需求，统治者营建了大量的宫殿、亭台楼阁和陵墓，这些工程对自然资源的消耗十分浩大，尤其是对树木的需求十分强烈，从而加紧了对林木资源的砍伐，使生态环境再次遭受强取豪夺，不可避免走向恶化。

由人类活动造成的生态环境问题反过来又影响了人类自身，随着生态环境的恶化，人类社会也出现很多问题。比如林木资源在局部地区的匮乏，导致老百姓建造房子的原材料变得紧张。而耕地的开垦和人口的增多，则使很多百姓很难找到良好的居住场所，被迫居住在环境很差的地方。

可见，生态环境问题不是一个孤立的问题，任何一个社会因素都有可能促成生态环境的变化乃至于恶化。所以，研究生态环境史，要顾及很多方面的因素，这促进了我们更加全面地考察古代社会。而与生态环境有关的各个社会因素之间也不是孤立的，它们也存在紧密的联系，其中一个因素发生了变化，就会对另外的因素产生影响，并对生态环境产生这样那样的影响。同样，生态环境的变化也必然会影响到人类社会的方方面面，这也是对人类影响生态环境的回报。

社会因素的变化必然会影响到生活在社会中的每一个人，这是谁也无法躲避的。平庸的人对这些影响和变化反应迟钝、漠不关心，而有责任的思想家和政治家却能感受到生态环境的变化对人类社会的影响，这就促使他们去思考生态环境变化的原因，去探讨生态环境与人类的关系。从西周到春秋战国时期，这种探索始终没有停止过，并结出了累累硕果。这些成果被后世社会历代相承，之后的各个王朝，大部分都制定了生态环境保护的相关法律，使生态文明在古代中国传承不泯，独具特色。从此方面说，两周时期形成的生态文明功不可没。

正是因为这样，中国古代的生态环境保护思想引起了众多国外学者的极大兴趣，在西方先进的现代科技无法或者很难解决当今世界的生态环境问题时，很多西方学者把目光投向中国古代，他们希望从两千多年之前的中国古代丰富的生态智慧中受到启发，以解决今天日益严重的生态环境问题，由此可见中国古代生态环境保护思想的合理性和先进性。这是祖先为我们留下的灿烂文明，也是我们应该自豪的，但我们更要认识到，这些灿烂的成果，是在当时生态环境发生变化的条件下所探索、思考而获得的，或者说是以我们的祖先牺牲了自己的某些幸福为代价而获得的。对此，我们不应过分自豪，而一味地陶醉在所谓的中华生态文化领先世界，是对人类社会的重大贡献等情结中。如此态度，只能导致我们不能客观认识和评价我国古代的生态环境保护思想及相应的文化。而学术研究，是需要保持客观的态度的，只有这样，我们才能冷静、理智地去对待中国古代文化，才能做出正确的选择和判断。

任何一种文化，都必须在创新中传承，这样，文化才会具有生命力，并始终发挥其巨大的功能。对于古代的生态文明，我们也要保持这样的态度，在继承中不断地加以创新，使之符合时代发展的需要。我们今天的社会，比起两千多前的周代，更加发达，更加繁荣，但是也更加复杂，其中的任何一个因素发生问题，都会影响我们发展的进程，这和古代社会是一致的。但是今天导致生态环境问题的因素也更多，造成的破坏也更大，这是需要我们清醒认识到的。我们任何时候都要牢记不能为了人类自身的发展而牺牲生态环境，否则任何时代的人们都是要付出代价的，这是任何时代的人类也不能躲避的。

今天的中国，经济高速发展，其发展成果令全世界瞩目。但是我们不能忘记古人一味发展经济导致的后果，更不能忘记西方发达国家在其快速发展中因忽略了生态环境保护所付出的巨大、惨痛教训。我们必须引以为鉴，时时刻刻把生态环境保护放在第一位，唯有这样，我们才能在健康、安全的环境下持续发展下去。习近平总书记在党的十九大报告中再次明确强调保护生态环境的重要意义。习总书记说“人与自然是生命共同体，人类必须尊重自然、顺应自然、保护自然。人类只有遵循自然规律才能有效防止在开发利用自然上走弯路，人类对大自然的伤害最终会伤及人类自身，这是无法抗拒的规律。”说明以习近平总书记为核心的党中央已经充分认识到在发展中保护生态环境的重要性。因此，大力发掘研究中国古代的生态文明并加以传播，具有极为良好的社会环境，我们要充分利用这一良好的机遇，加大对环境史的研究，以服务于社会。

参考文献

《春秋左传正义》，《十三经注疏》本，中华书局 1980 年版。
《国语》，上海古籍出版社 1998 年版。
《简帛研究》第三辑，广西教育出版社 1998 年版。
《毛诗正义》，《十三经注疏》本，中华书局 1980 年版。
《尚书正义》，《十三经注疏》本，中华书局 1980 年版。
《睡虎地秦墓竹简》，文物出版社 1978 年版（平装本）。
《文物考古工作十年》，文物出版社 1990 年版。
《中国原始文化论集》，文物出版社 1989 年版。
《中华文化的过去现在和未来——中华书局成立八十周年纪念论文集》，中华书局 1992 年版。
《周礼注疏》，《十三经注疏》本，中华书局 1980 年版。
《周易正义》，《十三经注疏》本，中华书局 1980 年版。
（汉）刘向：《战国策》，上海古籍出版社 1998 年版。
（汉）司马迁：《史记》，中华书局，1959 年版。
（汉）赵晔：《吴越春秋》，江苏古籍出版社 1999 年版。
（清）黄汝成：《日知录集释》，上海古籍出版社 1985 年版。
（清）焦循：《孟子正义》，中华书局 1987 年版。
（清）刘宝楠：《论语正义》，中华书局 1990 年版。
（清）皮锡瑞：《今文尚书考证》，中华书局 1989 年版。
（清）孙诒让：《墨子间诂》，中华书局 2001 年版。
（清）孙诒让：《周礼正义》，中华书局 1987 年版。

（清）王聘珍：《大戴礼记解诂》，中华书局1983年版。
（清）王先谦：《荀子集解》，中华书局1988年版。
（清）王先谦：《庄子集解》，中华书局1987年版。
（清）王先慎：《韩非子集解》，中华书局1998年版。
（清）朱彬：《礼记训纂》，中华书局1996年版。
常金仓：《二十世纪古史研究反思录》，中国社会科学出版社2005年版。
常金仓：《穷变通久：文化史学的理论与实践》，辽宁人民出版社1998年版。
常金仓：《周代礼俗研究》，黑龙江人民出版社2004年版。
常金仓：《周代社会生活述论》，吉林人民出版社2007年版。
陈来：《古代思想文化的世界——春秋时代的宗教、伦理与社会思想》，生活·读书·新知三联书店2002年版。
陈梦家：《殷墟卜辞综述》，中华书局1988年版。
邓拓：《邓拓文集》第二卷，北京出版社1986年版。
恩格斯：《家庭、私有制和国家的起源》，《马克思恩格斯选集》（第4卷），人民出版社1972年版。
樊宝敏、李智勇：《中国森林生态史引论》，科学出版社2008年版。
方克立主编：《走向二十一世纪的中国文化》，山西教育出版社1999年版。
方诗铭、王修龄：《古本竹书纪年辑证》，上海古籍出版社1981年版。
傅杰编：《王国维论学集》，中国社会科学出版社1997年版。
傅仲侠等：《中国军事史：附卷历代战争年表》，解放军出版社1985年版。
甘肃省文物考古研究所：《天水放马滩秦简》，中华书局2009年版。
高明：《帛书老子校注》，中华书局1996年版。
葛剑雄：《西汉人口地理》，人民出版社1986年版。
葛剑雄：《中国人口史》（第一卷），复旦大学出版社2002年版。
葛剑雄主编，吴松弟著：《中国人口史》（第三卷），复旦大学出版社

2000 年版。
葛兆光:《中国思想史》，复旦大学出版社 2001 年版。
顾德融、朱顺龙:《春秋史》，上海人民出版社 2001 年版。
郭宝钧:《中国青铜时代》，三联书店 1977 年版。
郭沫若:《青铜时代》，科学出版社 1957 年版。
何宁:《淮南子集释》，中华书局 1998 年版。
何一民:《中国城市史纲》，四川大学出版社 1994 年版。
侯外庐:《中国古代思想学说史》，辽宁教育出版社 1998 年版。
胡适:《中国中古思想史长编》，华东师范大学出版社 1996 年版。
湖北省文物考古所、北京大学中文系:《九店楚简》，中华书局 2000 年版。
姬振海:《生态文明论》，人民出版社 2007 年版。
贾二强校点:《逸周书》，辽宁教育出版社 1997 年版。
翦伯赞:《先秦史》，北京大学出版社 1988 年版。
蒋礼鸿:《商君书锥指》，中华书局 1986 年版。
金鉴明等:《自然环境保护文集》，中国环境科学出版社 1992 年版。
金景芳:《金景芳古史论集》，吉林大学出版社 1991 年版。
金双秋:《中国民政史》，湖南大学出版社 1989 年版。
乐爱国:《道教生态学》，社会科学文献出版社 2005 年版。
黎翔凤:《管子校注》，中华书局 2004 年版。
李零:《孙子译注》，中华书局 2007 年版。
李玉洁:《先秦诸子思想研究》，中州古籍出版社 2000 年版。
李约瑟:《中国科学技术史》（第 2 卷），上海古籍出版社 1990 年版。
郦道元著、王先谦校:《水经注》，巴蜀书社 1985 年版。
林惠祥:《文化人类学》，商务印书馆 1934 年版。
刘起釪:《尚书说略》，《经史说略——十三经说略》，北京燕山出版社 2002 年版。
刘钊:《郭店楚简校释》，福建人民出版社 2005 年版。
刘昭民:《中国历史上气候之变迁》，台湾商务印书馆 1994 年版。

鲁枢元：《自然与人文》，学林出版社 2006 年版。
吕文郁：《春秋战国文化志》，上海人民出版社 1998 年版。
罗桂环、王耀先等：《中国环境保护史稿》，中国环境科学出版社 1995 年版。
马承源：《战国楚竹书（四）》，上海古籍出版社 2004 年版。
马正林：《中国历史地理简论》，陕西人民出版社 1987 年版。
满志敏：《中国历史时期气候变化研究》，山东教育出版社 2009 年版。
蒙文通：《周秦少数民族研究》，龙门联合书局 1958 年版。
牟重行：《中国五千年气候变迁的再考证》，气象出版社 1996 年版。
齐文心等：《商西周文化志》，上海人民出版社 1998 年版。
钱穆：《中国文化史导论》，商务印书馆 1994 年版。
曲格平、李金昌：《中国人口与环境》，中国环境科学出版社 1992 年版。
任继愈：《中国哲学史》（第一册），人民出版社 1979 年版。
佘正荣：《生态智慧论》，中国社会科学出版社 1996 年版。
史华慈：《关于中国思想史的若干初步考察》，张永堂译，载《中国思想与制度论集》，台北联经出版事业公司 1977 年版。
史念海：《河山集》（二集），生活·读书·新知三联书店 1981 年版。
史念海：《河山集》（三集），人民出版社 1988 年版。
史念海：《河山集》，三联书店 1978 年版。
史念海：《中国古都和文化》，中华书局 1998 年版。
舒大刚：《春秋少数民族分布研究》，文津出版社 1994 年版。
舒星、彭丹编：《金景芳儒学论集》（上册），四川大学出版社 2010 年版。
宋豫秦：《中国文明起源的人地关系简论》，科学出版社 2002 年版。
苏秉琦：《中国文明起源新探》，辽宁人民出版社 2009 年版。
汤一介：《国故新知：中国传统文化的再诠释》，北京大学出版社 1993 年版。
陶家祥、季堃宝：《生态与我们》，上海科技教育出版社 1995 年版。

童书业:《春秋左传研究》,上海人民出版社 1983 年版。
王利华:《中国历史上的环境与社会》,生活·读书·新知三联书店 2007 年版。
王利器:《吕氏春秋注疏》,巴蜀书社 2002 年版。
王育民:《中国人口史》,江苏人民出版社 1995 年版。
王之佳、柯金良:《我们共同的未来》,吉林人民出版社 1997 年版。
王子今:《睡虎地秦简〈日书〉甲种疏证》,湖北教育出版社 2002 年版。
文焕然等:《中国历史时期植物与动物变迁研究》,重庆出版社 1995 年版。
吴则虞:《晏子春秋集释》,中华书局 1962 年版。
徐复观:《两汉思想史》(第二卷),华东师范大学出版社 2001 年版。
杨伯峻:《列子集释》,中华书局 1979 年版。
杨伯峻:《论语译注》,中华书局 1980 年版。
杨宽:《西周史》,上海人民出版社 1999 年版。
杨宽:《杨宽古史论文选集》,上海人民出版社 2003 年版。
杨宽:《战国史》,上海人民出版社 1955 年版。
杨宽:《中国古代寝陵制度史研究》,上海人民出版社 2003 年版。
杨天宇:《周礼译注》,上海古籍出版社 2004 年版。
杨向奎:《宗周社会与礼乐文明》,人民出版社 1997 年版。
杨涌进、高予远:《现代文明的生态转向》,重庆出版社 2007 年版。
余谋昌:《生态哲学》,陕西人民教育出版社 2000 年版。
袁珂:《山海经校注》,上海古籍出版社 1980 年版。
袁清林:《中国环境保护史话》,中国环境科学出版社 1990 年版。
曾昭璇等:《人类地理学概论》,科学出版社 1999 年版。
张光直:《中国青铜时代》,生活·读书·新知三联书店 1983 年版。
张鸿雁:《春秋战国城市经济发展史论》,辽宁大学出版社 1988 年版。
张岂之:《中国思想史》,西北大学出版社 1989 年版。
张全明、王玉德:《中华五千年生态文化》,华中师范大学出版社

1999 年版。
张世英：《天人之际：中西哲学的困惑与选择》，人民出版社 1995 年版。
张亚初、刘雨：《西周金文官制研究》，中华书局 1986 年版。
张之恒、周裕兴：《夏商周考古》，南京大学出版社 1995 年版。
赵文林、谢淑君：《中国人口史》，人民出版社 1988 年版。
中国社会科学院考古研究所编：《殷周金文集成》，中华书局 1984 年版。
周自强主编：《中国经济通史》，《先秦经济卷》（下），经济日报出版社 2000 年版。
邹德秀：《中国农业文化》，陕西人民出版社 1992 年版。
［德］黑格尔：《历史哲学》，王造时译，上海书店出版社 2001 年版。
［德］卡尔·雅斯贝斯：《智慧之路》，柯锦华等译，中国国际广播出版社 1988 年版。
［德］约阿希姆·拉德卡：《世界环境史》，王国豫、付天海译，河北大学出版社 2004 年版。
［法］埃米尔·迪尔凯姆：《社会学方法的规则》，胡伟译，华夏出版社 1999 年版。
［法］孟德斯鸠：《论法的精神》，张雁深译，商务印书馆 1963 年版。
［美］E. P. 埃克霍姆：《土地在丧失——环境压力和世界粮食前景》，黄重生译，科学出版社 1982 年版。
［美］J. 唐纳德·休斯：《什么是环境史》，梅雪芹译，北京大学出版社 2008 年版。
［美］刘易斯·芒福德：《城市发展史——起源、演变和前景》，宋俊岭、倪文彦译，中国建筑工业出版社 2005 年版。
［美］路易斯·亨利·摩尔根：《古代社会》，杨东莼等译，商务印书馆 1977 年版。
［美］唐纳德·沃斯特：《自然的经济体系——生态思想史》，侯文蕙译，商务印书馆 1999 年版。

［美］P. 詹姆斯：《地理学思想史》，李旭旦译，商务印书馆 1982 年版。

［日］岩佐茂：《环境的思想》，韩立新等译，中央编译出版社 2006 年版。

［英］安德鲁·古迪：《人类影响——在环境变化中人的作用》，郑荣等译，中国环境出版社 1989 年版。

［英］拉德克利夫·布朗：《社会人类学方法》，夏建中译，山东人民出版社 1988 年版。

［英］马林诺夫斯基：《巫术　科学　宗教与神话》，李安宅译，中国民间文艺出版社 1986 年版。

［英］汤因比：《历史研究》，曹未风等译，上海人民出版社 1962 年版。

［英］威廉·贝纳特、彼得·科茨：《环境与历史——美国和南非驯化自然的比较》，包茂红译，译林出版社 2011 年版。

［英］亚·沃尔夫：《十六十七世纪科学、技术和哲学史》，周昌忠等译，商务印书馆 1984 年版。

后　记

本书是在我的博士后出站报告基础上修改完善而成。

2003 年，我考入郑州大学，师从姜建设教授攻读博士学位。姜老师为人宽厚，性格和善，对学生的要求很高。在姜老师的精心指导下，我选定先秦时期的生态环境保护思想作为研究内容，经过三年时间完成了博士学位论文并于 2006 年顺利获得博士学位。

在郑州大学攻读博士期间，国内关于环境史的研究刚刚起步，研究成果并不丰富。毕业之后，随着环境史的研究迅速兴起，国内关于环境史研究的成果日益丰富，使我萌生充实提高自己之意。最初想进入一所在环境史研究方面成就较大的高校博士后流动站，可惜我刚过 40 周岁，超过了国家对博士后年龄的限制，导致原本心仪的几所高校无法接收。后经在川大读博的学生姚文永提醒，我与四川大学古籍整理研究所的舒大刚先生进行了联系，没有想到居然被四川大学接收了，令人欣喜不已！这首先要感谢舒大刚先生的青睐和热情。

舒大刚先生学术功底深厚，研究成果丰富，是闻名海内外的儒学大师。能跟着先生学习，实为一大幸事。在舒先生的指导下，很快就确定了出站报告的题目、提纲等，他还就材料收集、使用等提出了宝贵意见，使我受益匪浅。四川大学历史悠久，藏书丰富。川大学习期间，我埋头文献古籍，享受阅读之乐。读书闲暇，边漫步在花木繁茂、环境幽雅、景色宜人的川大校园，边思考一些问题，有不解的地方，就求助舒大刚先生，他总是给予耐心细致的指点。

经过两年的埋头写作和反复修改，我的博士后出站报告终于完稿，并于2013年6月通过答辩。感谢答辩委员会主席、中国社科院李申教授、美国斯坦福大学谢幼田教授、四川大学古籍所李文泽教授、郭齐教授、杨世文教授均给予精心指教，在此一并感谢。

虽然顺利通过了答辩，但我深知这篇报告与舒大刚先生的要求尚有差距。出站之后的几年，我一方面继续阅读文献典籍，收集有关资料，补充完善出站报告；一方面积极参加史学尤其是环境史学术会议，时刻关注环境史研究的最新成果，加以借鉴。经过几年的修改完善，书稿日渐成熟，在征求舒大刚先生的意见之后，遂与中国社会科学出版社安芳女士联系出版事宜，在安芳女士的大力帮助下，本书得以顺利出版。

如果说本书能够对环境史研究有些许贡献，首先要归功于舒大刚先生，他的长期关心和指点，给了我前进的动力；其次还要诚挚感谢李申教授、谢幼田教授、李文泽教授、郭齐教授、杨世文教授给予的无私指教；还要感谢新乡学院历史与社会发展学院院长李景旺教授和同事们，正是他们的热情帮助，使我得以全力投入博士后研究；最后感谢妻子郭桂花，她不仅在生活上给了我关心，还在事业上给了我很大帮助。她既参与了资料收集工作，还参与了八万余字的书稿写作和校对等工作，使本书能够顺利出版。

李金玉

2020年3月18日